XINXING JIANZHU CAILIAO

新型建筑材料

第2版

主　编　张光磊
副主编　田秀淑　韩玉芳
参　编　任书霞　于　刚　吕臣敬

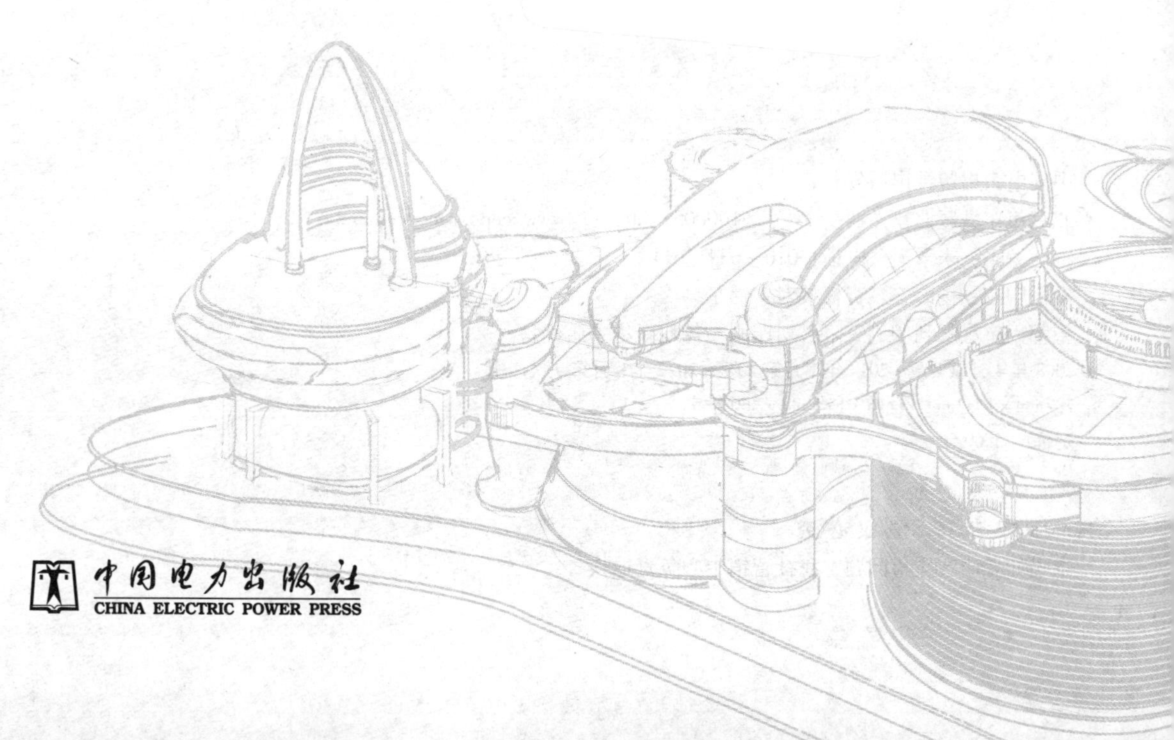

中国电力出版社
CHINA ELECTRIC POWER PRESS

内 容 提 要

本书主要介绍近年来国内外重点发展的新型建筑材料，具体内容包括新型墙体材料、新型建筑涂料、新型建筑塑料、新型建筑装饰材料、新型防水和密封材料等，分别讲述了各种新型建筑材料的性能特点、主要技术指标、应用，以及可能影响产品性能的原材料、生产工艺、施工方法、检测方法等相关知识，并反映新型建筑材料国内外较新的研究成果和今后的发展方向。

本书内容新颖，实用性和可读性强，可作为高等院校土木工程专业及其相关专业学生的教材或参考用书，也可作为相关领域的技术人员和生产人员的学习、参考用书。

图书在版编目（CIP）数据

新型建筑材料／张光磊主编．—2版．—北京：中国电力出版社，2008.4（2022.8重印）
ISBN 978－7－5123－4932－2

Ⅰ．①新…　Ⅱ．①张…　Ⅲ．①建筑材料－教材　Ⅳ．①TU5

中国版本图书馆CIP数据核字（2013）第222688号

中国电力出版社出版发行
北京市东城区北京站西街19号　100005　http：//www.cepp.sgcc.com.cn
责任编辑：未翠霞　电话：010－63412611
责任印制：杨晓东　责任校对：郝军燕
望都天宇星书刊印刷有限公司印刷·各地新华书店经售
2008年4月第1版·2014年1月第2版·2022年8月第9次印刷
787mm×1092mm　1/16·15印张·360千字
定价：35.00元

前言 Preface

从目前建材工业所处的环境来看，能源、资源和环境已经成为制约建材工业发展的重要因素。我国人均资源相对不足，生态环境、自然资源与经济社会发展之间的矛盾日益突出，传统建材生产与国家倡导的走新型工业化的道路有些不太相适宜。客观上要求未来我国建材工业必须以科学发展观为指导，以产业结构优化升级为主题加快发展。因此，发展新型建筑材料有着重要意义。

现在，新型建筑材料又被赋予了新的涵义，即在传统新型材料概念的基础上增添了绿色环保的意义。本次再版相对于第 1 版旨在强调以相对最低的资源和能源消耗、环境污染为代价生产出高性能的新型建筑材料。新型建筑材料能够大幅度地减少建筑能耗，具有更高的使用效率和优异的材料性能，并具有改善居室生态环境和保健功能。新型建筑材料的绿色概念要求生产所用的原材料是利废的，原材料的采集过程不会造成生态破坏和环境污染。产品生产过程中所产生的废水、废气、废渣符合环境保护的要求，加工过程中的能耗尽可能少，使用过程中功能齐备，例如，保温，隔声，使用寿命长，放出的气体安全、卫生、健康等，使用寿命终结后废弃时也不会不造成二次污染。

本书第 1 版出版后已多次印刷，因其特色鲜明而受到广大读者的欢迎。在本书第 2 版时，注意继承和发扬了第 1 版的三个优点。一是内容的新颖性。从全新的角度出发，对之前所总结的新材料、新技术和新功能等重点内容赋予了绿色的意义。二是实用性和简洁性。强调工程实践和理论相结合，在内容选择上系统简洁，在语言运用上凝练得体。三是鲜明的时代性。与时俱进，从最新的前沿局势出发，注重把握时代性的理论技术和时效性的信息资料，在兼顾传统的同时，力求反映当代最新的建筑材料研究成果。

本书此次出版的第 2 版补充了新型绿色建筑材料相关内容，包括节能墙体材料、新型环保涂料和生态建筑装饰材料的相关内容。其中，节能墙体材料指用混凝土、水泥、砂等硅酸质材料（有时再掺加部分粉煤灰、煤矸石、炉渣等工业废料或建筑垃圾）经过压制或烧结、蒸压等制成的非黏土砖、建筑砌块及建筑板材。它在生产过程中可以节约能源，减少排放有害的工业“三废”，还能够节约天然原材料，大量利用工业废渣，是目前研究和应用最为广泛的新型绿色建筑材料之一。

本书由石家庄铁道大学张光磊任主编，田秀淑、韩玉芳任副主编。具体编写分工为：第 1 章由张光磊编写，第 2 章由吕臣敬、于刚编写，第 3 章由任书霞、田秀淑编写，第 4 章由田秀淑编写，第 5 章由张光磊、于刚编写，第 6 章由韩玉芳编写。全书由张光磊统稿。

本书编写过程中得到了于升章、赵媛媛等人的帮助，在此表示衷心的感谢。

在此第 2 版即将出版之际，谨向给予此书关注的读者表示谢意，同时也希望广大读者能够将阅读中的一些感想反馈给我们，以便下一次再版时可以进一步完善。此外，由于编写者水平有限，不妥之处难免存在，真诚希望读者批评指正。

编　者

2013 年 12 月

第1版前言

Preface

建筑材料是建筑工业化的主要物质基础，要开展大规模的建设，必须有建筑材料工业先行。但是，传统的建筑材料已不能适应建筑工业化的要求，必须用新型建筑材料逐步取代某些传统的建筑材料。可以说，没有新型的建筑材料，就没有建筑的工业化。

新型建筑材料是在传统建筑材料基础上产生的新一代建筑材料，它是相对于传统的砖、瓦、灰、砂、石等建筑材料命名的。具体来讲，新型建筑材料是将现代冶金、化工、机械、纺织等工业的先进技术应用于建筑材料产品的设计、生产和应用中，以适应现代化建筑以及人们对物质、文化生活的需求所开发的一类新材料。它包括的内容比较广，既包括世界上近期开发的最新材料，又包括我国近几年推广的新品种。由于这类建筑材料具有新的、特殊的功能，能够满足现代建筑和市场的需要，采用这类材料就成为实现建筑结构现代化的前提条件，也为建筑物具备节能、舒适、美观、安全、耐久和便于维护等创造了可能性。新型建筑材料是现代化建筑业的材料基础，二者相互促进。在我国建筑业已成为支柱产业的情况下，新型建筑材料的市场十分巨大。

新型建筑材料工业是新兴的现代工业，随着新型建筑材料工业的发展及其在建筑中的广泛应用，人们需要进一步地学习有关新型建筑材料的专业知识，然而，新型建筑材料的专业知识融合了现代科学技术的各种知识，因而限制了新型建筑材料及应用技术的普及和推广。为了适应形势的变化，推动建筑材料工业的发展和扩大新材料的应用，特编写了本书。

本书内容主要涵盖近年来国内外重点发展的新型房建筑材料和建筑装饰材料，主要包括新型墙体材料、新型建筑涂料、新型建筑塑料、新型建筑装饰材料、新型防水和密封材料共五部分。书中主要介绍了各种新型建筑材料的性能特点、主要技术指标、应用，以及可能影响产品性能的原材料、生产工艺、施工方法、检测方法等相关知识，并反映了新型建筑材料国内外较新的研究成果和今后的发展方向。

本书的特点：一是内容的新颖性。与传统的《建筑材料》或《土木工程材料》相比，本书重点突出了各个建筑领域的新材料、新技术和新功能，并配以大量图片，增加了图书的可读性。二是实用性和简洁性。强调材料的应用，紧密联系工程实际，突出每种新型材料的实用性，在讲述材料应用的同时，还介绍了材料在使用时的一些质量通病。在内容的选择上，力求简洁、系统。三是鲜明的时代性。注重引用近期的参考文献，突出近年来的建筑材料发展，在学习新知识中体验科学技术的进步与发展。此外，为了便于读者对自己所学知识情况的了解，每章都设置了一定的习题。

本书可作为土木工程等相关专业本科生的教材或参考用书，也可作为相关领域的技术人员或生产人员的参考用书。

本书由石家庄铁道学院材料科学与工程分院组织编写。张光磊担任主编，任书霞为副主编，吕臣敬、田秀淑和韩玉芳等老师参加了编写。其中，第 1 章由张光磊、任书霞编写，第 2 章由吕臣敬编写，第 3 章由任书霞编写，第 4 章由田秀淑编写，第 5 章由张光磊编写，第

6 章由韩玉芳编写。北京建筑工程学院的侯云芬教授对本书进行了全面、认真的审阅，并提出了宝贵的修改意见，在此表示衷心的感谢。

由于新型建筑材料发展很快，新材料、新品种不断出现，加之时间仓促和作者写作水平有限，在搜集资料和编写过程中难免存在一些疏漏、不妥乃至错误之处，敬请各位读者批评指正。

编　者

2008 年 4 月

目录 Contents

第 1 章
Chapter 1

绪　论

【本章知识构架】

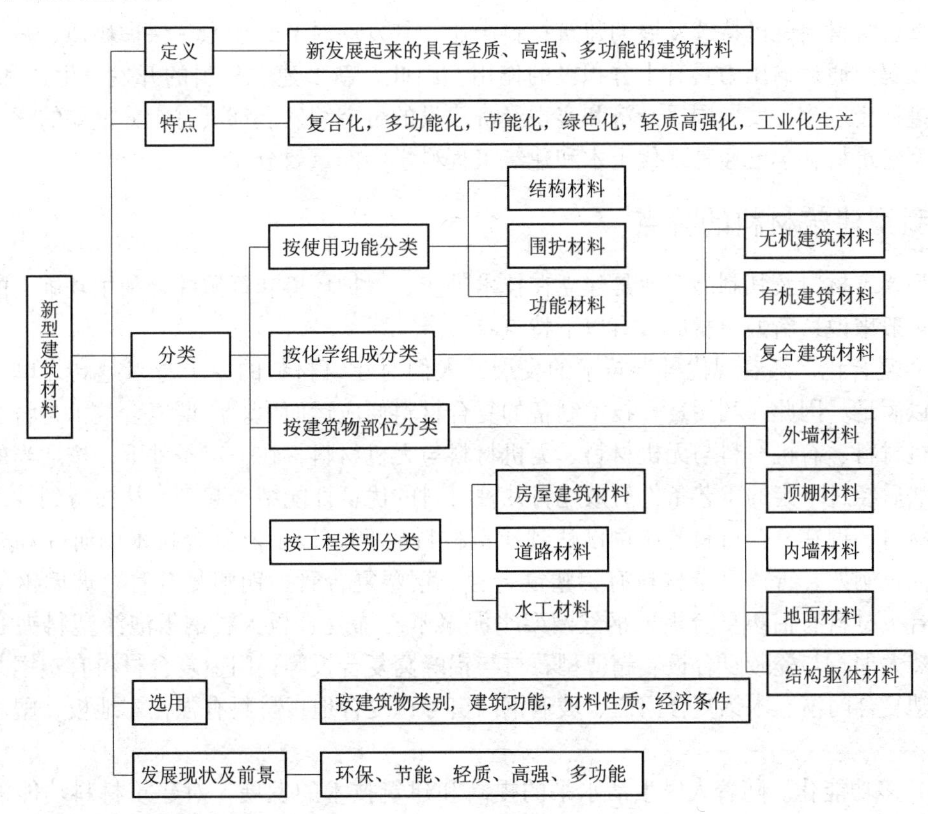

1.1　新型建筑材料的定义

传统建筑材料主要包括烧土制品（如砖、瓦、玻璃类等）、砂石、胶凝材料（如石灰、石膏、水玻璃、镁质胶凝材料及水泥等）、混凝土、钢材、木材和沥青七大类。在科学技术相当发达的今天，传统的建筑材料已越来越不能满足建筑工业的要求，最近发展或正在发展中的有特殊功能和效用的一类建筑材料即新型建筑材料应运而生。

新型建筑材料是相对传统建筑材料而言的，具有传统建筑材料无法比拟的功能。广义上说，凡具有轻质、高强和多功能的建筑材料，均属新型建筑材料。行业内对新型建筑材料的范围做了明确的界定，即新型建筑材料主要包括新型墙体材料、新型防水和密封材料、新型保温隔热材料和新型装饰装修材料四大类。

建筑材料在基本建设总费用中占50%～60%，甚至更多，占据相当大的比例；而且建筑材料品种和质量水平制约着建筑与结构形式和施工方法；此外，建筑材料直接影响土木和建筑工程的安全可靠性、耐久性及适用性（经济适用、美观、节能等）等各种性能。而新型建筑材料具有轻质、高强、保温、节能、节土、装饰等优良特性。采用新型建筑材料不但使房屋功能大大改善，还可以使建筑物内外更具现代气息，满足人们的审美要求。有的新型建材可以显著减轻建筑物自重，为推广轻型建筑结构创造了条件，推动了建筑施工技术现代化，大大加快了建房速度。另外，在生产过程中，新型建材产品在能源和物质的投入、废物和污染物的排放等方面与传统建筑材料相比都降低了许多，制造过程中副产物能再生利用，产品不再污染环境。

新型建筑材料是可持续发展的建筑材料产业，其发展对节约能源、保护耕地、减轻环境污染和缓解交通运输压力具有十分积极的作用。因此，新型建筑材料的开发、生产和使用，对于促进社会进步、发展国民经济和实现经济建设的可持续发展都具有十分重要的意义。

新型建筑材料学已经是现代土木和建筑工程科学中的重要分支。

1.2 新型建筑材料的特点

新型建筑材料及其制品工业是建立在技术进步、保护环境和资源综合利用基础上的新兴产业。一般来说，新型建材应具有以下特点：

（1）复合化。随着现代科学技术的发展，人们对建筑材料的要求越来越高，单一材料往往难以满足。因此，利用复合技术制备的复合材料便应运而生。所谓复合技术是将有机材料与有机材料、有机材料与无机材料、无机材料与无机材料，在一定条件下，按适当的比例复合，然后经过一定的工艺条件有效地将几种材料的优良性能结合起来，从而得到性能优良的复合材料。现在复合材料的比例已达到建筑材料的50%以上。复合技术的研究和开发领域很广泛，例如，管道复合材料有铝塑复合管、钢塑复合管、铜塑复合管、玻璃钢复合管等，复合板材料有铝塑复合板、钢丝网架水泥聚苯乙烯复合板、彩钢板泡沫塑料夹心复合板、天然大理石与瓷砖复合板、超薄型石材与铝蜂窝复合板等；门窗复合材料有塑钢共挤门窗、铝塑复合门窗、木铝复合门窗、玻璃钢门窗等；复合地板材料有强化木地板、塑木复合地板等。

（2）多功能化。随着人民生活水平的提高和建筑技术的发展，对建筑材料功能的要求将越来越高，要求从单一功能向多功能发展。即要求建筑材料不仅要满足一般的使用要求，还要求兼具呼吸、电磁屏蔽、防菌、灭菌、抗静电、防射线、防水、防霉、防火、自洁、智能等功能。例如，建筑陶瓷墙地砖，不但要求有良好的装饰使用功能，还要求兼具杀菌、灭菌、易清洁或自洁等性能；内墙建筑涂料，不但要求有装饰使用功能，还要求有杀菌、灭菌、防虫害、防火、吸声、抗静电、防电子辐射、净化室内有害气体、可产生负离子等功能；建筑内墙板，不但要求有装饰维护功能，还要求有呼吸、吸声、防结露或净化室内环境，调节室内温湿度等功能；建筑玻璃，不但要求有采光和装饰功能，还要求有隔音、吸声、隔热、保温、易洁、自洁等功能。

（3）节能化、绿色化。随着我国墙体材料革新和建筑节能力度的逐步加大，建筑保温、防水、装饰装修标准的提高及居住条件的改善，对新型建材的需求不仅仅是数量的增加，更重要的是质量的提高，即产品质量与档次的提高及产品的更新换代。随着人们生活水平和文化素质的提高，自我保护意识的增强，人们对材料功能的要求日益提高，要求材料不但要有良好的使用功能，还要求材料无毒、对人体健康无害、对环境不会产生不良影响，即新型建筑材料应是所谓的“生态建材”或“绿色建材”。所谓绿色建材主要是指这些材料资源、能源消耗低，大量利用地方资源和废弃资源，对环境、对人身均无害且有利于生态环境保护，维持生态环境的平衡，可以循环利用。

（4）轻质高强化。轻质主要是指材料多孔、体积密度小。如空心砖、加气混凝土砌块轻质材料的使用，可大大减轻建筑物的自重，满足建筑向空间发展的要求。高强主要是指材料的强度不小于60MPa。高强材料在承重结构中的应用，可以减小材料截面面积提高建筑物的稳定性及灵活性。

（5）生产工业化。生产工业化主要是指应用先进施工技术，采用工业化生产方式，使产品规范化、系列化，使建筑材料具有巨大市场潜力和良好发展前景，如涂料、防水卷材、塑料地板等。

1.3　新型建筑材料的分类

新型建筑材料品种繁多，形成一套具有共识的分类原则对新型建材的发展非常必要。由于新型建筑材料一直处于不断更新发展状态，因此，它的分类和命名还没有统一标准，根据不同的出发点，有多种分类方法，目前常用的分类方法简述如下：

1. 按使用功能分类

（1）结构材料。结构材料指构成建筑物受力构件和结构（如梁、板、柱、基础、框架等）所用的材料。结构材料是建筑物的骨架，如高强混凝土、预应力混凝土、碾压混凝土、多孔承重砖、承重加气混凝土、FC板、钢材等。

（2）围护材料。围护材料指建筑物的外围护所用的材料。围护材料有承重和非承重之分，如隔墙板、空心砖、加气混凝土、石膏隔墙板、复合墙板等。

（3）功能材料。功能材料指承担建筑物功能的非承重材料。功能材料主要包括装饰材料和隔断材料。前者是指纯以装饰为目的的材料，如瓷砖、新型玻璃、微晶玻璃、镭射玻璃、金属板、石膏板、涂料、墙布、墙纸、彩色水泥等；后者是指以防水、防潮、隔声、避光、保温、隔热、防腐等为目的的材料，如隔墙板、着色玻璃、膨胀珍珠岩、岩棉、聚氨酯材料等。

2. 按化学组成分类

（1）无机建筑材料。无机建筑材料主要包括非金属类和金属类，前者如玻璃马赛克、装饰混凝土、中空玻璃、茶色玻璃、加气混凝土、轻骨料混凝土等；后者如铝合金门窗和墙板、钢结构材料、建筑五金等。

（2）有机建筑材料，如有机建筑涂料、建筑胶粘剂、建筑塑料等。

（3）复合建筑材料，如钢筋混凝土类、夹芯复合板等。

3. 按建筑物部位分类

（1）外墙材料。外墙材料指用于建筑物或构筑物室外墙壁的材料，主要包括承重或非承重的单一外墙材料和复合外墙材料。

（2）顶棚材料。顶棚材料指用于建筑物室内顶层的材料。

（3）内墙材料。内墙材料指用于建筑物室内墙壁的材料。

（4）地面材料。地面材料指用于铺筑地面的材料。

（5）结构躯体材料。结构躯体材料指用于构筑建筑物或构筑物躯体的承重材料。

4. 按工程类别分类

新型建筑材料按工程类别可分为房屋建筑材料、道路材料、水工材料等类别。

1.4 新型建筑材料的选用

建筑材料决定了建筑形式和施工方法。新型建筑材料的出现，可促使建筑形式的变化、结构方法的改进和施工技术的革新。

理想的建筑应使所用材料能最大限度地发挥其效能，并能合理、经济地满足各种建筑功能要求。因此，新型建筑材料选用总的原则有以下几点：

1. 按建筑物类别选用

先掌握所建建筑物是工业建筑、民用建筑或特殊建筑物，然后参照相关标准和规范确定所用材料的性能指标。

2. 按建筑功能选用

搞清所选材料是用作结构材料、围护材料，还是功能材料，然后参照相关标准和规范确定所需材料。

3. 按材料性质选用

掌握预选建筑材料的性质，使得选用材料的主要性能指标除必须满足建筑功能要求外，还要兼顾其他性能。

4. 按经济条件选用

从材料的供给、运输、贮存及施工条件考虑经济性，同时还需考虑维护费用和耐久性要求。

1.5 新型建筑材料发展现状及前景

我国新型建材工业是伴随着改革开放的不断深入而发展起来的，我国新型建材工业基本完成了从无到有、从小到大的发展过程，在全国范围内形成了一个新兴的行业，成为建筑材料工业中重要产品门类和新的经济增长点。以下主要阐述各种新型建材的发展现状。

1. 新型墙体材料

新型墙体材料是指除黏土实心砖以外的具有节土、节能、利废、有较好物理力学性能，适应建筑产品工业化、施工机械化、减少施工现场湿作业、改善建筑功能等现代建筑业发展要求的墙体材料。新型墙体材料品种较多，主要包括各种空心砖、新型实心砖、砌块、墙板等，如黏土空心砖、掺废料的黏土砖、非黏土砖、建筑砌块、加气混凝土、轻质板材、复合板材等，其主要特点是节能、利废、省土、环保、减轻劳动强度和提高施工效率。墙体材料的生产工艺采用现代技术，并将钢铁的耐磨技术移植到墙材生产设备中；生产向大规模、集约型方向发展；生产方法自动化程度更高，普遍采用电脑控制生产全过程。

我国墙体材料改革“十二五”规划和2015年发展规划中明确提出，重点开发和推广全煤矸石空心砖、高掺量粉煤灰空心砖生态建材产品。但目前在总的墙体材料中所占比例仍然偏小，因此很难满足当前对环境资源保护的要求。要使新型墙体材料占墙材总量的比例上升，重点是建设高档次、高水平、大规模的主导产品生产线。空心砖重点发展高废渣掺量、高空洞率、高保温性能、高弧度的承重多孔砖和外墙饰面的清水墙砖混凝土砌块，重点发展双排孔或多排孔的保温承重砌块、外墙饰面砌块。重点发展机械化挤压式生产的轻质多孔条板、外墙复合保温或带饰面的装配式板材，并配合建设部门推广应用轻钢结构体系，发展各种装配式条板。只有促使各种新型墙体材料因地制宜快速发展，才能改变墙体材料不合理的产品结构，达到节能、保护耕地、利用工业废渣、促进建筑技术的目的。

近 5 年来，新型墙体材料的产值以每年 20% 以上的速度发展。从国家宏观经济环境上分析，未来 20 年仍将是经济的高增长时期。根据对房地产、建筑、建材等相关行业的发展势头的预测和判断，到 2020 年，中国还将建设 300 亿 m^2 建筑，新型墙体材料作为建筑材料工业调整产业结构和转变经济增长方式的战略重点，具有广阔的发展前景。

2. 新型建筑涂料

新型建筑涂料是指涂敷于物体表面能形成连续性涂膜，装饰、保护或使物体具有某种特殊功能的材料。近年来，无机高分子涂料受到各国重视，日本将其列为低公害产品加以发展，欧美国家也大力推广。新型高档涂料不断出现，如氟树脂涂料、自干型氟树脂涂料等。国外还相继出现了抗菌涂料、杀虫涂料、抗静电涂料、高亮度光涂料及防海水侵蚀等功能性涂料。但是，许多建筑涂料在生产和使用过程中释放出有毒的甲醛、挥发性有机物等，造成空气污染，影响人体健康，这些涂料应当停止生产或减少生产，开发出更多的新型健康涂料取而代之，更好地为人类服务。

3. 新型建筑塑料

新型建筑塑料是以高分子材料为主要成分，添加各种改性剂及助剂，为适合建筑工程各部位的特点和要求而生产出用于各类建筑工程的塑料制品。建筑塑料的广泛应用可以缩短工期，减轻结构自重，提高装配化程度，便于使用现代化施工方法，提高建筑质量和耐久性，应该说塑料已与混凝土、钢材、木材等一起成为重要的建筑材料了。近几年来，在建筑工程中，塑料制品不断取代金属制品，主要体现在塑料管道、覆面材料和门窗，以及室外装修、防水保温材料的产量和需求量日益增大。

我国塑料建材行业加快了研发和推广应用步伐，行业生产规模不断扩大，技术水平稳步提高，尤其是塑料型材、管材已经进入稳定成熟的增长时期，是塑料建材中最成熟的品种，目前产能仍在稳定增长中，并成为应用最好的塑料建材品种。现在全国 30% 以上的地区应用了新型塑料管材，发展快的一些省市已经达到了 90%。东北三省、内蒙古等地的一些城镇，40% 以上的新建住宅都使用了塑料门窗，青岛、大连 80% 以上的新建住宅使用了塑料门窗。建筑塑料制品正朝着提高生产率（如近年发展较快的双螺杆塑料挤出设备）、降低成本（如发泡、型腔等非密实性材料）、开发新的应用领域（如功能性塑料）方向发展。国外塑料建材发展迅猛，发达国家塑料建材产值已超过水泥。现代高层建筑对建筑涂料的耐候性要求越来越高，高耐候性树脂涂料的研究开发成为当今世界尤其是发达国家涂料研究的活跃领域，目前最活跃的领域是含氟树脂和有机硅改性树脂的研究。建筑防水密封材料在国外竞争激烈，产品更新快，向高分子树脂和高分子改性沥青为基料的方向发展；沥青油毡胎基向玻纤胎基、化纤胎基或树脂薄膜胎基方向发展；屋面防水构造由多层向单层、双层方向发展；施工技术由热熔粘结向常温、自粘、机械固定等方向发展。随着人们对建筑塑料优良性能的认识，其必将得到广泛的应用与发展，具有广阔的发展空间和美好的前景。

4. 新型装饰材料

新型装饰材料是指建筑物内外墙面、地面、顶棚的饰面材料。随着社会经济发展水平、人民生活水平的提高和居住条件改善，人们越来越追求舒适、美观、清洁的居住环境。从而对建筑装饰装修材料、景观材料的品种、质量要求越高。在不断地探索和研究中，一大批具有良好装饰性、高效保温性、节能性、健康性的装饰材料应运而生。例如，利用透明玻璃与塑料进行组合，能抑制对流传热的透明隔热材料，随温度改变颜色的新型涂料，自动调节室内湿度的新型墙体材料等。

我国建筑装饰装修材料的发展，起步较晚，与国外相比，我国装饰材料的生产企业规模偏小，产品质量不稳定，款色旧，档次低，配套性差，市场竞争能力弱；科研开发力量不足，产品更新换代能力弱，不能适应市场需求；产品结构不合理，中、低档产品比例大，高档材料比重低，不能满足高档建筑装饰装修的需求。但20世纪80年代以来，国内自行研制开发了大量的新型建筑装饰装修材料，同时从国外引进了多项建筑装饰装修材料生产技术和装备，从而使国内建筑装饰装修材料的发展水平向国际先进水平靠近了一大步。目前三星级的宾馆装饰装修基本做到自己生产，四至五星级宾馆的装饰装修有30%～40%可以做到自给。将来建筑装饰材料应重点发展丙烯酸类乳胶、高档发展内外墙涂料、复合仿木地板等一些适销对路产品，朝着功能化、高档化、无害化方向发展，做到新颖、美观、实用、方便。但由于装修材料的应用，使民用建筑室内环境污染问题日益突出，有专家认为继“煤烟型污染”和“光化学烟雾型污染”之后，人们已经进入以“室内空气污染”为标志的第三污染时期。所以，必须对装饰装修材料有害物质进行限量；对建筑室内污染进行控制等，降低室内污染，大力发展绿色建材。

5. 新型防水、密封材料

新型防水材料是指有效防止雨水或地下水向建筑物内部渗漏的防水薄膜材料，是建筑业及其他有关行业所需要的重要功能材料。我国建筑防水、密封材料在20世纪50、60年代基本上是纸胎油毡一统天下的局面。经几十多年的努力，获得了较大发展，到目前为止已基本上发展成为门类较为齐全、产品规格档次多样、工艺装备开发已初具规模的防水材料工业体系。目前拥有包括沥青油毡（合改性沥青油毡）、合成高分子防水卷材、建筑防水涂料、密封材料、堵漏和刚性防水材料等五大类产品，建筑密封材料从品种上说已比较齐全。新型防水材料重点发展SBS、APP、APO改性沥青油毡，工程应用量将达到防水材料市场的55%以上，用量约7000万m^2，逐步淘汰纸胎油毡防水材料。高分子防水卷材工程应用量将达到20%，用量约5000万m^2，防水涂料工程应用量达7%，年用量约6万t，特种机关报型防水材料应用量将占防水材料应用量的80%以上。我国防水材料基本上形成了品种门类齐全，产品规格、档次配套、工艺装备开发已初具规模的防水材料工业体系，国外有的品种我们基本都有。2010年，全国新型防水材料产量达到2.5亿m^2，市场占有率达到50%，城镇永久性建筑采用新型防水材料达到了80%以上。

目前，国内建筑防水材料发展迅速、种类齐全，规格和工艺等也初具规模。但是与国外发达国家相比还是有很大差距，主要表现在：① 产品结构不合理，新型防水密封材料生产量和使用量都很小；② 是产品质量不容乐观，假冒产品较多；③ 设计施工应用技术差渗漏严重。所以新型建筑防水材料的发展应以克服以上缺陷为目标，尽可能使其达到国外发达国家水平。

在建筑行业如火如荼高速发展的今天，高层建筑的建造对新型建筑材料的开发利用具有很大的推动作用，反之，新型的建筑材料及其制品也使现代的高层建筑实现更多的建筑功能，满足人们日益增长的办公、公共设施以及社会活动和文化的需要。两者在彼此的存在、发展中共同发展。新型建筑材料还将一直更新，使有毒害的材料不断减少，新的绿色建材产品不断涌现。许多国家的经验证明，它是经济发展和社会进步的必然趋势。建筑业的进步不仅要求建筑物的质量、功能要完善，而且要求其美观且无害人体健康等。这就要求发展多功能和高效的新型建材及制品，只有这样才能适应社会进步的要求。使用新型建筑材料及制品，可以显著改善建筑物的功能，增加建筑物的使用面积，提高抗震能力，便于机械化施工和提高施工效率，而且同等情况下可以降低建筑价。推广应用新型建材不仅社会效益可观，而且经济效益显著。因此，发展新型建材及制品是促进社会进步和提高社会经济效益的重要环节。

习 题

1. 简述新型建筑材料和传统建筑材料的异同点。
2. 简述新型建筑材料的特点与选用原则。
3. 什么是绿色建筑材料？试述发展绿色建材的意义。
4. 简述新型建筑材料的研究内容与发展方向。

第 2 章
Chapter 2

新型墙体材料

【本章知识构架】

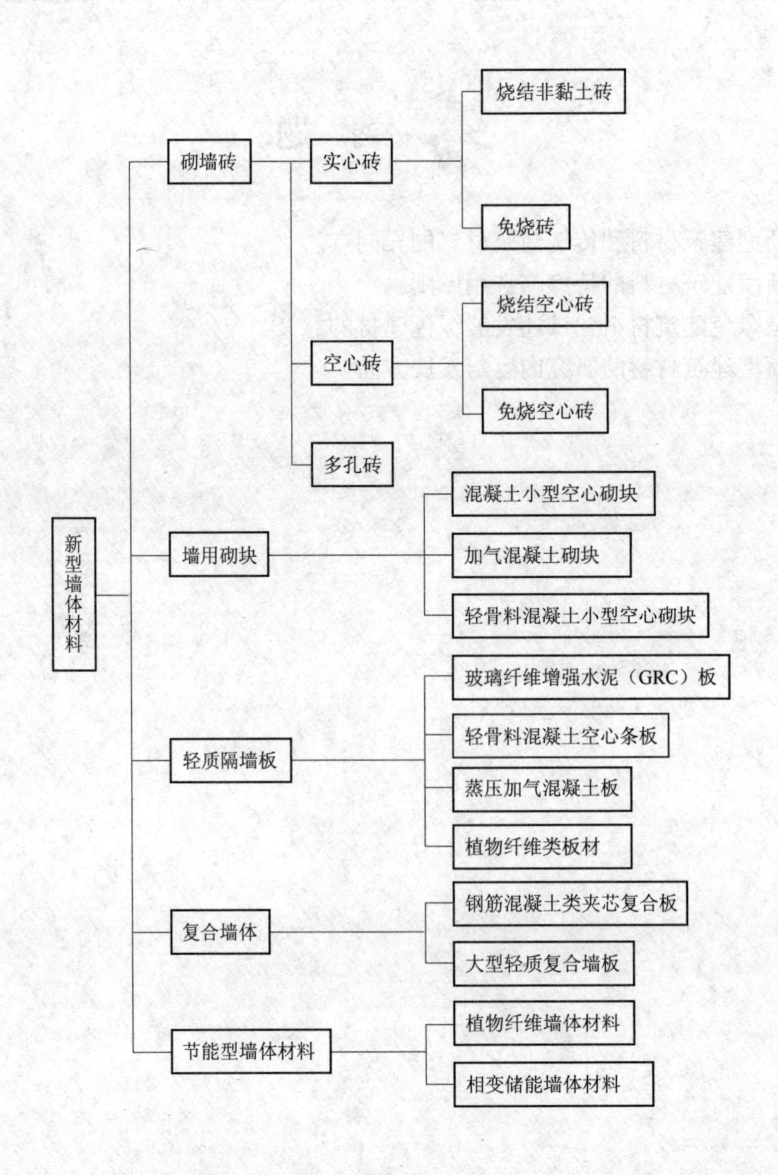

2.1　概述

墙体材料是指在建筑中起承重、围护或分隔作用的材料。它们与建筑物的功能、自重、成本、工期以及建筑能耗均有着直接的关系。

2.1.1　墙体材料的发展趋势

限制淘汰黏土实心砖的生产和应用，并不是因为黏土实心砖不好，而是从资源、能源角度，从环境角度、从贯彻可持续发展战略角度来考虑。我国是一个人多地少、人均自然资源十分紧缺的国家，占全世界7%的土地，却要养活占世界22%的人口。我国国土有960万km^2，但可耕地面积只有99.34万km^2。人均占地约800m^2，只占世界人均占地的1/4，在全世界26个人口超过5000万的国家中，人均占地仅高于日本和孟加拉国，排名24位。受多种因素影响，近年来，我国耕地面积还以每年2%的速度递减。不仅如此，由于几千年来的传统习惯，黏土实心砖（红砖）的生产还要毁掉大量的耕地和农田，按目前全国5000亿块标准砖的产量规模计算，每年毁田近10万亩，砖厂占用和抛荒耕地近600多万亩。

除此之外，我国的能源也十分紧张，总需求大于总供给的矛盾日趋加剧，每年都要进口大量的燃料、燃油，烧砖在取土毁田的同时，每年能耗也超过5000万t标煤，再加上建筑采暖、降温超1亿t标煤的能耗，两项合计占全国能源消耗总量的27%以上。建筑用能耗如此之高，与发达国家相比，有很大的差距，其主要表现为建筑保温状况的差距，以现有的黏土实心砖墙的模式，外墙的单位能耗是发达国家的4～5倍。其他的如屋顶单位能耗是发达国家的2.5～5.5倍，外窗为1.5～2.2倍，门面气密性为3～6倍。因此，开发和使用轻质、高强度、大尺寸、耐久、多功能（保温隔热、隔声、防潮、防水、防火、抗震等）、节土、节能和可工业化生产的新型墙体材料显得十分重要。

2.1.2　新型墙体材料的特点

新型墙体材料是指除黏土实心砖以外的具有节土、节能、利废、有较好物理力学性能，适应建筑产品工业化、施工机械化、减少施工现场湿作业、改善建筑功能等现代建筑业发展要求的墙体材料。新型墙体材料一般具有保温、隔热、轻质、高强、节土、节能、利废、保护环境、改善建筑功能和增加房屋使用面积等一系列优点，其中相当一部分品种属于绿色建材。新型节能墙体材料，通过先进的加工方法，制成具有轻质、高强、多功能等适合现代化建筑要求的建筑材料。近年来，随着国家对建筑节能的重视及建筑行业自身可持续发展的要求，新型墙体材料得到快速发展。“十二五”发展规划对新型墙体材料提出的发展重点是生产出砌块建筑板材和多功能复合一体化产品，轻质化、空心化产品，石膏板、复合保温板、硅酸钙板、外装饰挂板、蒸压加气混凝土板及各类多功能复合板等产品，高强度、高孔洞率、高保温性能的烧结制品及复合保温墙体材料。

新型墙体材料有诸多传统材料所不具备的优点，尤其在绿色、环保、节能方面更是突出，有些甚至是废物回收利用而得，这些优点都是当今低碳社会所要求的，但是这些材料在应用过程中也遇到了诸多困惑，众多新型墙体材料保温隔热性能不佳，同时墙体容易产生裂缝或空鼓脱落等弊病，这些都值得我们深思。要想新型墙体材料走得更远，我们应该在引入国外先进技术的同时加大自主开发力度，提高墙体材料标准，加大淘汰落后墙体材料，在节能减排的新形势下，把墙体材料更新这场仗将打得更精彩、更广泛、更彻底。

从建筑结构来讲，墙体是建筑的最重要组成部分，也是关系建筑物性能和使用寿命的关键因素，而新型墙体建筑材料的使用在很大程度上促进建筑节能，减轻建筑物自重，对于房屋结构设计以及提高建筑经济性具有重要的意义。新型建筑材料具有构造新、性能好、功能全的特点，使建筑物具备节能保温、舒适美观、安全耐久的功能，也便于进行现代化的施工。建筑墙体材料节能包括自身的隔热保温功能，新建建筑墙体材料应当也必须使用保温、隔热效果好的新型墙体材料，具备节土、节能、利废、无污染的功能。新型墙体材料应以“因地制宜、保护耕地、节能利废、提高质量”为原则，提高经济效益、社会效益和环境效益为宗旨，用节能、节土、利废的隔热保温新型墙体材料替代实心黏土砖和落后的墙体材料，并按照建筑节能标准设计建造房屋，既节约材料生产能源，又节约房屋采暖能源，同时节约耕地，利用废渣改善环境，这是一项保护土地、保护环境、节约能源、贯彻可持续发展的一项重要举措，是一件功在当代、利在千秋的大事。新型墙体材料主要有加气混凝土块、陶粒砌块、小型混凝土空心砌块、纤维石膏板、新型隔墙板，这些都是以煤灰、煤矸石、石粉等废料为主要原料，具有质轻、隔热、隔音的作用。这样的材料既减少了环境污染，又节省了大量生产成本。

2.1.3 新型墙体材料的分类

新型墙体材料在我国发展的历史较短，只是在近几年才得到快速发展。由于处在发展的初期，因此产品的品种多而杂，规格也参差不齐，性能上的差异也很大。一些产品已有了国家标准或行业标准。新型墙体材料的品种有近 20 种，但新型墙体材料产品的名称和归类还缺乏统一规范的划分。现在人们往往是按照墙体材料的形状及尺寸来进行分类的，即将墙体材料分为板材、砌块和砖三大类。板材可分为条板、薄板与复合板，砌块可分为实心砌块和空心砌块，砖可分为实心砖和空心砖，如图 2-1 所示。

本章介绍新型墙体材料（包括砌筑材料和建筑板材）的主要品种、规格、技术性质和应用技术，重点介绍新型建筑板材，它是向建筑结构现代化、施工技术现代化和营建速度现代化前进的重要材料，是执行国家制定的墙体改革方针的关键材料。由于篇幅有限，这里只能选择有代表性的产品加以介绍。

2.2 砌墙砖

砌墙砖是房屋建筑工程中的主要墙体材料，具有一定的抗压和抗折强度，外形多为直角六面体，其公称尺寸多为 240mm × 115mm × 53mm。我国传统的砌墙砖以普通烧结黏土砖为主，为了适应节土、节能、利废的需要，普通烧结黏土砖将逐渐被新型砌墙砖所取代。新型砌墙砖的主要品种有各种空心砖、新型非黏土实心砖、碳化砖等。

2.2.1 实心砖

为了改变生产烧结黏土砖所造成的土地资源和燃料的浪费，可利用粉煤灰、煤矸石、页岩为原料经过烧结、或不经烧结直接经养护得到砌墙用实心砖，不仅节省了大量土地资源、燃料，还充分利用了多种工业废渣，达到废物利用和环保节能效果。

1. 烧结非黏土砖

烧结非黏土砖是指制砖原料主要不是使用黏土，而是以煤矸石、页岩或粉煤灰为主要原料经焙烧而成的一类烧结普通砖，常见品种包括烧结煤矸石砖、烧结页岩砖、烧结粉煤灰砖以及烧结装饰砖。烧结装饰砖是指以上述制砖原料经焙烧而成用于清水墙或带有装饰面用于墙体装饰的砖。此外，在一些地区还有使用当地金属矿山的尾矿砂烧制的烧结尾矿砖。

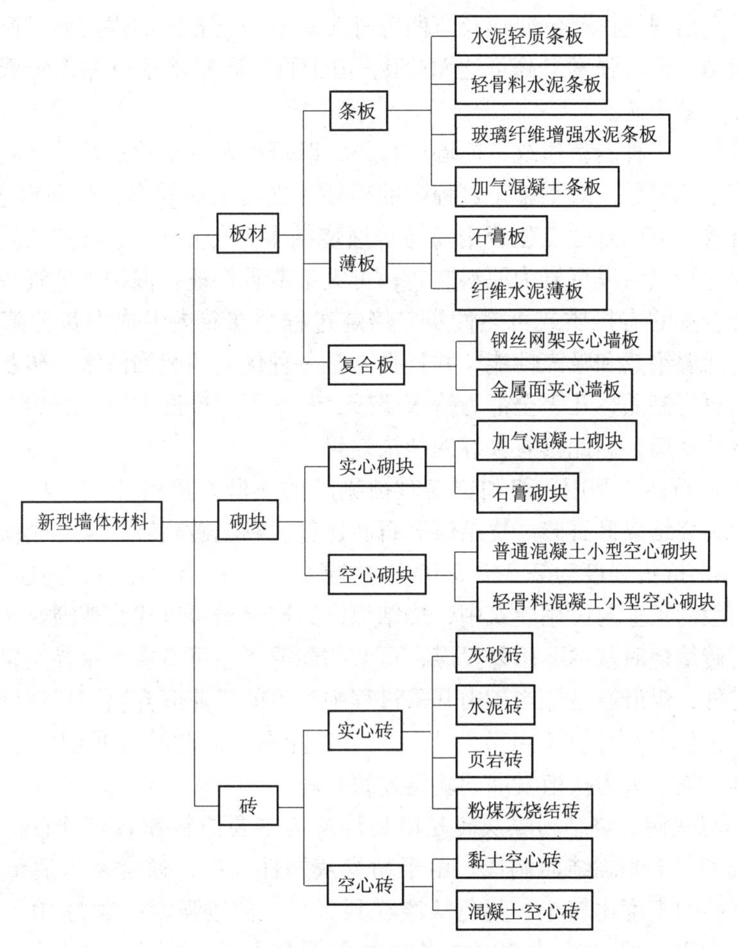

图2-1 新型墙体材料的分类

从建筑节能角度看，烧结非黏土砖并不是未来砌墙砖产品的发展方向。但其生产工艺相对简单，设备投资少，基本利用原有的烧结黏土砖设备即可生产，且粉煤灰、煤矸石等工业废渣消耗量大。根据我国的实际国情，尤其在经济欠发达地区的广大农村，在一段时间内，还不可能很快取消生产烧结非黏土砖。但尽快提高我国制砖企业的生产装备和技术水平，逐步以烧结多孔砖和空心砖取代烧结非黏土砖，才是今后我国烧结砖的发展方向。

（1）烧结页岩砖。泥质页岩或炭质页岩经破碎、粉磨、配料、成形、干燥和焙烧等工艺制成的砖即为烧结页岩砖。生产这种砖可完全不用黏土，配料调制时所需水分也较少，有利于砖坯干燥，焙烧时能耗较少。烧结页岩砖的质量标准和检验方法及应用范围与普通黏土砖相同。由于页岩是一类以黏土矿物为主要成分的泥质沉积岩，其中泥质页岩和炭质页岩是理想的制砖原料。以页岩为制砖原料，其物理性能和化学性能均优于黏土。其干燥收缩和干燥敏感系数均低于普通黏土，故砖坯干燥工艺更易掌握，适当提高风温、风速，可实现快速干燥而不引起坯体收缩，出现干燥裂纹。在化学性能方面，页岩的矿物组成较黏土物料更适宜烧结，烧成速度可较黏土砖提高15%～20%。

从产品性能看，页岩砖普遍优于黏土砖。页岩砖的成形水分低，成形压力较大，故坯体密实性好、变形小，缺棱掉角现象明显低于黏土砖，因此在外观质量方面，页岩砖产品尺寸偏差小，一般不会出现坯体严重变形及弯曲等外观缺陷。页岩砖的强度明显高于黏土砖，发达国家生产的烧结页岩砖强度最高可达MU50。由于页岩砖吸水率较黏土砖低，故抗冻性和耐久性也明显优于黏土砖。

烧结页岩砖作为一种新型建筑节能墙体材料，既可用于砌筑承重墙，又具有良好的热工性能，符合建筑施工模数，减少施工过程中的损耗，损高工作效率；孔洞率达到35%以上，可减少墙体的自重，节约基础工程费用。与普通烧结多孔砖相比，具有保温、隔热、轻质、高强和施工高效等特点。以页岩为原料制砖，可大量节省耕地，保护土地资源。并且页岩质轻，物料中所含较多的有机质或可燃性炭，焙烧过程中在砖内形成大量孔隙，从而使砖质轻，具有更好的保温绝热和吸声性能。并且页岩是一种优质的装饰清水墙砖制砖原料。工业发达国家的烧结页岩制品，几乎全部为清水墙砖，基本不生产混水墙页岩砖，页岩砖砌体也大多数为装饰性清水墙，因此具有极好的装饰效果。

（2）烧结煤矸石砖。利用采煤和选煤时被剔除的煤矸石经粉碎、配料、成形、干燥和焙烧而成的砖称为烧结煤矸石砖。烧结煤矸石砖比普通黏土砖略轻，颜色稍淡，抗压强度一般为10～20MPa，抗折强度为2.3～5.0MPa，吸水率为15.5%左右，能经受15次冻融循环不破坏。在一般的工业与民用建筑中，烧结煤矸石砖完全可以代替普通黏土砖。

烧结煤矸石砖焙烧时基本不用外投煤，可节约能源，还可节省大量黏土资源，减少工业废渣的占地。另外，煤矸石是煤炭矿山开采过程中产生的工业废弃物。以煤矸石为原料生产新型墙材，既保护生态环境，又可节约土地、节省能源，因此符合我国的建材产业发展政策，是国家高度重视、大力扶植发展的新型建筑材料。

（3）烧结粉煤灰砖。烧结粉煤灰砖是以粉煤灰为主要原料掺入煤矸石粉或黏土等胶结料，经配料、成形、干燥烧结而制成。由于粉煤灰塑性较差，通常掺入适量黏土作为增塑剂。烧结粉煤灰砖的密度比较小，颜色从淡红到深红，抗压强度一般为10～15MPa，抗折强度为3.0～5.0MPa，吸水率为20%左右，能满足砖的抗冻要求。其特点是可节省黏土，节约燃料，保护环境。而其材性与烧结黏土砖完全相同，且自重较后者轻，故是一种便于推广应用的烧结型新型墙材。

由于粉煤灰的主要成分是一些极细的空心或实心玻璃微珠，表观密度很小，因而粉煤灰砖具有轻质、保温、吸声性能。采用粉煤灰制砖，粉煤灰消耗量大，目前我国粉煤灰烧结砖中粉煤灰的掺加比例已超过40%。生产使用烧结粉煤灰砖既可节约能源、保护土地资源，又可保护环境，因此烧结粉煤灰砖可以代替普通黏土砖应用于一般工业与民用建筑中，是国家优先提倡、扶植的工业产品之一。

2. 免烧砖

目前主要生产的免烧砖即为硅酸盐砖，硅酸盐砖是指主要以硅质和钙质为原料，掺加适量骨料和石膏，经坯料制备、压制成形、养护等工艺制成的实心砖、多孔砖和空心砖。无孔洞或孔洞率小于25%的为硅酸盐实心砖，孔洞率大于或等于25%的为硅酸盐多孔砖，空洞率大于或等于 35% 的为硅酸盐空心砖。

根据所用原材料，硅酸盐砖可分为灰砂砖、煤渣砖以及非烧结的煤矸石砖、粉煤灰砖、页岩砖等。按照养护方式，可分为蒸压砖和蒸养砖两种。经高压蒸汽养护硬化而制成的一类砌墙砖制品谓之蒸压砖；经常压蒸汽养护硬化而成的一类砌墙砖制品称为蒸养砖；也有以自然养护制成的硅酸盐砖，称为自养砖。目前，我国使用的硅酸盐砌墙砖产品主要包括蒸压、蒸养或自养粉煤灰砖、煤渣砖，蒸养、自养煤矸石砖、蒸养页岩砖、蒸养矿渣砖以及蒸压灰砂砖、蒸压灰砂多孔砖以及蒸压灰砂空心砖等。除普通的砌墙砖制品外，硅酸盐砖还包括经处理后用于提高吸声功能的吸声砖以及带有装饰面的饰面砌筑砖。

（1）蒸压灰砂砖。灰砂砖属于非烧结砖，是以石灰、砂子为主要原料，允许掺入颜料和外加剂，经配料、拌和、压制成形和蒸压养护而制成。用料中石灰占 10% ~ 20 %。灰砂砖的尺寸规格与普通烧结砖相同，表观密度比普通烧结砖小，但其保温性能要好于普通砖。灰砂砖主要制品类型包括蒸压灰砂砖、蒸压灰砂多孔砖以及蒸压灰砂空心砖。前者是指以砂和石灰为主要原料，允许掺入颜料和外加剂，经坯料制备、压制成形和高压蒸汽养护而成的普通灰砂砖。后两者则是指以砂和石灰为主要原料，允许掺入颜料和外加剂，经坯料制备、压制成形、高压蒸汽养护分别制成的多孔砖和空心砖。

蒸压灰砂砖原材料来源广泛，生产技术成熟，产品表面平整、尺寸准确，性能优良，符合国家墙体材料标准，属节能建材。且灰砂砖可以节省黏土资源，有利于保护环境，减少可耕地的损失。灰砂砖的制砖总能耗较黏土烧砖低 30%，可节省大量的煤炭资源消耗。以其取代烧结类黏土砌墙砖，可达到节约能源、节省土地的双重效果，符合我国新型墙体材料的发展方向，故是国家提倡和鼓励优先发展的墙体建筑材料。但是，灰砂砖在用于工业与民用建筑的墙体和基础时，由于其中的某些水化产物不耐酸，也不耐热，所以不能用于长期受热或急冷急热交替作用，以及有酸性介质侵蚀的建筑部位，也不宜用于受流水冲刷的部位。

蒸压灰砂砖的技术规范执行 GB 11945—1999，本标准适用于以石灰和砂为主要原料，允许掺入颜料和外加剂，经坯料制备、压制成形、蒸压养护而成的实心灰砂砖。

蒸压灰砂空心砖执行 JC/T 637—2009，本标准适用于以石灰、砂为主要原料，经坯料制备、压制成形、蒸压养护而制成的孔洞率大于 15% 的蒸压灰砂空心砖。

蒸压灰砂砖根据颜色，分为彩色的（C）和本色的（N）两类。砖的公称尺寸为 240mm × 115mm × 53mm。目前我国常用的灰砂砖规格主要有 240mm × 115mm × 103mm、240mm × 103mm × 180mm、400mm × 115mm × 53mm 等。

根据抗压强度和抗折强度，蒸压灰砂砖分为 MU25、MU20、MU15、MU10 四个强度级别；根据尺寸偏差和外观质量、强度及抗冻性分为优等品（A）、一等品（B）、合格品（C）三个质量等级。

蒸压灰砂砖的尺寸偏差和外观规定见表 2-1，力学性能指标见表 2-2。

表 2-1　　蒸压灰砂砖的尺寸偏差和外观规定

项目			指标		
			优等品	一等品	合格品
尺寸允许误差/mm	长度	*L*	±2	±2	±3
	宽度	*B*	±2		
	高度	*H*	±1		

续表

项目		指标		
		优等品	一等品	合格品
缺棱掉角	个数，不多于/个	1	1	2
	最大尺寸不得大于/mm	10	15	20
	最小尺寸不得大于/mm	5	10	10
对应高度差不得大于/mm		1	2	3
裂纹	条数，不多于/条	1	1	2
	大面上宽度方向及其延伸到条面的长度不得大于/mm	20	50	70
	大面上长度方向及其延伸到顶面上的长度或条、顶面水平裂纹的长度不得大于/mm	30	70	100

表 2-2 **蒸压灰砂砖的力学性能指标**

强度级别	抗压强度/MPa		抗折强度/MPa	
	平均值不小于	单块值不小于	平均值不小于	单块值不小于
MU25	25.0	20.0	5.0	4.0
MU20	20.0	16.0	4.0	3.2
MU15	15.0	12.0	3.3	2.6
MN10	10.0	8.0	2.5	2.0

抗冻性能指标见表2-3。经冻融试验后，产品满足以下规定者为合格：① 抗压强度降低不得超过20%；② 单块砖的干质量损失不超过2%。

表 2-3 **蒸压灰砂砖的抗冻性能指标**

强度级别	冻后抗压强度（平均值）/MPa ≥	单块砖的干质量损失（%）≤
MU25	20.0	2.0
MU20	16.0	2.0
MU15	12.0	2.0
MU10	8.0	2.0

灰砂砖不得用于长期受热200℃以上、受急冷急热和有酸性介质侵蚀的建筑部位。灰砂砖砌体的结构设计与施工，可参照中国工程建设标准化协会推荐的《蒸压灰砂砖砌体结构设计与施工规程》（CECS 20:90）执行。本规程适用于一般工业与民用建筑及构筑物的灰砂砖砌体结构的设计与施工。但不适用于多孔灰砂砖和空心灰砂砖砌体。

灰砂砖与普通黏土砖的性能在很多方面相同，但某些性能又有较大差别，故在进行灰砂砖砌体结构设计时，除应遵守《砌体结构设计规范》（GB 50003—2011）、《建筑抗震设计规范》（GB 50011—2010）及《砌体结构工程施工质量验收规范》（GB 50203—2011）的有关规定外，尚应注意遵守上述规程中一些与普通黏土砖砌体不同的规定。

蒸压灰砂砖早期收缩值大，故灰砂砖出釜后应至少放置一个月后再行砌筑，以防止砌体的早期开裂。灰砂砖的收缩率较黏土砖约大一倍，且越接近干燥状态其收缩量越大，故灰砂砖砌体的干缩较大，墙体在干燥环境中容易开裂。因此砌筑灰砂砖砌体时，砖的含水率宜控制在52%～68%。在干燥天气，灰砂砖应在砌筑前1～2d浇水。禁止使用干砖或含饱和水的砖砌筑墙体，雨天施工砂浆含水率不易控制，易导致墙体变形，故不宜在雨天砌筑。

灰砂砖粘结力较差，抗剪强度较普通黏土砖低。故灰砂砖砌体宜采用高黏度的专用砂浆。灰砂砖吸水慢，砂浆早期强度发展迟缓，砌筑到一定高度，容易发生砂浆流失，从而导致砌体变形。故灰砂砖砌体应控制每天可砌高度，一般不宜超过1.5m。灰砂砖不宜与黏土砖或其他品种砖同层混砌，以防止因砌墙砖类型不同导致砌体内砂浆强度的变化，以及不同砖砌体收缩率及绝对收缩值不同，而导致墙体干缩开裂。

蒸压灰砂砖目前在应用技术方面存在的问题是，由于表面比较光滑，砌筑后与砂浆的粘结强度不如烧结普通砖。故而往往导致砌体抗剪强度偏低，因此在一定程度上影响了在地震设防地区的使用。该方面的应用研究尚须加强。

（2）蒸压粉煤灰砖。蒸压粉煤灰砖是以粉煤灰为主要原料，掺入适量的石灰和石膏或再加入部分矿渣，经配料、拌和、压制成形和蒸压（或常压蒸汽）养护而制成。根据养护工艺的不同，粉煤灰砖可分为蒸压粉煤灰砖、蒸养粉煤灰砖和自养粉煤灰砖三类。它们的原材料和制作过程基本一致，仅养护工艺有所差别，但产品性能往往相差较大。蒸压粉煤灰砖是经高压蒸汽养护制成，水热反应是在饱和蒸汽压（蒸汽温度一般高于176℃，压力0.8MPa以上）条件下进行的，因而硅铝活性组分凝胶化反应充分，砖的强度高，性能趋于稳定。而蒸养粉煤灰砖是经常压蒸汽养护制成，未经高压蒸养，因此水热反应进行不够彻底，强度及其他性能往往不及蒸压粉煤灰砖，其优点是生产设备投资较少。自养粉煤灰砖则是以水泥为主要胶凝材料，成形后经自然养护制成。自养砖生产工艺简单，便于在农村推广，缺点是占用土地多、生产周期较长。除轻质外，蒸压粉煤灰砖物理力学性能优良。其抗压强度一般均可达到20MPa或15MPa，至少可达到10MPa，能经受15次冻融循环的抗冻要求。

粉煤灰砖可以大量利用粉煤灰，而且可以使用湿排灰。故属于节土、利废、保护生态环境的新型轻质墙体材料，推广和发展粉煤灰砖，具有重大的经济和社会效益。但是，当粉煤灰砖用于工业与民用建筑的墙体和基础时，用于基础或易于冻融和干湿交替作用的建筑部位，必须使用优等品和一等品，不能用于长期受热或急冷急热交替作用以及有酸性介质侵蚀的建筑部位，为避免或减少收缩裂缝的产生，用粉煤灰砖砌筑的建筑物，应适当增设圈梁和伸缩缝。

粉煤灰砖的技术规范执行国家建材行业标准JC 239—2001。标准适用于以粉煤灰、石灰为主要原料，掺加适量石膏和骨料经坯料制备、压制成形、高压或常压蒸汽养护而成的实心粉煤灰砖。根据《粉煤灰砖》（JC 239—2001）的规定，粉煤灰砖强度等级为MU30、MU25、MU20、MU15、MU10，质量等级根据尺寸偏差、外观质量、强度等级和干燥收缩分为优等品（A）、一等品（B）和合格品（C）。蒸压粉煤灰砖的尺寸规格与普通烧结砖相同，呈深灰色，体积密度比普通烧结砖小。粉煤灰砖的公称尺寸为240mm×115mm×53mm，与烧结普通砖规格一致。目前我国使用的粉煤灰砖的主要规格有240mm×115mm×53mm、

400mm×115mm×53mm。

粉煤灰砖按产品名称（FAB）、强度级别、质量等级、国家标准编号顺序，进行标记，如强度级别为MU20，优等品的粉煤灰砖标记为FAB 20 A JC 239。

粉煤灰砖的外观质量要求见表2-4。

表2-4 粉煤灰砖的外观质量要求 （单位：mm）

项 目	指标		
	优等品（A）	一等品（B）	合格品（C）
尺寸允许偏差：			
长	±2	±3	±4
宽	±2	±3	±4
高	±2	±3	±3
对应高度差 ≤	1	2	3
每一缺棱掉角的最小破坏尺寸 ≤	10	15	25
完整面 不少于	二条面和一顶面或二顶面和一条面	一顶面和一条面	一顶面和一条面
裂纹长度 ≤			
a. 大面上宽度方向的裂纹（包括延伸到条面上的长度）	30	50	70
b. 其他裂纹	50	70	100
层裂	不允许		

注 在条面和顶面上破坏面的两个尺寸同时大于10mm和20mm者为非完整面。

粉煤灰砖的力学性能指标见表2-5。

表2-5 粉煤灰砖的力学性能指标 （单位：MPa）

强度级别	抗压强度		抗折强度	
	平均值 ≥	单块值 ≥	平均值 ≥	单块值 ≥
MU30	30.0	24.0	6.2	5.0
MU25	25.0	20.0	5.0	4.0
MU20	20.0	16.0	4.0	3.2
MU15	15.0	12.0	3.3	2.6
MU10	10.0	8.0	2.5	2.0

注 强度级别以蒸汽养护后1d的强度为准。

抗冻性能指标见表2-6。

蒸压粉煤灰砖的建筑设计与施工，目前尚无全国统一的专门规程。其砌体工程的结构、抗震设计以及施工和质量验收除应符合《砌体结构设计规范》（GB 50003—2011）、《建筑抗震设计规范》（GB 50011—2010）以及《砌体结构工程施工质量验收规范》（GB 50203—2011）的一般规定外，由于蒸压粉煤灰砖与普通黏土砖在性能上有较大差别，故在使用中应根据其不同性能，采取相应措施，满足构造要求。

表 2-6　粉煤灰砖的抗冻性能指标

强度级别	冻后抗压强度（平均值）/MPa　≥	单块砖的干质量损失（%）　≤
MU30	24.0	2.0
MU25	20.0	2.0
MU20	16.0	2.0
MU15	12.0	2.0
MU10	8.0	2.0

长期受热高于 200℃、受急冷急热或有酸性介质侵蚀的建筑部位，不得使用粉煤灰砖。

蒸压粉煤灰砖初期收缩率较大，故砖出釜后必须停放 1 ~ 2 周，待收缩基本稳定后，方可用于砌筑。规定粉煤灰砖应存放 3d 以后出厂，停放 1d 后检测强度，出厂前应按标准规定进行其他检验。粉煤灰砖吸水迟缓，初始吸水较慢，而后期吸水量大。故必须提前润水，不能随浇随砌。砖的含水率一般宜控制在 10% 左右，以保证砌筑质量。

与黏土砖相比，压制成形的蒸压粉煤灰砖表面平整、光滑，与砂浆的粘结力较弱，砌体抗横向变形能力较差。故应尽量采用专用砌筑砂浆，以提高砖与砂浆的粘结力。

用粉煤灰砖砌筑的建筑物，应采取适当的构造措施，防止出现裂缝。如适当增设圈梁及伸缩缝，或减少伸缩缝间距；窗台、门、洞口等部位，适当增设钢筋，以避免或减少收缩裂缝的产生。

（3）煤渣砖。煤渣砖是指以煤渣为主要原料，掺入适量石灰、石膏，经混合、压制成形或蒸压而成的实心砖。按照不同的养护工艺，可分为蒸养煤渣砖蒸压煤渣砖和自养煤渣砖，蒸养煤渣砖系经常压蒸汽养护制成的煤渣砖；蒸压煤渣砖系经高压蒸汽养护制成的煤渣砖；自养煤渣砖系经自然养护制成的煤渣砖。

同粉煤灰一样，煤渣也是一类具有化学活性的硅铝质材料。我国是一个以煤为主要能源的国家，大量的民用采暖及供热燃煤锅炉，每年有大量的煤渣废弃物生成。煤渣砖系以煤渣为主要原料的保温节能型轻质墙体材料，因此符合国家的新型建材产业政策，属于被鼓励推广之列。但随着国家环保政策力度的加大，城市区域内燃煤锅炉的使用受到限制，集中的煤渣供应来源减少。自 20 世纪 80 年代后期，在众多新型轻质墙材进入建筑市场的情况下，其生产应用逐渐减少，竞争力下降。相信随着生产企业的设备更新和新的生产工艺的应用，其优质价廉的优势肯定会显现。

煤渣砖的质量标准执行国家建材行业标准 JC/T 525—2007。本标准适用于以煤渣为主要原料，掺入适量石灰、石膏，经混合、压制成形、蒸养或蒸压而成的实心煤渣砖。

煤渣砖的公称尺寸为 240mm × 115mm × 53mm。目前我国常用的煤渣砖规格有240mm × 115mm × 53mm、240mm × 180mm × 53mm、290mm × 190mm × 92mm、240mm × 190mm × 92mm、216mm × 105mm × 43mm、190mm × 90mm × 43mm。

根据抗压强度和抗折强度，煤渣砖分为 MU20、MU15、MU10 和 MU7.5 四个强度级别；根据尺寸偏差、外观质量、强度级别分为优等品（A）、一等品（B）、合格品（C）。

煤渣砖按产品名称（MZ）、强度级别、产品等级、行业标准号顺序进行标记，如强度等级为 MU20，优等品煤渣砖标记为 MZ 20A JC 525。

煤渣砖的尺寸偏差与外观质量规定见表 2-7。

表 2-7　　煤渣砖的尺寸偏差与外观质量规定

项　目	指　标		
	优等品	一等品	合格品
尺寸允许偏差： 长 宽 高	±2	±3	±4
对应高度差　≤	1	2	3
每一缺棱掉角的最小破坏尺寸　≤	10	20	30
完整面　不少于	二条面和一顶面或二顶面和一条面	一条面和一顶面	一条面和一顶面
裂纹长度：　≤			
a. 大面上宽度方向及其延伸到条面的长度；	30	50	70
b. 大面上长度方向及其延伸到顶面上的长度或条、顶面水平裂纹的长度	50	70	100
层裂	不允许		

注　在条面和顶面上破坏面的两个尺寸同时大于 10mm 和 20mm 者为非完整面。

煤渣砖的强度指标见表 2-8。优等品的强度级别应不低于 MU15，一等品的强度级别应不低于 MU10，合格品的强度级别应不低于 MU7.5。

表 2-8　　煤渣砖的强度指标

强度级别	抗压强度		抗折强度	
	10 块平均值　≥	单块值　≥	10 块平均值　≥	单块值　≥
MU20	20.0	15.0	4.0	3.0
MU15	15.0	11.2	3.2	2.4
MU10	10.0	7.5	2.5	1.9
MU7.5	7.5	5.6	2.0	1.5

注　强度级别以蒸汽养护后 24 ～ 36h 内的强度为准。

抗冻性和碳化性能指标见表 2-9。放射性要求符合《建筑材料放射性核素限量》（GB 6566—2010）的规定。

表 2-9　　煤渣砖抗冻性和碳化性能指标

强度级别	冻后抗压强度平均值/MPa　≥	单块砖的干质量损失（%）　≥	碳化后强度平均值/MPa　≥
MU20	16.0	2.0	14.0
MU15	12.0	2.0	10.5
MU10	8.0	2.0	7.0
MU7.5	6.0	2.0	5.2

煤渣砖砌体构造要求与普通黏土砖基本相同。砌体建筑设计与施工应符合《砌体结构设计规范》（GB 50003—2011）和《砌体结构工程施工质量验收规范》（GB 50203—2011）的要求，有抗震要求的建筑物应符合《建筑抗震设计规范》（GB 50011—2010）的要求。

2.2.2　空心砖

1. 烧结空心砖

烧结空心砖（图 2-2）是以黏土、页岩、煤矸石等为主要原料，经过原料处理、成形、烧结制成。空心砖的孔洞总面积占其所在砖面积的百分率，称为空心砖的孔洞率，一般应在 40% 以上。孔的尺寸大而数量少，空洞的展布方向与大面平行。由于空心砖主要用于填充墙和隔断墙，只承受自重而无需承受建筑的结构荷载，因此，其大面抗压强度和条面抗压强度要求比较低，主要用于非承重部位。空心砖和实心砖相比，可节省黏土、节约燃料、减轻运输质量、减轻制砖和砌筑时的劳动强度。生产和使用烧结多孔砖和空心砖可节约黏土 25% 左右，节约燃料 10% ～ 20% 。用空心砖砌墙比实心砖墙可减轻自重 1/4 ～ 1/3，提高工效 40% ，降低造价 20% ，并改善了墙体热工性能，加高建筑层数，降低造价。正是由于以上优点，空心砖发展十分迅速，成为普通砖的发展方向。

图 2-2　烧结空心砖

（1）生产工艺。烧结空心砖生产的简易工艺流程如图 2-3 所示。

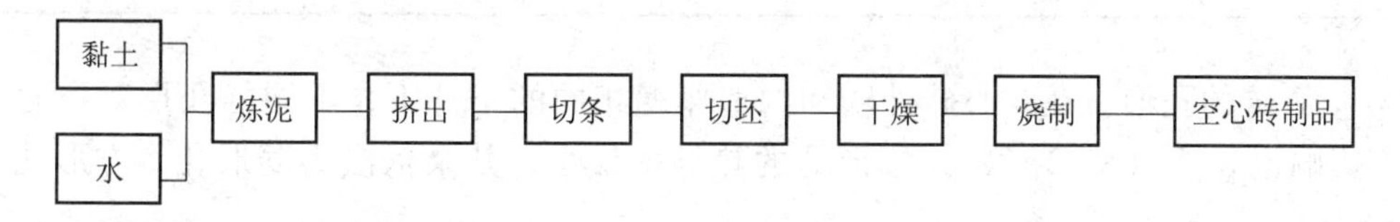

图 2-3　烧结空心砖生产的简易工艺流程

（2）主要技术性能。

1）力学性能。烧结空心砖的力学性能主要是抗压强度，直接影响了墙体特别是承重墙的强度和安全性。其主要影响因素如下：

① 烧结空心砖的外壁壁厚。一般来说，在同样孔洞率的条件下，小孔、多孔空心砖比大孔、少孔空心砖的抗压强度和抗折强度高。例如，当大孔、少孔的承重空心砖孔洞外壁壁厚小于 20 ～ 25mm 时，其强度显著下降；而多孔、小孔承重空心砖外壁壁厚分别为 20mm、15mm、12mm 时，其强度基本一致。为保证空心砖具有良好的力学性能，小孔、多孔空心砖的外壁壁厚可以薄一些；而大孔、少孔空心砖的外壁厚度则要厚一些。

② 烧结空心砖的孔洞方向。空心砖垂直于孔洞方向的强度较平行于孔洞方向的强度低 60%～ 80%（这就是承重空心砖的孔洞大多为垂直孔；而非承重空心砖的孔洞大多为水平孔的原因）。所以承重空心砖在使用时应注意要使孔洞的方向垂直于地面。

③ 空心砖的孔洞率。当空心砖的孔洞率小于 35% 时，垂直孔空心砖的抗压强度相当于实心砖。当孔洞率为 35%～ 40% 时，对抗压强度仅有轻微影响。因为孔洞率的增加，使挤

出砖坯的压力增加，从而使空心砖的内外壁密度增加，补偿了由于增加孔洞率所减少的抗压强度。当孔洞率为40%～50%时，砌筑后的墙体强度会有所下降。

空心砖的抗折强度一般是随着孔洞率的增加而降低的，但是若空心砖的厚度较大时抗折强度影响不大，但应注意要使孔洞互相错开排列。

2）空心砖的保温性能。空心砖的保温隔热性能，直接影响到建筑物的居住条件，主要指热导率。主要影响因素有：

① 空心砖的孔洞率。一般空心砖的热导率与其孔洞率成反比。孔洞率越大，其热导率越小，保温性能也越好。

② 空心砖材料的密度（表2-10）。可知空心砖的材料密度越小（即材料中空隙度越大），其热导率越小，保温性能也越好。

表2-10　不同空心砖的密度、空隙率和热导率

砖的名称	密度/（kg/m^3）	空隙率（%）	热导率	
			λ/[W/（m·K）]	与最大热导率值比（%）
干压砖	1900	27	0.814	100
密实的机制砖	1800	31	0.768	94
疏孔砖	1400	46	0.523	64
有孔砖	1200	54	0.442	54
多孔砖	800	69	0.291	36

③ 空心砖的孔形。在空心砖外壁和内壁厚度相同的条件下，不同的孔形对空心砖的热导率影响也较大（表2-11），矩形孔的热导率最小，其余依次为菱形孔、方形孔和圆形孔。

表2-11　不同孔形对空心砖热导率的影响

孔　形	平均热导率/[W/（m·K）]
矩形孔	0.24
菱形孔	0.42
方形孔	0.47
圆形孔	0.49

④ 空心砖的孔洞大小。在同样孔洞率的空心砖中，小型孔洞和较大型孔洞的空心砖热导率低，其保温隔热效果好。这也是微孔空心砖保温隔热性能优异的原因。

⑤ 空心砖的孔洞排列。在同样孔洞率的条件下，孔洞多排排列（小孔、多排）的热导率比单排排列（大孔、单排）的低。

⑥ 空心砖的砌筑方法。一般空心砖的顺向和顶向的热导率是不一样的。如果空心砖采用露顺法砌筑墙体，则应选用在顺头方向热导率较小的空心砖；如果采用的是露头法，则应

选用在露头方向热导率较小的空心砖；如果是混合砌法（即露头和露颊均有），则应选用在砖颊方向和砖头方向的热导率相近的空心砖。

（3）品种、规格及性能。

1）品种。空心砖的应用范围十分广泛，品种也很多，一般有两种分类方法。

按空心砖的用途分大致有十种：承重空心砖、非承重空心砖、拱壳空心砖、楼板空心砖、檩条空心砖、梁空心砖、墙板空心砖、配筋空心砖、吸声空心砖和花格空心砖。

按制作空心砖的材料分大致有四种：黏土空心砖、煤矸石空心砖、页岩空心砖和粉煤灰空心砖。如图2-4所示为粉煤灰空心砖。

图2-4　粉煤灰空心砖

2）规格和性能。

① 承重空心砖的主要规格有三种，见表2-12。

表2-12　　**承重空心砖的主要规格**　　（单位：mm）

代号	长	宽	高
KM1	190	190	90
KP1	240	115	90
KP2	240	185	115

目前，我国生产的承重空心砖的规格较多，孔形也较多（如有圆形、椭圆形、矩形、方形、菱形、三角形）。承重空心砖绝大多数为垂直孔，见表2-13。

表2-13　　**承重空心砖的规格、孔形**

序号	名称	规格[（长/mm）×（宽/mm）×（高/mm）]	孔数	孔形	孔洞率（%）
1	20孔承重空心砖	240×115×90	20	圆形孔	23
2	17孔承重空心砖	240×115×90	17	圆形孔	18
3	26孔承重空心砖	240×115×115	26	圆形孔	24
4	26孔承重空心砖	240×115×90	26	圆形孔	24
5	25孔承重空心砖	240×180×115	25	圆形孔、椭圆形孔	25
6	7孔承重空心砖	240×180×115	7	矩形、椭圆形孔	24
7	3孔承重空心砖	240×115×115	3	矩形、椭圆形孔	20
8	单孔承重空心砖	240×115×115	1	矩形、椭圆形孔	24
9	21孔承重空心砖	240×115×90	21	条形孔	25
10	42孔承重空心砖	240×115×86	42	菱形孔	25.7

② 非承重空心砖（又称烧结空心砖）。国内生产的非承重空心砖规格较多，孔形也较多，但主要为方形和矩形。非承重多孔砖绝大多数为水平孔。

非承重空心砖的主要规格有两种，见表2-14。

表2-14　非承重空心砖的主要规格　（单位：mm）

规格分类	长	宽	高
主规格	240	240	115
副规格	115	240	115

空心砖的主要技术要求应符合《烧结空心砖和空心砌块》（GB 13545—2003）中的各项规定：

a. 形状与规格尺寸。烧结空心砖为直角六面体，其长度（*L*）不超过390mm，宽度（*B*）不超过240mm，高度（*D*）不超过115mm，超过上述尺寸者则称为空心砌块。

b. 强度等级与产品等级。烧结空心砖根据其大面和条面的抗压强度分为MU10.0、MU7.5、MU5.0、MU3.5、MU2.5五个强度等级，同时又按其表观密度分为800、900、1000、1100四个密度级别。

c. 强度、密度、抗风化性能和放射性物质合格的砖和砌块，根据尺寸偏差、外观质量、孔洞排列及其结构、泛霜、石灰爆裂、吸水率分为优等品（A）、一等品（B）和合格品（C）三个质量等级。各产品的等级对应的强度等级及指标要求见表2-15，各密度级别指标见表2-16。

表2-15　烧结空心砖强度等级及指标要求

强度等级	抗压强度/MPa			密度等级范围/（kg/m^3）
	抗压强度平均值 $\bar{f}$ ≥	变异系数 $\delta \leq 0.21$	变异系数 $\delta > 0.21$	
		强度标准值 f_k ≥	单块最小抗压强度值 f_{min} ≥	
MU10.0	10.0	7.0	8.0	≤1100
MU7.5	7.5	5.0	5.8	
MU5.0	5.0	3.5	4.0	
MU3.5	3.5	2.5	2.8	
MU2.5	2.5	1.6	1.8	≤800

表2-16　烧结空心砖密度级别指标

密度级别	五块砖表观密度平均值/（kg/m^3）
800	≤800
900	801～900
1000	901～1000
1100	1001～1100

非承重水平孔烧结空心砖的孔数少，孔径大，孔洞率高（一般在35%以上），其表观密度为800～1100kg/m^3，这种空心砖具有良好的热绝缘性能，在多层建筑中用于隔断或框架

结构的填充墙。

③ 拱壳空心砖。拱壳空心砖是我国在20世纪70年代研制成功的，它的一端有钩，另一端带凹槽，施工时利用砖与砖之间的挂钩悬砌，砌筑砖拱壳不用模板支撑，而只要一个简单的样架控制曲线。拱壳空心砖是一种适宜砌筑拱和薄壳的新型建筑材料，见表2-17。拱壳空心砖是一种结构材料，建筑物的防水、隔热需采用另外的措施来解决。在地震区和有强烈振动的建筑物，在未采取有效措施前也不宜采用。

表2-17 拱壳空心砖规格

序号	名称	规格[(长/mm)×(宽/mm)×(高/mm)]	孔数	孔形	孔洞率(%)	单块重/kg
1	3孔拱壳空心砖	—	3	三角形	—	—
2	4孔拱壳空心砖	220×95×90	4	方形	40	1.99
3	5孔拱壳空心砖	—	5	方形	—	—
4	6孔拱壳空心砖	240×120×90	6	方形	35	2.98
5	7孔拱壳空心砖	90×120×120	7	方形	23	1.75
6	12孔拱壳空心砖	190×120×90	12	圆形	23	2.73

④ 楼板空心砖。楼板空心砖是黏土砖与钢筋混凝土的组合构件。在这种构件中，仍然由钢筋混凝土的肋承受弯曲力，砖块在板中虽然部分地参与了承压，但它主要起着填充和模板支撑以节约水泥、木材的作用，这就充分地发挥了砖材的各种优势。

国内生产过的几种楼板空心砖品种及性能见表2-18。

表2-18 楼板空心砖品种及性能

序号	名称	规格[(长/mm)×(宽/mm)×(高/mm)]	密度/(kg/m^3)	孔形	孔洞率(%)	单块重/kg
1	10孔空心楼板砖	460×160×290	950	方形孔	49	17.6
2	4孔空心楼板砖	270×240×140	—	方形孔	—	—
3	5孔空心楼板砖	260×180×160	—	方形孔	35	4.5
4	5孔空心楼板砖	270×240×100	900	方形孔	50	6
5	6孔空心楼板砖	270×240×140	1080	方形孔	40	9
6	6孔空心楼板砖	270×240×140	990	方形孔	45	10

2. 免烧空心砖

目前，我国使用的免烧空心砖主要蒸压灰砂空心砖，它是蒸压灰砂砖的一种。蒸压灰砂空心砖是指以砂和石灰为主要原料，允许掺入颜料和外加剂，经坯料制备、压制成形、高压蒸汽养护分别制成的空心砖。

蒸压灰砂空心砖执行JC/T 637—2009，本标准适用于以石灰、砂为主要原料，经坯料制备、压制成形、蒸压养护而制成的孔洞率大于15%的蒸压灰砂空心砖。

根据《硅酸盐建筑制品术语》(GB/T 16753—1997)的规定，孔洞率大于15%的灰砂砖称为蒸压灰砂空心砖。《墙体材料术语》(GB/T 18968—2003)中规定的蒸压灰砂多孔砖和蒸压灰砂空心砖均在 GB/T 16753—1997 规定的蒸压灰砂空心砖范围内。

蒸压灰砂空心砖产品名称代号 LBCB。砖的规格及公称尺寸的规定见表 2-19。要求孔洞采用圆形或其他孔形，孔洞应垂直于大面。

表 2-19　　蒸压灰砂空心砖的规格及公称尺寸的规定

规格代号	公称尺寸/mm		
	长度	宽度	高度
NF	240	115	53
1.5NF	240	115	90
2NF	240	115	115
3NF	240	115	175

注　对不符合该表尺寸的砖，不得用规格代号来表示，而用长×宽×高的尺寸来表示。

根据抗压强度，蒸压灰砂空心砖分为 MU25、MU20、MU15、MU10、MU7.5 五个等级；根据强度级别、尺寸偏差和外观质量将产品分为优等品（A）、一等品（B）、合格品（C）。

蒸压灰砂空心砖产品标记按产品（LBCB）名称、规格代号、强度级别、产品等级、标准编号的顺序组成。如品种规格为 2NF，强度等级为 15 级，优等品的蒸压灰砂空心砖，标记为：LBCB 2NF 15A JC/T 637。蒸压灰砂空心砖的尺寸偏差、外观质量和孔洞率规定见表 2-20。

表 2-20　　蒸压灰砂空心砖的尺寸偏差、外观质量和孔洞率规定

<table>
<tr><th rowspan="2">序号</th><th rowspan="2" colspan="3">项　目</th><th colspan="3">指　标</th></tr>
<tr><th>优等品</th><th>一等品</th><th>合格品</th></tr>
<tr><td rowspan="3">1</td><td rowspan="3">尺寸允许偏差</td><td>长度/mm</td><td>≤</td><td>±2</td><td rowspan="3">±2</td><td rowspan="3">±3</td></tr>
<tr><td>宽度/mm</td><td>≤</td><td>±1</td></tr>
<tr><td>高度/mm</td><td>≤</td><td>±1</td></tr>
<tr><td>2</td><td colspan="2">对应高度差</td><td>≤</td><td>±1</td><td>±2</td><td>±3</td></tr>
<tr><td>3</td><td colspan="2">孔洞率（%）</td><td>≥</td><td colspan="3">15</td></tr>
<tr><td>4</td><td colspan="2">外壁厚度/mm</td><td>≥</td><td colspan="3">10</td></tr>
<tr><td>5</td><td colspan="2">肋厚度</td><td>≥</td><td colspan="3">7</td></tr>
<tr><td>6</td><td colspan="2">尺寸缺棱掉角最小尺寸/mm</td><td>≤</td><td>15</td><td>20</td><td>25</td></tr>
<tr><td>7</td><td colspan="2">完整面</td><td>不少于</td><td>一条面和一顶面</td><td>一条面或一顶面</td><td>一条面或一顶面</td></tr>
<tr><td rowspan="3">8</td><td colspan="2">裂纹长度/mm</td><td></td><td></td><td></td><td></td></tr>
<tr><td colspan="2">条面上高度方向及其延伸到大面的长度</td><td>≤</td><td>30</td><td>50</td><td>70</td></tr>
<tr><td colspan="2">条面上长度方向及其延伸到顶面上的水平裂纹长度</td><td>≤</td><td>50</td><td>70</td><td>100</td></tr>
</table>

注　凡有以下缺陷者，均为非完整面。

① 缺棱尺寸或掉角的最小尺寸大于 8mm。

② 灰球、黏土团、草根等杂物造成破坏面尺寸大于 10mm×20mm。

③ 有起泡、麻面、龟裂等缺陷造成的凹陷与突起分别超过 2mm。

抗压强度规定见表 2-21。要求优等品的强度级别应不低于 MU15，一等品的强度级别应不低于 MU10。灰砂空心砖的抗冻性能规定见表 2-22。

表 2-21　　**蒸压灰砂空心砖的抗压强度规定**

强度级别	抗压强度/MPa	
	五块平均值　≥	单块值　≥
25	25.0	20.0
20	20.0	16.0
15	15.0	12.0
10	10.0	8.0
7.5	7.50	6.0

表 2-22　　**蒸压灰砂空心砖的抗冻性能规定**

强度级别	冻后抗压强度平均值/MPa　≥	单块砖的干质量损失（%）　≤
25	20.0	2.0
20	16.0	
15	12.0	
10	8.0	
7.5	6.0	

蒸压灰砂砖用于多层混合结构建筑的承重墙体，MU15、MU20、MU25 的砖可用于基础及其他建筑；MU10 的砖仅可用于防潮层以上的建筑部位。用作建筑基础时，MU20 砖应作防潮水泥砂浆抹面。灰砂砖的耐水性良好，在长期潮湿环境中，其强度变化不显著，但其抗流水冲刷的能力较弱，故在有流水冲刷的地方，如落水管出水处和水龙头下面，不得采用蒸压灰砂砖砌体。

灰砂砖不得用于长期受热 200℃以上、受急冷急热或有酸性介质侵蚀的建筑部位。

蒸压灰砂空心砖，可用于防潮层以上的建筑部位，但不得用于受热 200℃以上，受急冷、急热或有酸性介质侵蚀的建筑部位。

灰砂砖砌体的结构设计与施工，可参照中国工程建设标准化协会推荐的《蒸压灰砂砖砌体结构设计与施工规程》（CECS 20:90）执行。本规程适用于一般工业与民用建筑及构筑物的灰砂砖砌体结构的设计与施工，但不适用于多孔和空心灰砂砖砌体。

2.2.3　多孔砖

1. 烧结多孔砖

烧结多孔砖，如图 2-5 所示，是以黏土、页岩、煤矸石或粉煤灰等为主要原料，经过原料处理、成形、烧结而制成的。多孔砖的空洞等于或大于 25%，空洞为圆形或非圆形，孔的尺寸小而数量多。空洞的分布与大面垂直，这种结构形态决定了其高的抗压强度，故主要用于建筑的承重结构。主要品种可分为烧结黏土多孔砖、烧结页岩多孔砖、烧结煤矸石多孔砖、烧结粉煤灰多孔砖以及用于清水墙带有装饰面用于墙体装饰的烧结装饰多孔砖。同样，多孔砖与实心砖相比具有可节约黏土等制砖原材料、节省烧砖能耗、提高劳动生产率、减少运

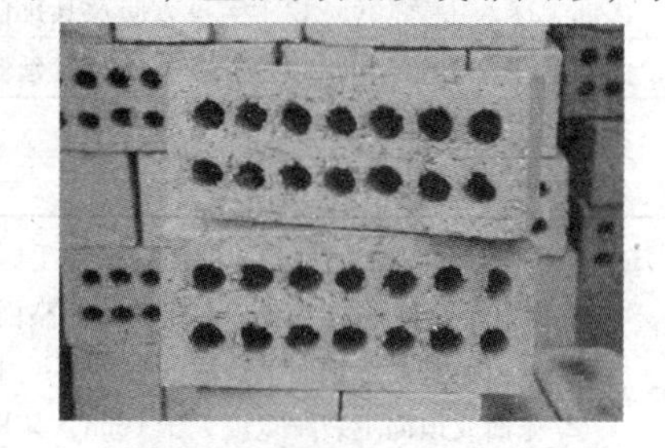

图 2-5　烧结多孔砖

输费用、提高砌筑效率、节约砌筑砂浆等一系列优点，并且多孔砖的建筑具有良好的保温隔声性能。鉴于其众多优良性能，多孔砖新型墙体材料中发展迅速。

烧结多孔砖的技术要求符合《烧结多孔砖和多孔砌块》（GB 13544—2011）。

按主要原料，烧结多孔砖分为黏土砖（N）、页岩砖（Y）、煤矸石砖（M）和粉煤灰砖（F）等品种。砖的长、宽、高尺寸应选自下列数值：290mm、240mm、190mm、180mm、175mm、140mm、115mm、90mm。

砖的孔洞尺寸，要求圆孔直径不大于22mm，非圆孔内切圆直径不大于15mm，手抓孔（30～40）mm×（75～85）mm。

我国目前生产的多孔砖分为P型和M型两类。P型砖外形尺寸为240mm×115mm×90mm。M型砖外形尺寸为190mm×190mm×90mm。两者的区别是砖的外形尺寸，孔形设置和孔洞率控制没有区别。

烧结多孔砖的强度等级分为MU30、MU25、MU20、MU15、MU10五级。强度和抗风化性能合格的砖，进而根据尺寸偏差、外观质量、孔形及孔洞排列、泛霜、石灰爆裂分为优等品（A）、一等品（B）和合格品（C）三个质量等级。

烧结多孔砖的产品标记按产品名称、品种、规格、强度等级、质量等级和标准编号顺序进行，如规格尺寸290mm×140mm×90mm、强度等级MU25、优等品的黏土砖，标记为：烧结多孔砖 N 290×140×90 25A GB 13544。

烧结多孔砖的尺寸允许偏差见表2-23。

表2-23　烧结多孔砖尺寸允许偏差　（单位：mm）

尺寸	优等品		一等品		合格品	
	样本平均偏差	样本极差 ≤	样本平均偏差	样本极差 ≤	样本平均偏差	样本极差 ≤
290、240	±2.0	6	±2.5	7	±3.0	8
190、180、175、140、115	±1.5	5	±2.0	6	±2.5	7
90	±1.5	4	±1.7	5	±2.0	6

烧结多孔砖的外观质量要求见表2-24。

表2-24　烧结多孔砖的外观质量要求　（单位：mm）

项　目	优等品	一等品	合格品
颜色（一条面和一顶面）	一致	基本一致	—
完整面不得少于	一条面和一顶面	一条面和一顶面	—
缺棱掉角的三个破坏尺寸不得同时大于　≤	15	20	30
大面上深入孔壁15mm以上宽度方向及其延伸到条面的长度	60	80	100
大面上深入孔壁15mm以上长度方向及其延伸到顶面的长度	60	100	120
条顶面上的水平裂纹	80	100	120
杂质在砖面上造成的凸出高度　≤	3	4	5

注　1. 为装饰而施加的色差，凹凸纹、拉毛、压花等不算缺陷。

2. 凡有下列缺陷之一者，不能称为完整面：

① 缺损在条面或顶面上造成的破坏面尺寸同时大于20mm×30mm。

② 条面或顶面上裂纹宽度大于1mm，其长度超过70mm。

③ 压陷、焦花、粘底在条面或顶面上的凹陷或凸出超过2mm，区域尺寸同时大于20mm×30mm。

烧结多孔砖的强度等级规定见表 2-25。

表 2-25　　烧结多孔砖的强度等级规定

强度等级	抗压强度平均值/MPa≥	变异系数≤0.21	变异系数＞0.21
		强度标准值/MPa　≥	单块最小抗压强度值/MPa　≥
MU30	30.0	22.0	25.0
MU25	25.0	18.0	22.0
MU20	20.0	14.0	16.0
MU15	15.0	10.0	12.0
MU10	10.0	6.5	7.5

孔型孔洞率及孔洞排列规定见表 2-26。

表 2-26　　烧结多孔砖的孔型孔洞率及孔洞排列规定

产品等级	孔型	孔洞率（%）　≥	孔洞排列
优等品	矩形条孔或矩形孔	25	交错排列，有序
一等品			
合格品	矩形孔或其他孔形		—

注　1. 所有孔宽 b 应相等，孔长 $L\leq 50$mm。
2. 孔洞排列上下左右应对称，分布均匀，手抓孔的长度方向尺寸必须平行于砖的条面。
3. 矩形孔的孔长 L、孔宽 b 满足式 $L\geq 3b$ 时，为矩形条孔。

烧结多孔砖泛霜和石灰爆裂的质量要求见表 2-27。

表 2-27　　烧结多孔砖泛霜和石灰爆裂的质量要求

项目	优等品	一等品	合格品
泛霜（每块砖样应符合）	无泛霜	不允许出现中等泛霜	不允许出现严重泛霜
石灰爆裂	不允许出现最大破坏尺寸大于 2mm 的爆裂区域	① 最大破坏尺寸大于 2mm 且小于或等于 10mm 的爆裂区域，每组砖样不得多于 15 处。 ② 不允许出现最大破坏尺寸大于 10mm 的爆裂区域	① 最大破坏尺寸大于 2mm 且小于或等于 15mm 的爆裂区域，每组砖样不得多于 15 处。其中大于 10mm 的不得多于 7 处。 ② 不允许出现最大破坏尺寸大于 15mm 的爆裂区域

烧结多孔砖的抗风化性能，要求严重风化区中的东北三省以及内蒙古、新疆五地区必须进行冻融试验，其他地区砖的抗风化性能应符合表 2-28 中的有关规定，否则必须进行冻融试验。冻融试验后，每块砖样不允许出现裂纹、分层、掉皮、缺棱掉角等冻坏现象。

表 2-28　　烧结多孔砖的抗风化性能

砖种类 \ 项目	严重风化区				非严重风化区			
	5h 煮沸吸水率（%）≤		饱和系数 ≤		5h 煮沸吸水率（%）≤		饱和系数 ≤	
	平均值	单块最大值	平均值	单块最大值	平均值	单块最大值	平均值	单块最大值
黏土砖	21	23	0.85	0.87	23	25	0.88	0.90
粉煤灰砖	23	25			30	32		
页岩砖	16	18	0.74	0.77	18	20	0.78	0.80
煤矸石砖	19	21			21	23		

注　粉煤灰掺入量（体积比）小于30%时按黏土砖规定判定。

2. 免烧多孔砖

免烧多孔砖是指以砂和石灰为主要原料，允许掺入颜料和外加剂，经坯料制备、压制成形、高压蒸汽养护制成的，属于蒸压灰砂砖的一种。具体性能指标同免烧空心砖。

2.3　墙用砌块

砌块是用于砌筑的，形体大于砌墙砖的人造块材。它是一种新型节能墙体材料，可以充分利用地方资源和工业废渣，并可节省黏土资源和保护环境。具有生产工艺简单、原料来源广、适应性强、制作及使用方便、可改善墙体功能等特点，因此发展较快。

砌块的分类方法很多，若按用途可分为四大类：承重用实心或空心砌块、彩色或壁裂混凝土装饰砌块、多功能砌块和地面砌块。按材料分有混凝土小型砌块、人造骨料混凝土砌块、硅酸盐砌块、加气混凝土砌块和复合砌块等，其中以混凝土空心砌块产量最大、应用最广。按产品主规格尺寸，可分为大型砌块（高度大于980mm）、中型砌块（高度为380～980mm）和小型砌块（高度为115～380mm）。砌块高度一般不大于长度或宽度的6倍，长度不超过高度的3倍，根据需要也可生产各种异形砌块。

目前，我国各地生产的小型空心砌块品种有普通水泥混凝土小型空心砌块（占全部产量的70%）、天然轻骨料或人造轻骨料（包括粉煤灰陶粒、黏土陶粒、页岩陶粒、膨胀珍珠岩等）小型空心砌块、工业废渣（包括煤矸石、窑灰、粉煤灰、炉渣、煤渣、增钙渣、废石膏等）小型空心砌块，后两种占全部产量的25%左右。此外，我国还开发生产了一些特种用途的小型空心砌块，如饰面砌块、铺地砌块、护坑砌块、保温砌块、吸声砌块和花格砌块等。

2.3.1　混凝土小型空心砌块

混凝土小型空心砌块（图2-6）是以水泥为胶结料，砂、碎石或卵石、煤矸石、炉渣为骨料，加水搅拌，经振动、振动加压或冲压成形，并经养护而制成的小型（主规格为390mm×190mm×190mm）并有一定空心率的墙体材料。

图2-6　混凝土小型空心砌块

按其骨料的不同，混凝土小型空心砌块可分为普通混凝土小型空心砌块和轻骨料混凝土小型空心砌块两类。普通混凝土小型空心砌块以天然砂、石作骨料，多用于承重结构。轻骨料混凝土小型空心砌块通常以火山渣、浮石、膨胀珍珠岩、煤渣、水淬矿渣、自然煤矸石以及各种陶粒等为骨料，砂可以使用轻砂，构成全轻混凝土；也可以使用天然砂，构成砂轻混凝土。根据骨料的类型，可分为天然轻骨料（如浮石、火山渣）混凝土小型砌块、人造轻骨料（如黏土陶粒、页岩陶粒、粉煤灰陶粒等）混凝土小型砌块和工业废渣轻骨料（如煤渣、自然煤矸石）混凝土小型砌块等。常结合骨料名称命名，如煤渣混凝土小型空心砌块、浮石混凝土小型空心砌块等。多用于非承重结构，如工业与民用建筑的砌块房屋、框架结构的填充墙以及一些隔墙工程等。由于轻质砌块具有许多独特的优点，如自重轻，热工性能好，而且抗震性能好；不仅可用于非承重墙，较高强度等级的轻质砌块也可用于多层建筑的承重墙。可充分利用我国各种丰富的天然轻骨料资源和一些工业废渣为原料，对降低砌块生产成本和减少环境污染具有良好的社会和经济双重效益。故轻质混凝土空心砌块在各种建筑墙体，尤在保温隔热要求较高的围护结构中得到广泛应用。随着轻骨料混凝土小型砌块产品强度的提高及框架结构建筑的增多，普通混凝土小型空心砌块将逐步被轻骨料混凝土小型砌块所替代。在砌体建筑中，轻骨料混凝土小型砌块将成为我国最具发展前景的砌体材料。

较使用传统的黏土砖相比，混凝土小型空心砌块具有材料来源广、生产工艺简单、生产效率高、不必焙烧或蒸汽养护以及节约土地、降低能耗、保护环境、利用工业废渣、改善建筑功能和提高建筑施工工效等许多优点。小型混凝土空心砌块建筑比黏土砖建筑可降低造价 3%～10%，因此具有良好的经济效益。而且其在施工方面具有适应性强、自重较轻、组合灵活、施工较黏土砖简便、快速等特点。

1. 生产工艺

混凝土小型空心砌块的生产工艺流程如图 2-7 所示。

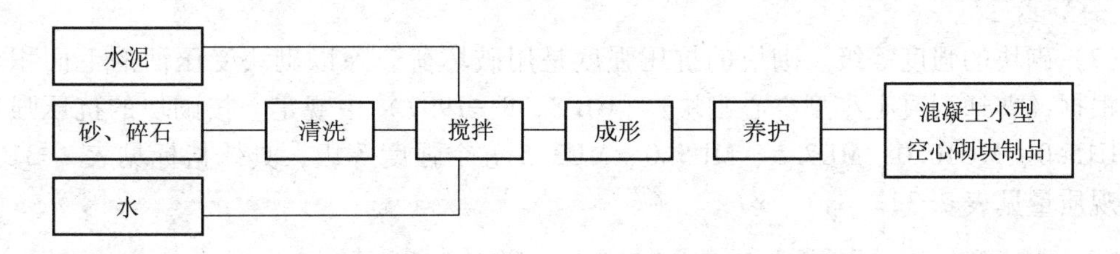

图 2-7　混凝土小型空心砌块的生产工艺流程

2. 主要技术性能

砌块因失水而产生的收缩会导致墙体开裂，为了控制砌块建筑的墙体裂缝，《普通混凝土小型空心砌块》（GB 8239—1997）对砌块的相对含水率作了规定，按有无要求分为 M 和 P 两种级别，P 级无相对含水率要求，M 级要求见表 2-29。

$$相对含水率（\%）=\frac{发货时的含水率}{吸水率}$$

表 2-29　　小型空心砌块的相对含水率　　（单位：%）

级别	相对含水率（3 块平均值）		
	使用地点的年平均湿度		
	>75	50～75	<50
M	≤45	≤40	≤35

通常对用于承重墙和外墙的砌块干缩率要求小于 0.05%，非承重墙或内墙干缩率应小于 0.06%。

砌块的抗渗性根据《混凝土小型空心砌块试验方法》（GB/T 4111—1997）所规定的方法试验，按有无要求分为 S 和 Q 二级，Q 级表示无抗渗要求，S 级的要求为三块中任意一块水面下降高度不大于 10mm。

混凝土砌块的热导率随混凝土材料及孔形和空心率的不同而有差异。普通水泥混凝土小型砌块，空心率为 50% 时，其热导率约为 0.26W/（m·K）。

3. 规格、等级、性能指标

（1）砌块的分类、产品等级与规格形状。混凝土小型空心砌块分为承重砌块和非承重砌块两类，按其外观质量分为一等品和二等品两个产品等级。砌块的规格见表 2-30。

表 2-30　　混凝土小型空心砌块的规格

分类	规格	外形尺寸/mm			每块质量/kg
		长	宽	高	
承重	主规格	390	190	190	18～20
	辅助规格	290	190	190	14～15
		190	190	190	9～10
		90	190	190	6～7
非承重	主规格	390	90～190	190	10～20
	辅助规格	190	90～190	190	5～10

（2）砌块的强度等级。砌块的抗压强度是用破坏荷载除以砌块受压面的毛面积求得的。根据《普通混凝土小型空心砌块》（GB 8239—1997）中规定，按砌块的抗压强度分为 MU15.0、MU10.0、MU7.5、MU5.0、MU3.5 五个强度等级，具体指标见表 2-31。砌块外观质量见表 2-32。

表 2-31　　混凝土小型空心砌块的强度等级

强度等级	抗压强度/MPa	
	五块平均值	单块最小值
MU3.5	≥3.5	≥2.8
MU5.0	≥5.0	≥4.0
MU7.5	≥7.5	≥6.0
MU10.0	≥10.0	≥8.0
MU15.0	≥15.0	≥12.0

注　非承重砌块在有实验数据条件下，强度等级可降低到 2.8。

表 2-32　砌块的外观质量　（单位：mm）

检验项目		合格指标	
		一等品	二等品
允许尺寸偏差	长	±3	±3
	宽	±3	±3
	高	±3	-4 ～ +3
最小外壁厚		30	30
最小肋厚		25	25
弯角		≤2	≤3
掉棱掉角个数		≤2	≤2
裂纹延伸的投影尺寸累计		≤20	≤30

（3）标记方法。标记顺序为：外观质量、强度等级、相对含水率、抗渗性。标记示例：混凝土空心砌块的外观质量为一等品，强度等级为 MU7.5，相对含水率为 M 级，抗渗性为 S 级，表示为 1/7.5/M/S。

4. 应用

混凝土小型空心砌块可用于低层或中层建筑的内墙和外墙，如图 2-8 所示。使用砌块作墙体材料时，应严格遵照有关部门所颁布的设计规范与施工规程。

图 2-8　混凝土小型空心砌块的应用

混凝土小型空心砌块在砌筑时一般不宜浇水，但在气候特别干燥炎热时，可在砌筑前稍喷水湿润。砌筑时尽量采用主规格砌块，并应先清除砌块表面污物和孔洞的底部毛边。采用反砌（即砌块底面朝上），砌块之间应对孔错缝搭接。砌筑灰缝宽度应控制在 8 ～ 12mm 之间，所埋设的拉结钢筋或网片，必须设置在砂浆层中。承重墙不得用砌块和砖混合砌筑。

小型空心砌块在建筑中可用于：

（1）各种墙体：承重墙、隔断墙、填充墙、具有各种色彩花纹的装饰性墙、花园围墙、挡土墙等。

（2）独立柱、壁柱等。

（3）保温隔热墙体、吸声墙体及声障等。

（4）抗震墙体。

（5）楼板及屋面系统。

（6）各种建筑构造：气窗、压顶、窗台、圈梁、阳台栏杆等。

5. 注意事项

混凝土小型空心砌块存在块型种类多、块体相对较重、易产生收缩变形、易破损、不便砍加工等弱点，处理不当，砌体易出现开裂、漏水、热工性能降低等质量问题。因此在砌块生产、设计、施工以及质量管理等方面均应注意保证其特殊要求。

砌块出厂必须在达到规定的出厂强度。砌块装卸和运输应平稳，装卸时，应轻码轻放，避免撞击，严禁倾卸重掷。装饰砌块在装运过程中，不得弄脏和损伤饰面。砌块应按不同规格和等级分别整齐堆放，堆垛上应设标志，堆放场地必须平整，并做好排水，地面上宜铺垫一层煤渣屑或石屑、碎石，最好铺100mm高垫木或垫块。轻质砌块产品提前出厂时，砌块抗压强度不得小于28d龄期规定值的75%，且至28d龄期时应达到规定值的100%。砌块应按密度等级和强度等级、质量等级分批堆放，不得混杂。混凝土小型空心砌块的堆叠高度不超过1.6m，开口端应向下放置。堆垛间应保留适当通道，并采取防止雨淋措施。

混凝土小型空心砌块砌体结构的设计与施工执行《混凝土小型空心砌块建筑技术规程》（JGJ/T 14—2004）。本规程适用于非抗震设防地区和抗震设防烈度为6～8度地区，以混凝土小型空心砌块为墙体材料的砌块房屋建筑的设计与施工。混凝土小型空心砌块建筑的设计与施工，除应符合本规程外，尚应符合有关强制性标准的规定。

2.3.2 加气混凝土砌块

加气混凝土砌块，如图2-9所示，是以钙质材料（水泥或石灰）和硅质材料（砂或粉煤灰等）为基本原料，以铝粉为发气剂，经过蒸压养护等工艺制成的一种轻质多孔、保温隔热、防火性能良好、可钉、可锯、可刨和具有一定抗震能力的新型建筑材料，也具有环保绿色等优点的多孔轻质新型墙体材料。加气混凝土砌块的表观密度为300～1000kg/m^3，抗压强度为1.5～10.0MPa。按养护方法分为蒸养加气混凝土砌块和蒸压加气混凝土砌块两种。按原材料的种类，蒸压加气混凝土砌块主要分为蒸压水泥-石灰-砂、蒸压水泥-石灰-粉煤灰、蒸压水泥-矿渣-砂、蒸压水泥-石灰-尾矿、蒸压水泥-石灰-沸腾炉渣、蒸压水泥-石灰-煤矸石、蒸压石灰-粉煤灰等七个品种，上述各种蒸压加气混凝土砌块总称为加气混凝土砌块。

图2-9 加气混凝土砌块

加气混凝土砌块具有轻质、保温、耐火、抗震、足够的强度和良好的可加工性能，与传统的黏土砖相比，蒸压加气混凝土砌块可以节约土地资源，改善建筑墙体的保温隔热效应，提高建筑节能效果。由于上述一系列优点，建筑工程中采用加气混凝土砌块，可大大减轻建筑物的自重，提高抗震能力，改善墙体、屋面的保温性能，因此是一种理想的轻质新型建材。目前我国加气混凝土产品的主要类型为建筑砌块，用于砌筑建筑内外墙体，也可制成板材，用作墙体或屋面材料。另外，加气混凝土以粉煤灰、矿渣、火山灰、其他工业尾矿粉以及水泥窑灰等工业废弃物为原料，有利于综合利用工业二次资源以及保护和治理环境，故属国家大力提倡和扶植的新型建筑材料之一。并且由于加气混凝土轻质、保温隔热、耐火等优良性能符合我国目前建筑节能的规范要求，是高层建筑中用作围护结构和填充墙材料的首选产品，因此大力开发和应用蒸压加气混凝土砌块可以取得良好的经济效益和社会效益，在建筑中应用非常广泛，具有广阔的发展前景。目前该材料最普遍的应用是框架结构的填充墙，以及低层建筑的墙体（承重墙和非承重墙），也可与现浇钢筋混凝土密肋组合成平屋面或楼板，有时也可用作吸声材料，例如，框架结构、现浇混凝土结构建筑的外墙填充、内墙隔断，也可应用于抗震圈梁构造多层建筑的外墙或保温隔热复合墙体，还可用于建筑屋面的保温和隔热，如图 2-10 所示。

加气混凝土是多孔结构材料，孔隙率可高达 70% ～ 80%。因而使其表观密度大大降低，一般为 300 ～ 800kg/m^3，我国目前加气混凝土制品的表观密度一般为 500 ～ 700kg/m^3，较之其他常用建材，其表观密度仅为黏土砖的 1/3，钢筋混凝土的 1/5，故可使建筑物的自重大大减轻。

图 2-10　加气混凝土砌块在工程中的应用

加气混凝土材料内部存在的大量微小气孔，使其热导率大大降低［λ 值一般为 0.105 ～ 0.267 W/（m・K）］。表观密度为 500kg/m^3 的加气混凝土，热导率仅为 0.14W/（m・K），故保温性能良好。在建筑中，厚度为 200mm 加气混凝土墙的保温效果与 490mm 的黏土砖墙相当。因此，使用加气混凝土材料不仅可以提高建筑物的热工性能、保温节能和使用功能，而且节省建材，提高建筑物的有效使用面积。

加气混凝土具有较高的强度和比强度，较小的表观密度，具有轻质材料良好的抗震性能。在装配式建筑施工中，可根据所需尺寸对材料进行锯切和粘结，拼装成各种规格的构件，这就给建筑设计中规格的多样化提供了良好条件。与普通混凝土制品相比，其在该方面的优点更为突出。加气混凝土本身属不燃物质，即使在高温下也不会产生有害气体；耐火性能良好，并且由于较高的孔隙率，还具有较好的吸声性能。

1. 生产工艺

加气混凝土有多种生产工艺，如由于原材料的不同、生产设备不同或外加剂不同就要求不同的生产工艺。但其主要的生产工序及主要的生产原理是相同的，主要是将钙质材料、硅质材料、发气剂（主要是铝粉）、调节剂、稳定剂和水按配比混合搅拌、发气、浇筑成形、蒸养而成的。本节着重介绍加气混凝土生产原理和工艺的基本知识。

生产工艺流程一般可分为原材料加工、配料浇筑、坯体静停切割、蒸压养护、脱模加工、成品堆放包装几个阶段。

在原材料加工阶段，生石灰应在球磨机中干磨至规定的细度，矿渣、砂及粉煤灰可以干磨也可以湿磨至规定的细度。如果有条件，还可以配料后将几种主要的原材料一起加入磨机中混磨，更有利于改善制品性能。经过加工的各种原材料分别存放在储料库或缸中，各种原材料、外加剂、废料浆和已经脱脂工序处理的铝粉悬浮液依照规定的顺序分别按配合比计量加入浇筑车中。

浇筑车是配料浇筑的主要设备，主要由浆料搅拌浇筑机构、铝粉悬浮液缸、外加剂缸、电气自动控制部分、电动行走机构等组成（如果是定点浇筑则不用浇筑车，而是把有关装置安装征浇筑台上）。

浇筑车一边搅拌料浆，一边行走到浇筑地点，逐模浇筑料浆（定点浇筑则是模具在浇筑后移动至静停处）。料浆浇筑有一定的温度要求，有时需要通入蒸汽加温或保温。料浆在模具中发气膨胀形成多孔坯体。模具是用钢板制成的，由可拆卸的侧模板和底模组成。常用的模具规格有600mm×1500mm×600mm和600mm×900mm×3300mm等，一般浇筑高度为600mm。采取若干措施后，可以把浇筑高度提高到1.2m、1.5m甚至1.8m。

浇筑过程中料浆的浇筑稳定性是否良好，直接影响制品的质量。铝粉发气膨胀的速度与料浆稠化速度是否相适应是浇筑稳定性的关键因素。从料浆开始浇筑到料浆失去流动性的时间称为稠化时间。浇筑中有时会出现料浆发气膨胀不足，坯体高度不够、坯体下沉收缩、冒泡塌陷等质量事故。应当从铝粉发气速度、料浆稠化速度、原材料质量、外加剂品种及加入量、料浆温度、机械设备及模具质量等环节去分析原因，及时调整，以保证产品质量。

刚浇筑成形的坯体，必须经过一段时间静停，使坯体具有一定的强度，然后才能进行切割。静停时间应经试验确定，常温下一般静停2～8h。

大中型工厂有专用切割机切割坯体，小厂则用人工切割。

加气混凝土制品生产流程如图2-11所示。蒸压养护要在专用压力容器——蒸压釜内进行，切割好的坯体连同底模一起送入高压釜。蒸压釜有厚钢板制成的筒体，两端有钢制门盖可以开闭，釜底有轨道，釜内有蒸汽管道，常用的规格有2850mm×25 600mm和1950mm×21 000mm两种。

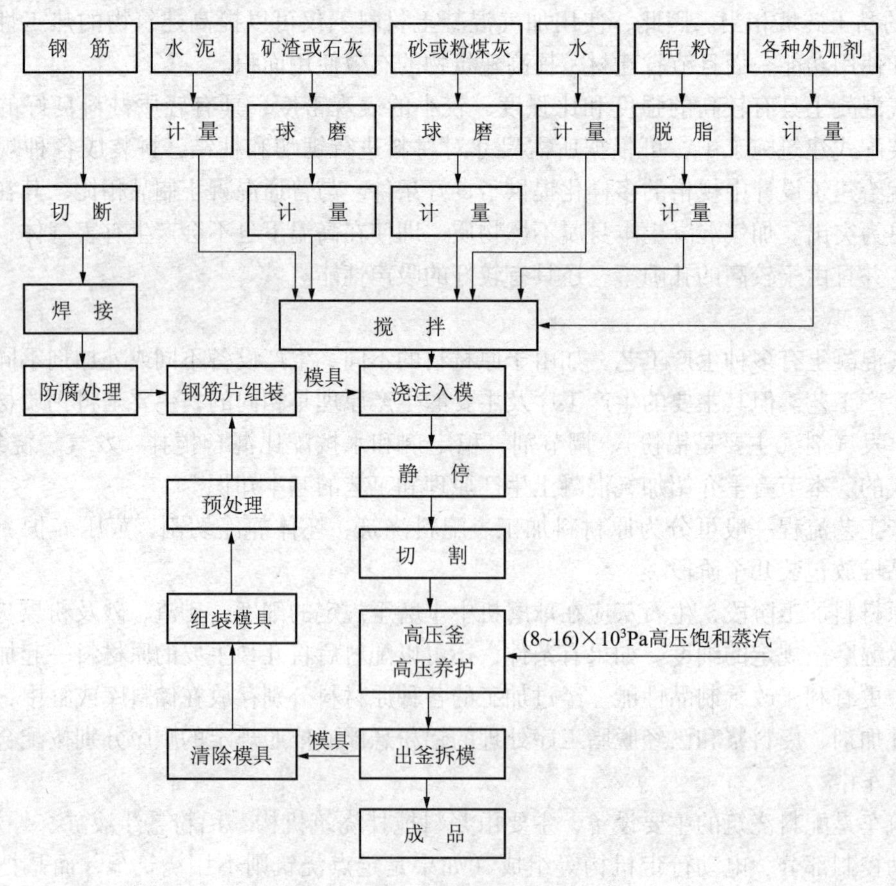

图2-11　加气混凝土制品生产流程

坯体入釜后，关闭釜门。为使蒸汽渗入坯体，强化养护条件，通蒸汽前要先抽真空，真空度约达800 102Pa。然后缓缓送入蒸汽并升压，常见的升压制度如：(0.2～2)×10^5Pa用时30～50min，(2～11)×10^6Pa用时90～150min。蒸汽来自高压锅炉，生产用蒸汽压力(8～16)×10^5Pa，最好使用11×10^5Pa，这是制品质量的可靠保证。

当蒸汽压力为(8～10)×10^5Pa，相当蒸汽温度为175～203℃时，为了使水热反应有足够的时间，要维持一定的时间恒压养护。蒸汽压力较高，恒压时间就可相对缩短。8×10^5Pa下需恒压12h；10×10^5Pa下，需恒压10h；15×10^5Pa下，缩短到恒压6h。恒压养护结束，逐渐降压，逐渐排出蒸汽恢复常压，打开釜门，拖出装有成品的模具。

成品出釜后，使用电动行车及适当夹具从模具上夹走成品。有的制品还需要经过铣槽，倒角等工序加工或补修，最后全部送到成品堆场。用过的模具要转运至使用前原来的工位，经过清洗，重新组装后涂刷脱模剂、埋设钢丝、涂抹模缝灰浆，预处理好的模具又可重复使用。

对于生产配筋加气混凝土板材的生产线，在原材料加工的同时，还要对钢筋进行加工。钢筋经除锈、调直、切断工序，然后把各种规定尺寸的钢筋点焊成设计形状的网片。钢筋网片要经过防腐处理，涂刷防腐剂或把网片放在防腐浸渍槽浸涂防腐剂，涂后烘干。为了使防腐涂层有一定的厚度（0.6mm左右），往往还要经过第二次浸涂。处理好的钢筋网片在模具中组装就位，即可将模具送到浇筑工序使用。

使用生石灰的加气混凝土料浆，生石灰遇水消解成氢氧化钙，在蒸压条件下，氢氧化钙与硅质材料中的二氧化硅发生反应，生成高碱性水化硅酸钙，这些水化物又与尚未反应的二氧化硅继续反应生成低碱性水化硅酸钙，最后生成低钙水化硅酸钙和托勃莫来石。

加气混凝土制品的生产也可以采用常压蒸汽养护的方法，但其性能不如蒸压加气混凝土。加气混凝土的抗压强度一般为0.5～1.0MPa。

由于加气混凝土能利用工业废料，产品成本较低，能大幅度降低建筑物自重，生产率较高，保温性好，因此具有较好的经济技术效果。

2. 主要性能

（1）轻质。加气混凝土砌块的表观密度小，一般仅为黏土砖的1/3，作为墙体材料，可使建筑物自重减轻2/5～1/2，从而降低造价。由于地震时建筑物受力大小与建筑物的自重成正比，所以蒸压加气混凝土砌块等轻质墙体可提高建筑物的抗震能力。

（2）保温隔热。加气混凝土为多孔材料，其热导率为0.14～0.28W/（m·K），保温隔热性能好。用作墙体可降低建筑物的采暖、制冷等使用能耗。

（3）隔声。用加气混凝土砌块砌筑的150mm厚的墙加双面抹灰，对100～3150Hz的平均隔声量为43dB。

（4）耐火。加气混凝土砌块是非燃烧材料，故其耐火性好。

此外，加气混凝土砌块的可加工性能好（可钉、可锯、可刨、可粘结）、施工方便、效率高，制作加气混凝土砌块还可以充分利用粉煤灰等工业废料，既降低成本又利于环境保护。

3. 品种、规格和性能

（1）品种、规格。加气混凝土砌块按其原料的组成来分主要有三种：水泥－石灰－粉煤灰、水泥－矿渣－砂和水泥－石灰－砂。

砌块的规格见表2-33。

表 2-33　　蒸压加气混凝土砌块规格　　（单位：mm）

规格项目	尺　寸
长	600
宽	100，120，125，180，200，240，250，300
高	200，240，250，300

砌块的标记顺序为：产品名称、强度、体积密度、长度、高度、宽度、质量等级、标准号。示例：强度级别为 A3.5、干密度级别为 B05、优等品、规格尺寸为 600mm × 200mm × 250mm 的蒸压加气混凝土砌块，其标记为：ACB A3.5 B05 600 × 200 × 250A GB11968。

（2）性能。根据《蒸压加气混凝土砌块》（GB 11968—2006）规定，砌块按外观质量、尺寸偏差分为优等品（A）、合格品（B）两个产品等级。按砌块立方体抗压强度分为 A1.0、A2.0、A2.5、A3.5、A5.0、A7.5、A10 七个级别。按干密度分 B03、B04、B05、B06、B07、B08 六个级别。表 2-34、表 2-35 为蒸压加气混凝土砌块的体积密度、强度等级、干缩值、抗冻性指标要求。

表 2-34　　蒸压加气混凝土砌块体积密度级别指标

体积密度级别		03	04	05	06	07	08
干密度 /（kg/m³）	优等品（A）	≤300	≤400	≤500	≤600	≤700	≤800
	合格品（B）	≤325	≤425	≤525	≤625	≤725	≤825

表 2-35　　蒸压加气混凝土砌块的强度等级、干缩值、抗冻性指标要求

<table>
<tr><td colspan="3">强度等级</td><td colspan="6">A1.0</td><td colspan="6">A2.0</td><td colspan="6">A2.5</td><td colspan="6">A3.5</td><td colspan="6">A5.0</td><td colspan="6">A7.5</td><td colspan="6">A10</td></tr>
<tr><td colspan="2" rowspan="2">立方体抗压强 /MPa</td><td>平均值</td><td colspan="6">≥1.0</td><td colspan="6">≥2.0</td><td colspan="6">≥2.5</td><td colspan="6">≥3.5</td><td colspan="6">≥5.0</td><td colspan="6">≥7.5</td><td colspan="6">≥10</td></tr>
<tr><td>最小值</td><td colspan="6">≥0.8</td><td colspan="6">≥1.6</td><td colspan="6">≥2.0</td><td colspan="6">≥2.8</td><td colspan="6">≥4.0</td><td colspan="6">≥6.0</td><td colspan="6">≥8.0</td></tr>
<tr><td colspan="3">干密度级别</td><td colspan="7">B03</td><td colspan="7">B04</td><td colspan="7">B05</td><td colspan="7">B06</td><td colspan="7">B07</td><td colspan="7">B08</td></tr>
<tr><td rowspan="2">干缩值</td><td>快速法</td><td rowspan="2">mm/m</td><td colspan="42">≤0.8</td></tr>
<tr><td>标准法</td><td colspan="42">≤0.5</td></tr>
<tr><td rowspan="2">抗冻性</td><td colspan="2">质量损失（%）</td><td colspan="42">≤5.0</td></tr>
<tr><td colspan="2">强度损失（%）</td><td colspan="42">—</td></tr>
</table>

4. 应用

加气混凝土砌块具有轻质、保温、耐火、抗震、足够的强度和良好的可加工性能，因此，在建筑中应用非常广泛。例如，可用于一般建筑物的墙体，可作多层建筑的承重墙和非承重外墙及内隔墙，也可用于屋面保温。一般干密度等级为 05 级，强度为 3.5MPa 的砌块用于横墙承重的房屋时，其层数不得超过三层，总高度不超过 10m；干密度等级为 07 级，强度为 5.0MPa 的砌块不宜超过五层，总高度不超过 16m。加气混凝土砌块不得用于建筑物

基础和处于浸水、高温或有化学侵蚀的环境（如强酸、强碱或高浓度二氧化碳）中，也不能用于承重制品表面温度高于 80℃的建筑部位。

在建筑工程中，可用作承重和非承重砌筑材料以及用作绝热材料。用作框架结构填充墙，在国内外最为普遍，无论钢筋混凝土框架结构，还是钢结构建筑，应用都非常广泛。

加气混凝土砌块轻质和良好的保温绝热性能，使其可作为保温材料使用，在一般的工业与民用建筑物中作屋面保温层，也可用作某些特殊建筑（如冷库、管道及恒温车间、实验室等）的保温材料。

蒸压加气混凝土砌块应存放 5d 以上方可出厂。加气混凝土砌块本身强度较低，搬运和堆放过程要尽量减少损坏。砌块储存堆放应做到场地平整，同品种、同规格、同等级做好标记，整齐稳妥，宜有防雨措施。产品运输时，宜成垛绑扎或有其他包装。绝热用产品必须捆扎加塑料薄膜封包。运输装卸宜用专用机具，严禁抛掷、倾倒翻卸。

承重加气混凝土砌块墙体，不宜进行冬季施工。无有效保障措施情况下，以下建筑部位：① 建筑物外墙防潮层以下；② 长期处于浸水或经常受干湿交替部位；③ 受酸碱化学物质侵蚀的部位；④ 承重制品表面温度高于 80℃的部位，不得使用加气混凝土砌块。

加气混凝土砌块建筑的设计、施工及质量控制执行《蒸压加气混凝土建筑应用技术规程》（JGJ 17—2008），同时应符合《砌体结构工程施工及验收规范》（GB 50203—2011）、《砌体结构设计规范》（GB 50003—2011）以及《建筑抗震设计规范》（GB 50011—2010）的相关规定。

2.3.3　轻骨料混凝土小型空心砌块

轻骨料混凝土小型空心砌块是以陶粒、膨胀珍珠岩、浮石、火山渣、煤渣以及炉渣等各种轻粗细骨料和水泥按一定比例混合、搅拌、成形、养护而成的空心率大于 25%、体积密度小于 1400kg/m^3 的轻质混凝土小型空心砌块。它是一种轻质高强能取代黏土砖的最有发展前途的墙体材料之一。主要用于工业与民用建筑的外墙及承重和非承重的内墙，也可用于有保温承重要求的外墙。

轻骨料混凝土小型空心砌块按其所采用的轻骨料品种可分为：陶粒混凝土小型空心砌块、火山渣（或浮石）混凝土小型空心砌块、煤渣混凝土小型空心砌块、自燃煤矸石混凝土小型空心砌块等。他们的共同特点是：自重轻，保温性能好，抗震性能强，防火及吸声、隔声性能优异，且施工方便。

1. 性能指标

（1）表观密度。轻骨料混凝土小型空心砌块的表观密度对其强度和保温性能有很大影响。不同品种的轻骨料孔结构不同，堆积密度也不同，因而用其制作的小型空心砌块密度差别也很大。我国轻骨料混凝土小型空心砌块品种很多，表观密度差异很大、保温性能也相差很大。当前以超轻陶粒混凝土小型空心砌块为最轻，表观密度最小，保温性能最好。其次为某些地区的天然轻骨料混凝土小型空心砌块及粉煤灰珍珠岩混凝土小型空心砌块，而火山渣、煤渣混凝土及自燃煤矸石混凝土小型空心砌块一般都较重，保温性能也较差。

对同一品种轻骨料来讲，因其配制的混凝土类别不同，小型空心砌块的表观密度也不同。以无砂混凝土小型空心砌块最轻，全轻混凝土砌块居中，砂轻混凝土砌块最重。《轻集料混凝土小型空心砌块》（GB/T 15229—2011）中，按小型空心砌块的密度大小分成8个等级，见表2-36。

表2-36　小型空心砌块密度等级

密度等级	小型空心砌块干燥表观密度范围/（kg/m³）	密度等级	小型空心砌块干燥表观密度范围/（kg/m³）
700	≥610，≤700	1100	≥1010，≤1100
800	≥710，≤800	1200	≥1110，≤1200
900	≥810，≤900	1300	≥1210，≤1300
1000	≥910，≤9000	1400	≥1310，≤1400

（2）抗压强度。抗压强度是轻骨料混凝土小型空心砌块的一个最重要指标。对同一规格的小型空心砌块来说，混凝土表观密度越大，其强度越高，反之则越小。对同一品种轻骨料混凝土来说，也可因混凝土配合比及砌块生产工艺的不同制成不同密度、不同强度的小型空心砌块。《轻集料混凝土小型空心砌块》（GB/T 15229—2011）将小型空心砌块的抗压强度分成5个等级，见表2-37。

表2-37　小型空心砌块抗压强度等级

强度等级	小型空心砌块抗压强度/MPa		密度等级范围/（kg/m³）
	平均值	单块最小值	
2.5	≥2.5	2.0	≤800
3.5	≥3.5	2.8	≤1000
5.0	≥5.0	4.0	≤1200
7.5	≥7.5	6.0	≤1200[a] ≤1300[b]
10.0	≥10.0	8.0	≤1200[a] ≤1400[b]

注　当砌块的抗压强度同时满足2个强度等级或2个以上强度等级要求时，应以满足要求的最高强度等级为准。

a. 除自燃煤矸石掺量不小于砌块质量35%以外的其他砌块。

b. 自燃煤矸石掺量不小于砌块质量35%的砌块。

（3）吸水率和相对含水率。轻骨料混凝土小型空心砌块的吸水率比普通混凝土大，以致其制成的小型空心砌块的吸水率也较大。相对含水率是以小型空心砌块出厂时的含水率与其吸水率的比值来表示的。吸水率及相对含水率对小型空心砌块的收缩、抗冻、抗碳化性能有较大影响。小型空心砌块相对含水率越大，其上墙后的收缩越大，墙体内部产生的收缩应力也越大，当其收缩应力大于小型空心砌块的拉应力时，即将产生裂缝。因而严格控制小型空心砌块上墙时的相对含水率十分重要，见表2-38。

表 2-38　　小型空心砌块的干缩率和相对含水率

干缩率（%）	相对含水率（%）		
	潮湿地区	中等湿度地区	干燥地区
<0.03	≤45	≤40	≤35
≥0.03，≤0.045	≤40	≤35	≤30
>0.045，≤0.065	≤35	≤30	≤25

注　1. 相对含水率为砌块出厂含水率与吸水率之比。

$$w = \frac{w_1}{w_2} \times 100$$

式中　w——砌块的相对含水率，用百分数表示（%）；

w_1——砌块出厂时的含水率，用百分数表示（%）；

w_2——砌块的收水率，用百分数表示（%）。

2. 使用地区的湿度条件：

潮湿地区——年平均相对湿度大于 75% 的地区；

中等湿度地区——年平均相对湿度 50%～75% 的地区；

干燥地区——年平均相对湿度小于 50% 的地区。

（4）耐久性。轻骨料混凝土小型空心砌块的耐久性包括其抗冻性、抗碳化性及耐水性。轻骨料混凝土小型空心砌块的抗冻性能见表 2-39。

表 2-39　　小型空心砌块的抗冻性能

环境条件	抗冻标号	质量损失率（%）	强度损失率（%）
温和与夏热冬暖地区	D15	≤5	≤25
夏热冬冷地区	D25		
寒冷地区	D35		
严寒地区	D50		

注　环境条件应符合 GB 50176 的规定。

轻骨料混凝土小型空心砌块的抗碳化性以其碳化系数来表示，即小型空心砌块碳化后的强度与碳化前的强度之比。我国标准 GB/T 15229—2011 中规定，加入粉煤灰掺合料的小型空心砌块碳化系数不应小于 0.8。试验研究和实践都证明，一般以水泥为主要胶凝材料的轻骨料混凝土小型空心砌块，其抗碳化性完全可满足要求。

小型空心砌块的耐水性通常以其软化系数来表示，即浸水后与浸水前的小型空心砌块抗压强度之比。不掺粉煤灰的水泥混凝土小型空心砌块耐水性也完全合乎要求，掺粉煤灰的混凝土小型空心砌块，则因掺入粉煤灰的品质和掺量而有差别。因此标准中只对掺粉煤灰掺合料的轻骨料混凝土小型空心砌块的耐水性做了规定，即其软化系数不应低于 0.75。

轻骨料混凝土小型空心砌块可以是单排孔、双排孔、三排孔等，主规格为 390mm × 190mm × 190mm，最小外壁和肋厚不应小于 20mm。

2. 应用范围

目前，我国轻骨料混凝土小型空心砌块主要用于以下几个方面：

（1）需要减轻结构自重，并要求具有较好的保温性能与抗震性能的高层建筑的框架填充墙。超轻陶粒混凝土小型空心砌块在此领域用量最大。

（2）北方地区及其他地区对保温性能要求较高的住宅建筑外墙。在该领域主要应用普通陶粒混凝土小型空心砌块、煤渣混凝土小型空心砌块、自燃煤矸石混凝土多排孔小型空心砌块等做自承重保温墙体。

（3）公用建筑或住宅建筑的内隔墙。根据建设部小康住宅产品推荐专家组建议，用作内隔墙的轻骨料混凝土小型空心砌块的密度等级宜小于 800 级，强度等级应不小于 2.5 级，小型空心砌块的厚度以 90mm 为宜。

（4）轻骨料资源丰富地区多层建筑的内承重墙及保温外墙。

（5）屋面保温隔热工程、耐热工程、吸声隔声工程等。

2.4 轻质隔墙板

轻质隔墙板（图 2-12）是用轻质材料制成的，外形尺寸（宽 × 长 × 厚）为 600mm ×（2500 ～ 3500）mm ×（50 ～ 60）mm 的，用作非承重的内隔断墙的一种预制条板。这种条板具有密度小、价格低廉及施工方便等特点。近十几年来随着多层住宅和高层建筑的迅速发展，为了减轻结构自重和提高施工效率，以及适应大开间房屋建筑日益发展的需要，用作内隔断墙的轻质条板也十分迅速地发展起来。

轻质隔墙板按其构造分为实心的、空心的和复合的三种（图 2-13）。空心隔墙板用料省、成本低，主要用于工业和民用建筑的非承重内隔墙和活动房屋等，已经得到广泛应用。实心的和复合的则主要用于分户隔断和公用建筑的隔断。

图 2-12　轻质隔墙板

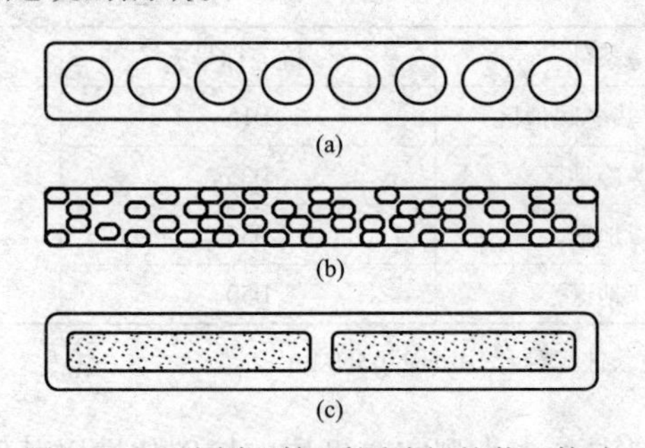

图 2-13　不同类别轻质隔墙板的截面构造

（a）空心隔墙板；（b）实心隔墙板（超轻陶粒）；（c）复合隔墙板

轻质隔墙板按其用途分为分室隔断用条板和分户隔断用条板两种。分户隔断墙板较厚，对其强度及隔声性能要求也较高；而分室隔断条板则较薄，主要用于厨房、卫生间等户内分室隔断，其用量较大。

按隔墙板所用胶凝材料，则可分为石膏类与水泥类两大类，各类的品种均很多。石膏类轻质隔墙板是以普通建筑石膏为主要胶凝材料制成的，其品种有石膏珍珠岩隔墙板、石膏纤维隔墙板和耐水增强石膏隔墙板及石膏陶粒隔墙板等。其中纸面石膏隔墙板是以熟石膏（半水石膏）为胶凝材料，并掺入适量添加剂和纤维作为板芯，以特制的护面纸作为面层的一种轻质板材。它属于无机质板材，具有防火性、隔声性、隔热性、可加工性、防水性等优良特点。我国纸面石膏板工业起步晚，但发展迅速，作为一种环保节能材料，它得到了很大的关注，不过由于应用技术的发展跟不上产品的发展，石膏板的推广还是有很大的局限。水泥类轻质隔墙板是以普通水泥或硫铝酸盐水泥（或铁铝酸盐水泥）为主要胶凝材料制成的，其品种包括无砂陶粒混凝土隔墙板、水泥陶粒珍珠岩混凝土隔墙板、玻璃纤维增强水泥（GRC）板、珍珠岩隔墙板及菱苦土珍珠岩隔墙板等。其中玻璃纤维增强水泥板（GRC）是由抗碱玻璃纤维作增强材料、低碱度水泥砂浆作基材组成的一种水硬性的新型复合材料。GRC外墙板具有高强、抗裂、耐火、韧性好、不怕冻、易成形、质量轻等优点，GEC外墙板（岩棉复合）在保温性能上也不逊于传统砖混结构，在工程中已经得到了广泛的应用。水泥木纤维板是以水泥为凝胶材料，用木质材料的刨花纤维为增强材料，外加适量的化学助剂和水，采用半干法生产工艺生产而成。它具有优良的物理力学性能，广泛地使用在建筑物非承重墙中。它的原材料来源很“绿色”，在节能、节土、节材方面都具有重大的战略意义，具有良好的发展前景。这些不同材质轻质隔墙板的性能也有很大差别，并各具不同的优缺点（表2-40）。

表2-40 轻质隔墙板优缺点比较

材料类型	材料品种	隔墙板名称	优点	缺点
普通建筑石膏板	普通建筑石膏	普通石膏珍珠岩空心隔墙板、石膏纤维空心隔墙板	（1）质轻、保温、防火性能好。 （2）可加工性好。 （3）使用性能好	（1）强度较低。 （2）耐水性较差
	普通建筑石膏、耐水粉	耐水增强石膏空心板、耐水石膏陶粒混凝土实心隔墙板	（1）质轻、保温、防火性能好。 （2）可加工性好。 （3）使用性能好。 （4）强度较高。 （5）耐水性较好	（1）成本稍高。 （2）实心板稍重
水泥板	普通水泥	无砂陶粒混凝土实心板	（1）耐水性好。 （2）隔声性好	（1）双面摸灰量大。 （2）生产效率低。 （3）可加工性差
	硫铝酸盐或铁铝酸盐水泥	GRC珍珠岩空心隔墙板	（1）强度调节幅度大。 （2）耐水性较好	（1）原材料质量要求较高。 （2）成本较高
	菱镁水泥	菱苦土珍珠岩空心隔墙板	（1）强度较高。 （2）可加工性能好	（1）耐水性很差。 （2）长期变形量大

另外，轻质复合墙板是目前世界各国大力发展的又一类新型板材。如具有承重、防火、防潮、隔音、隔热等功能的新型墙体板材。根据用途不同又可分为复合外墙板、复合内墙板、外墙外保温板、外墙内保温板等。主要产品有钢丝网架水泥夹芯墙板、水泥聚苯外墙保温板、GRC复合外墙板、金属面夹芯板、钢筋混凝土绝热材料复合外墙板、玻纤增强石膏外墙内保温板、水泥/粉煤灰复合夹芯内墙板等。水泥/粉煤灰复合夹芯内墙板是众多新型轻质复合墙板中的一种。它是以聚苯乙烯泡沫塑料板为芯材，以水泥、粉煤灰、增强纤维和外加剂为面层材料，复合制成轻质墙体板材。水泥/粉煤灰复合夹芯墙板的两个面层，由纤维网格布及无纺布增强，使得制品强度高，芯材选用阻燃型聚苯乙烯泡沫塑料板，使得具有良好的保温隔热能力，该板材可以实现工业化生产，是良好的内隔墙板材。

1. 主要性能

（1）面密度。隔墙板单位面积的质量称为其面密度，单位 kg/m^2。面密度主要与隔墙板厚度及所用材料的表观密度以及隔墙板的构造（空心或实心）和含水率等有关。表2-41给出了各种隔墙板的面密度参考值。

表 2-41　　轻质隔墙板的面密度参考值

隔墙板名称	材料表观密度/（kg/m^3）	空心率（%）	厚度/mm	面密度/（kg/m^2）
石膏珍珠岩隔墙板	850	30	60	36～40
	850	35	90	50～53
耐水石膏陶粒隔墙板	970	0	50	43～45
	970	0	60	52～55
	970	35	90	50～53
GRC 珍珠岩隔墙板	950	30	60	40～43
	950	35	90	55～58

可见，出厂含水率为 3%～5% 时，厚度为 60mm 的空心隔墙板的面密度为 40～45kg/m^2；厚度为 90mm 的空心隔墙板的面密度为 50～60kg/m^2。含水率相同，厚度为 60mm 的实心隔墙板的面密度则为 52～55kg/m^2。隔墙板可以设置于室内任何部位，楼板底下可不另设横梁。隔墙板施工一般用人工搬运。所以板的质量不宜太大，以面密度不大于 60kg/m^2 为宜。

（2）抗弯性能。非承重内隔墙板在工作状态下一般不受来自任何方向的荷载，但偶尔可能承受一定的风荷载。根据有关资料估算，若以高度为 80m 的高层建筑承受 70N/m^2 的最强风袭击计算，其板面可能承受的弯曲破坏均布荷载也不足 400N/m^2。例如，北京地区对轻质隔墙板的要求为承受不小于 500N/m^2 的弯曲均布荷载，此时，已完全能满足板侧立水平搬运和安装时不断裂的要求。

隔墙板的抗弯性能主要与板材面密度、板所用材料的抗压强度及配筋情况有关。目前，所用的石膏板、GRC 板及菱苦土板的材料表观密度为 850～1000kg/m^3，其抗压强度随密度增大而增高，一般约为 5MPa。此类板材如采用 10mm×10mm 网孔的玻璃纤维网格布双面配筋，则跨距为 2400mm，厚度为 60mm 的隔墙板所能承受的弯曲荷载，一般可高达 500N 以上，完全可满足使用要求。但如板厚超过 60mm，或其面密度较大时，则由于隔墙板自重大，用玻璃网格布配筋已不能满足对其抗弯性能的要求。此时必须考虑采用细钢丝配筋，以提高板材的抗弯强度。

（3）抗冲击性能。为了保证隔墙板在受到人体或其他物品撞击时不会断裂，要求其具有一定的抗冲击强度。参照国外有关标准（DIN41031），我国《住宅非承重内隔堵轻质条板》标准编制组建议，按以 150N·m 的冲击荷载撞击板面 3 次不出现贯通裂缝，且最大挠度小于 5mm 时，即可认为满足抗冲击性能要求。上述板材均能满足要求。

（4）吊挂承受力。吊挂承受力系指于条板中安放的预埋件所能承受的力。我国轻质隔墙板标准编制组参照 DIN41031 提出，作用于隔墙条板上的吊挂力应不大于 1000N/m，即当条板宽为 0.6m 时，其吊挂力应不小于 600N。中国建筑科学研究院建筑工程材料及制品研究所的试验表明，在石膏空心隔墙条板上，以 JY 胶粘剂粘结嵌入的 40mm×40mm×50mm 木楔可承受 700N 以上的吊挂力而不拔出。

（5）收缩率。用无机胶凝材料制成的轻质隔墙板，安装就位后，接缝处容易开裂。这主要是因为板材的胶凝材料收缩所致。尤其是以水泥为胶凝材料的隔墙板收缩更严重。因为水泥石不仅会因水泥水化引起化学收缩，还会因失水引起干燥收缩，以及后期因碳化引起的收缩。石膏类隔墙板则主要是因失水引起的干燥收缩。标准编制组建设隔墙板的收缩率应不大于 0.8mm/m。

以石膏及硫铝酸盐水泥为胶凝材料的隔墙板收缩较小，一般仅为 0.25mm/m 左右，比普通水泥砂浆及混凝土的收缩少很多。所以我国目前采用这种隔墙板较多。

影响隔墙板收缩率的主要因素之一是其含水率。目前厂家出厂产品的含水率大都偏高。因为厂家多无烘干设备，被雨淋湿的产品照样出厂，这就影响了此类隔墙板的正常使用。为此，只要严格控制隔墙板的含水率就可避免板材接缝开裂。

（6）隔声性能。轻质隔墙板的隔声性能用其隔声量表示，即隔墙板一面的入射声能与另一面的透射声能相差的分贝数。

隔墙板的隔声量与板材的表观密度、空心率及厚度有关。以相同材料制作的隔墙板，其面密度越大，即厚度越大，空心率越小，其隔声量越大。几种不同轻质隔墙板的隔声量见表 2-42。

表 2-42　　几种轻质隔墙板的隔声量

隔墙板名称	面密度/（kg/m²）	厚度/mm	隔声量/dB
石膏珍珠岩空心隔墙板	40～45	60	30～32
水泥陶粒珍珠岩隔墙板	50～57	90	33～35
GRC 珍珠岩空心隔墙板	45～50	50	35～36
耐水石膏珍珠岩芯板复合隔墙板	55～57	60	37～38
耐水石膏陶粒隔墙板	43～45	90	40～41

轻质隔墙板标准编制组建议，用于住宅建筑的轻质隔墙板的隔声量应大于 30dB。中国建筑设计研究院的工程师建议，住宅分室隔墙板的吸声量应不小于 30dB，而分户隔墙或写字楼用的隔墙板，其隔声量应大于 40dB。

（7）软化系数。鉴于在民用建筑中轻质隔墙板主要用作厨房及卫生间的隔断，工作环境潮湿，因此要求板材具有较好的耐水性，这点对于以石膏为胶凝材料及以膨胀珍珠岩为轻骨料的隔墙板更为重要。

板材的耐水性通常用其软化系数表示，即浸水 24h 后的抗压强度与干燥状态的抗压强度之比。工程实践证明，在潮湿条件下使用的隔墙板，其软化系数不应小于 0.6。

2. 应用技术

（1）适用范围。轻质隔墙板主要用于民用与公用建筑的内墙隔断，其适用范围如下：

1）一般民用住宅建筑的厨房、卫生间隔断墙。

2）大开间住宅建筑的分室隔墙或分户隔墙。

3）高层框架建筑的内隔断墙。

4）高层建筑设备间、管道间的隔断墙。

5）写字楼的隔断墙。

（2）注意事项。轻质隔墙板在我国尚处于发展阶段，由于原材料品种较多，板材质量差别很大，目前尚无国家标准或行业标准可以遵循，因此在应用中必须注意以下几点：

1）石膏空心隔墙板具有微气候调节功能，适合做内隔墙，但其耐水性较差，故在潮湿条件下使用时，必须做防潮处理，或选用耐水石膏板。

2）GRC 隔墙板要求采用低碱水泥和耐碱玻璃纤维作原材料。由于目前有些生产厂家所用原材料质量难以保证，再加上工艺方面也存在一些问题，使其耐久性较差，存在一定隐患，必须加以注意。

3）隔墙板的接缝普遍存在开裂问题。除板材本身含水率大、收缩大以外，采用的胶粘剂问题也较多，选用时必须谨慎，如石膏类板材及 GRC 板均不宜采用水泥类胶粘剂。

4）60mm 厚的单层隔墙板只适用于做隔声性能要求不高的厨房、卫生间隔断。隔声要求较高的分户隔断或写字楼的内隔断墙，则宜采用双层板中间预留空气层或填充岩棉、珍珠岩芯板或采用专门加工的厚度较大的单层板。

3. 主要轻质墙板产品及性能

（1）玻璃纤维增强水泥（Glass Fiber Reinforced Cement，GRC）板。GRC 制品是一种以水泥砂浆作基材、耐碱玻璃纤维作增强材料的无机复合材料，具有轻质高强、抗冲击性好、造型丰富、耐久性好、耐水性好、且成形工艺较简单、节省原材料等特点。GRC 板可制作各种外墙板、分户隔墙板、屋面板、活动房屋构件、永久性模板、天花板、阳台栏板、简易房屋以及外形复杂的其他制品，如浮雕、亭台的顶和壁、管道以及隧道里衬、浴缸、储罐和槽等。

与其他墙体材料相比，GRC 板具有以下六大优势：① 因墙体内结构为几何图形，水电安装、穿管布线施工方便；② 产品性能刚柔兼顾钻孔挖洞简便易行；③ 墙体为定型结构板块，安装组合施工快捷；④ 质量轻、厚度薄，减轻了建筑负载，扩大了使用面积，有效地降低工程造价；⑤ 把传统墙体的土建、水电安装、装潢三部分施工工艺简化为三位一体一步到位的新工艺，省时、省工，减小了劳动强度，提高了安全系数；⑥ 环保化生产，利废节能，不损耕地，工厂化施工减少建筑垃圾，消除环境污染。

1）生产工艺。主要原材料有低碱度水泥、粉煤灰、骨料、耐碱玻纤等。

GRC 制品的成形方法较多，主要有预混浇筑法、直接喷射法、喷射真空脱水法、预混压制法、预混加压法、预混挤出法、铺网法等。其中，预混浇筑法适于制造壁较厚的小型异型样品，直接喷射法适于制造平板、波瓦等外形简单、面积较大的制品，喷射真空脱水法适于制造要求立即脱模的制品，预混压制法适于制造复杂的表面图案的制品，预混挤出法适于制造截面较复杂的异形细长制品，铺网法适于制造形状简单的制品。

2）规格与性能。GRC 条板外形及主要规格如图 2-14 所示，见表 2-43。

表 2-43 GRC 条板的产品型号及规格尺寸 （单位：mm）

型号	L	B	T	a	b
60	2500～2800	600	60	2～3	20～30
90	2500～3000	600	90	2～3	20～30
120	2500～3500	600	120	2～3	20～30

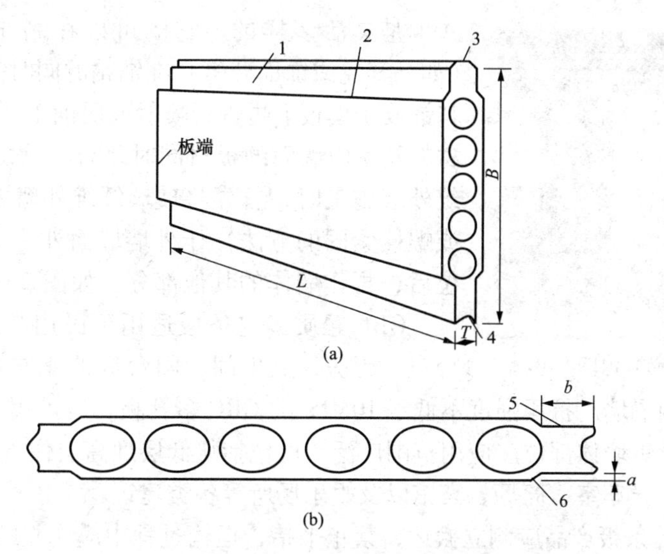

图 2-14　GRC 条板外形图

1—板边；2—接缝槽；3—榫头；4—榫槽；5—接缝槽宽；6—接缝槽深

L—板长；*B*—板宽；*T*—板厚

我国目前与 GRC 条板有关的产品质量标准有三个：《建筑隔墙用轻质条板》（JG/T 169—2005）、《玻璃纤维增强水泥轻质多孔隔墙条板》（GB/T 19631—2005）和《混凝土轻质条板》（JG/T 350—2011）。GB/T 19631—2005 是 GRC 多孔条板的专用标准。其主要物理力学性能要求见表 2-44。

表 2-44　　GRC 多孔条板的物理力学性能要求

项目			一等品	合格品
含水率（%）	采暖地区	≤	10	
	非采暖地区	≤	15	
气干面密度/（kg/m²）	90 型	≤	75	
	120 型	≤	95	
抗折破坏荷载/N	90 型	≥	2200	2000
	120 型	≥	3000	2800
干燥收缩值/（mm/m）		≤	0.6	
抗冲击性（30kg，0.5m 落差）			冲击 5 次，板面无裂纹	
吊挂力/N		≥	1000	
隔声量/dB	90 型	≥	35	
	120 型	≥	40	
抗折破坏荷载保留值（耐久性）（%）		≥	80	70
耐火极限/h		≥	1	

3）应用。GRC 墙体适用于各类房屋，特别是防火要求较高的饭店、宾馆、影剧院、档案馆、高层商住楼建造的内墙和外墙板，是一种具有装饰功能的墙护面板，其应用形

图2-15　作为内隔墙板的GRC板

式也是灵活多样的。它既可以在制作时将饰面的材料（如马赛克或饰面砖等）在铺粘的同时完成（即将饰面材料铺放于模板上再进行喷射或层铺工艺），也可以将保温材料及室内墙面的板材同时复合一次完成，还可以在建筑外墙施工时，首先将玻璃纤维外墙板吊挂（采用焊接或螺栓紧固的方法）于外墙墙面外，待外墙板都安装到位后，再作墙体的其他部分，如图2-15所示。

GRC轻质多空条板适用于民用与工业建筑的分室、分户、厨房、卫生间、阳台等非承重的内外墙体部位，主要用做建筑物内隔墙。抗压强度不低于10MPa的GRC多孔板，也可用于建筑加层和两层以下建筑的内外承重墙体部位。应用范围广泛，可包括从低层到高层住 宅、写字楼、学校、医院、体育场馆、候车室、商场、宾馆以及娱乐场所等各类建筑。

GRC轻质多控条板产品应侧立搬运，禁止平抬，运输过程中应侧立贴实，用绳索绞紧，支撑合理，防止撞击，避免破损和变形。并应有防雨措施。产品存放场地应坚实平整、干燥通风，防止侵蚀介质和雨水侵害。产品应按型号、规格、等级分类储存。储存时应采用侧立式堆放，板面与铅垂面夹角不应大于15°；堆长不超过4m；堆层二层。

GRC轻质墙板隔墙的设计、施工、验收尚无统一的国家或行业规范。墙体设计可参照生产厂家产品说明书中推荐的做法进行设计、施工。

（2）轻骨料混凝土空心条板。

1）概述。轻骨料混凝土空心条板是以水泥、粉煤灰、轻骨料、水等为主要原料，经螺杆挤压成形的多孔状轻质条板。所用的水泥通常为普通硅酸盐水泥，骨料可以是陶粒、膨胀珍珠岩、炉渣等。

它可包括轻骨料混凝土空心墙板和工业灰渣混凝土空心隔墙条板。

工业灰渣混凝土空心隔墙条板是一种机制条板，用作民用建筑非承重内隔墙，其构造断面为多孔空心式，生产原材料中，工业废渣总掺量为40%（质量比）以上。常用工业灰渣主要为粉煤灰、经燃烧或自燃的煤矸石、炉渣、矿渣、加气混凝土碎屑等；而前者则主要是指以人工或天然轻骨料如粉煤灰陶粒和陶砂、页岩陶粒和陶砂、天然浮石等为骨料制成的混凝土空心隔墙条板。

目前在我国，该类板材的代表性产品为轻骨料混凝土多孔条板（又称AC板），是以陶粒、陶砂或煤渣作轻骨料，水泥为胶结料，并掺加一定的外加剂，经加水搅拌、挤出成形，经切割、修边以及堆垛自养护等工序，制成的一种轻质、高强、防火、耐水的轻质空心板材。

轻骨料混凝土多孔条板的主要特点是：平整度高，厚度公差小，安装后无须再用水泥砂浆抹面；沿板的长度方向，一端有榫头，另一端有榫槽，施工方便；板的长度在3300mm范围内可根据需要任意变化，可加工性能好，可在施工现场任意切割或钻孔。由于采用多孔大孔结构，AC板的表观密度较低，一般在1000kg/m^{3}左右，主要用作建筑物的非承重隔墙。因此特别适宜在高层建筑中用作隔墙板，并且具有良好的保温和隔声性能，墙体安装方便，基本实现了现场安装干作业施工。

轻骨料混凝土空心墙板根据成形工艺的不同，又分为固定式挤压成形和移动式挤压成形两种多孔条板，但产品质量和用途并无明显差异。

2）规格与性质。轻骨料混凝土空心条板产品质量标准可参照（JG/T 350—2011）或《建筑隔墙用轻质条板》（JG/T 169—2005）等标准执行。

3）应用。轻骨料混凝土空心条板适于用作民用建筑和规模较小的轻型工业建筑中的非承重内隔墙，也可用以砌筑围墙。对大型工业建筑尤带震动的厂房和其他特殊建筑则应慎重使用。

AC 板的构造要求与作物秸秆间主要依靠高温高压条件下，自身所含的胶质组分进行粘结，形成整体芯材，无需另外使用胶粘剂；常用贴面纸为牛皮纸、沥青牛皮纸、石膏板纸等，用以保持板材的形状，增加板材的强度，同时也使草板外表美观平整；糊纸胶主要用于粘贴面纸和封头，用以增加面纸和草板心体的粘结强度，要求具有一定的抗水能力，一般选用热固性脲醛树脂胶。

（3）蒸压加气混凝土板。

1）概述。蒸压加气混凝土板是加气混凝土板的全称，由钙质材料、硅质材料、石膏、铝粉、水和钢筋等制成的轻质板材。钙质材料可以是水泥与石灰或水泥与矿渣。硅质材料可以是砂或粉煤灰。蒸压加气混凝土是一种有大量非连通微小气孔，孔隙率可达 70% ～ 80%，具有一定强度，有一定保温隔热性能的轻质材料。

按照用途，蒸压加气混凝土板可分为加气混凝土外墙板、隔墙板和屋面板。由于该类板材中含有大量微小的非连通气孔，孔隙率达 70% ～ 80%，因而具有自重轻、绝热性好、隔声吸声等优良特性。同时还具有较好的耐火性与一定的承载能力，被广泛地应用于框架、砌块或砖混结构等建筑体系。

加气混凝土外墙板具有热导率小、保温性能好，良好的防火及抗震性能。不仅表观密度小，而且具有足够的强度（板内设置配筋）和良好的可加工性能（可钉、可锯、可粘结）。用作框架结构外墙，已由过去仅限于多层建筑发展到广泛应用于高层建筑。

加气混凝土隔墙板以其具有轻质、保温、隔声、足够的强度和良好的可加工等综合性能，被广泛应用于各种非承重隔墙。其显著特点是施工时无需吊装，人工即可进行安装，且平面布置灵活；由于隔墙板幅面较大，故比其他砌体材料施工速度快；劳动强度低；而且墙面平整，缩短施工周期。

加气混凝土屋面板具有良好的承重与保温综合性能。质量轻（仅为一般钢筋混凝土预应力圆孔板的 1/3）；保温性能和耐火性能好；由于质量轻，故在施工中一次可吊装 5 ～ 6 块板，而且可在屋面板上直接铺设油毡等防水卷材，基本上避免了屋面的湿作业，从而加快了施工进度，缩短了施工周期。由于其轻质、热导率较低、耐火性能好，且兼具有保温、承重的双重功能，施工简便，是我国目前广泛应用且有广阔前景的一种屋面材料。

与其他轻质板材相比，加气混凝土板在板材性能、产品稳定性、原材料来源以及生产规模等方面都具有明显优势。世界上工业发达国家生产的加气混凝土多为板材制品，且在建筑板材中所占比例很高。我国的加气混凝土制品目前仍以砌块为主，板与砌块的比例大致为 1∶10，且多为屋面板。提高板材在加气混凝土制品中的比例，努力增加以隔墙板、屋面板与外墙板为主导的产品生产，是今后我国加气混凝土工业的发展方向。

生产加气混凝土板材的原材料与加气混凝土砌块基本相同。其区别在于制作加气混凝土板材时，根据板的不同用途，按结构、构造要求，需在板内配置不同数量的钢筋网片。钢筋网片主要起增强作用，借以提高板材的抗弯强度。

2）规格与性能。加气混凝土墙板的常用规格见表2-45，如图2-16、图2-17所示。

表2-45　　加气混凝土墙板的常用规格　　（单位：mm）

长度 L	宽度 B	厚度 D
1800～6000（300 模数进位）	600	75、100、125、150、175、200、250、300
		120、180、240

注　其他非常用规格和单项工程的实际制作尺寸由供需双方协商确定。

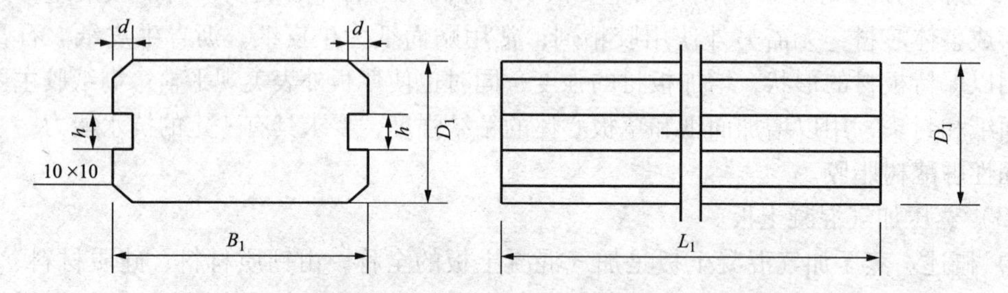

图2-16　加气混凝土竖向外墙板外形示意图

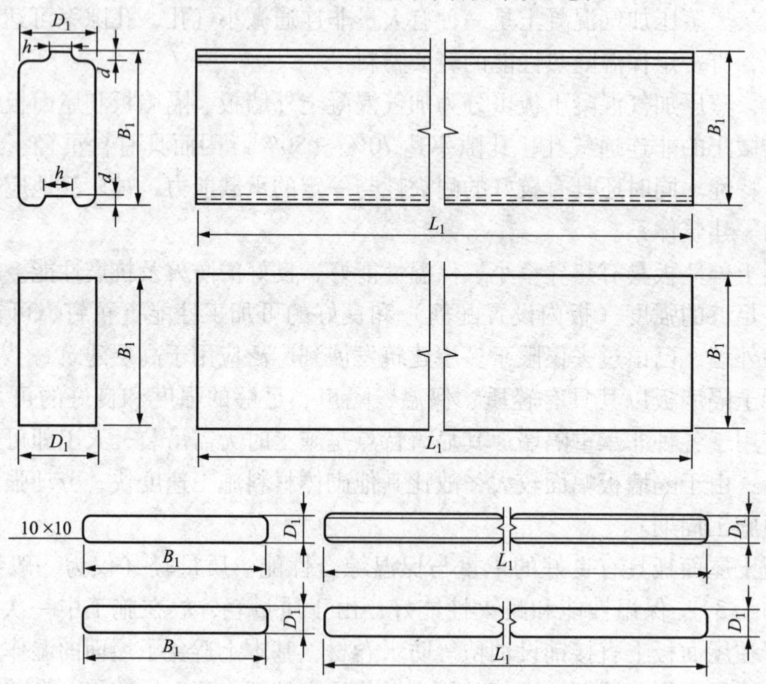

图2-17　加气混凝土隔墙板外形示意图

蒸压加气混凝土条板的性能，除应满足《蒸压加气混凝土砌块》（GB 11968—2006）中对于体积密度、抗压强度、干燥收缩、抗冻性和导热系数的规定外，还应满足防火性、隔声性、抗雨水渗透性、板内钢筋粘着力等方面的要求。蒸压加气混凝土板的技术规范执行国家标准 GB 15762—2008。本标准适用于民用与工业建筑物中使用的蒸压加气混凝土屋面板和自承重配筋墙板。蒸压加气混凝土板按加气混凝土的干体积密度分为 B04、B05、B06、B07 四级。

按使用性能，加气混凝土板材可分为外墙板（JQB）、隔墙板（JGB）、楼板（JLB）及屋面板（JWB）等。外墙板又包括竖向外墙板、横向外墙板和拼装外墙大板等。

蒸压加气混凝土墙板产品按代号、级别、公称尺寸（长度×厚度）和等级顺序进行标记。如级别为05，公称尺寸长度为6000mm，厚度为120mm优等品的隔墙板，产品标记为：JGB 05 6000×120 A GB 15762—2008。

蒸压加气混凝土屋面板按代号、级别、标准荷载、公称尺寸（长度×厚度）和等级顺序进行标记。如级别为06，标准荷载为1500kN/m^2，公称尺寸长度为4800mm、厚度为175mm优等品的屋面板，产品标记为：JWB 06 1500 4800×175 A GB 15762—2008。

屋面板、接板、外墙板的标记应包括品种、标准号、干密度级别、制作尺寸（长度×宽度×厚度），荷载允许值等内容。

隔墙板的标记应包括品种、标准号、干密度级别、制作尺寸（长度×宽度×厚度）等内容。例如：

a. 屋面板。干密度级别为B06，长度为4800mm、宽度为600mm、厚度为175mm、荷载允许值为2000N/m^2 的屋面板：JWB-GB 15762-B06-4800×600×175-2000。

b. 外墙板。干密度级别为B05，长度为4200mm，宽度为600mm，厚度为150mm，荷载允许值为1500N/m^2 的外墙板：JQB-GB 15762-B05-4200×600×150-1500。

c. 隔墙板。干密度级别为B04，长度为3500mm、宽度为600mm、厚度为100mm的隔墙板：JGB-GB 15762-B04-3500×600×100。

加气混凝土板材的基本性能要求，应符合《蒸压加气混凝土板》（GB 15762—2008）中对体积密度级别为B04、B05、B06、B07的产品的干体积密度、抗压强度、干燥收缩、抗冻性和热导率的规定值。

加气混凝土条板的其他技术要求还包括以下几项：

① 优等品和一等品的板不得有裂缝；合格品屋面板不得有贯穿裂缝和其他影响结构性的裂缝，不得有长度大于等于600mm、宽度大于等于0.2mm纵向裂缝，其他裂缝的数量不得多于2条；合格品墙板上不得有贯穿裂缝，其他的裂缝长度、宽度不做限定，数量不得多于3条。

② 加气混凝土板属不燃材料，高温下也不会产生有毒气体。厚度为150mm板的耐火极限可达4h，防火性能优良。由于加气混凝土板内的气孔均为闭孔且分布均匀，故可有效抵抗雨水渗透。

加气混凝土隔墙的隔声量，按隔墙的做法与厚度，可在39.3～54.0dB之间。由表观密度为500kg/m^3 的水泥-矿渣-砂加气混凝土制作的不同构造加气混凝土条板隔墙的隔声性能见表2-46。

表2-46　加气混凝土条板隔墙的隔声性能

隔墙构造	隔墙厚度/mm	下列各频率的隔声量/dB						100～3150Hz的平均隔声量/dB
		125	250	500	1000	2000	4000	
条板100，双面刮腻子喷浆3+3	106	32.6	31.6	31.9	40.0	47.9	60.0	39.3
条板75，空气层75，条板75，双面抹麻刀灰5+5	235	38.6	49.3	49.4	55.6	65.7	69.6	54.0
条板200，双面刮腻予喷浆5+5	210	31.0	37.2	41.1	43.1	51.3	54.7	43.2

3）应用。除用作屋面板外，加气混凝土墙板可划分为加气混凝土外墙条板和隔墙条板两类，主要用于工业与民用建筑的非承重外墙和内隔墙。也可用于拼装外墙板，用作单层或多层工业厂房以及公用建筑和住宅建筑的外墙。

（4）植物纤维类板材。植物纤维板是指以植物纤维为主要原料加工制成的一类轻质人造板材，如稻草、稻壳板、蔗渣板、麦秸碎料板、棉秆纤维板以及由这些板材经复合制成的有机复合板。随着农业的发展，农作物的废弃物（如稻草、麦秸、玉米秆、甘蔗渣等）随之增多，污染环境。但各种废弃物如经适当处理，则可制成各种板材。

1）稻草（麦秸）板。稻草板又称直面草板，生产的原料主要是稻草或麦秸、板纸和脲醛树脂胶等。其生产方法是将干燥的稻草热压成密实的板芯，在板芯两侧及四个侧边用胶贴上一层完整的面纸，经加热固化而成。板芯内不加任何胶粘剂，只利用稻草之间的缠绞拧编与压合形成密实并有相当刚度的板材。生产工艺简单，生产线全长只有80～90m，从进料到成品仅需要1h。稻草板生产能耗低，仅为纸面石膏板能耗的1/3～1/4。

稻草板质量轻，表观密度为310～440kg/m^3，隔热保温性能好、导热系数小于0.1W/(m·K)，单层板的隔音量为30dB，如果两层稻草板中间夹30mm的矿棉和20mm的空气层，则隔音效果可达50dB，耐火极限为0.5h，其缺点是耐水性差，可燃。稻草板具有足够的强度和刚度，可以单板使用而不需要龙骨支撑。且便于锯、钉、打眼、粘结和油漆，施工很便捷。适用于非承重的内隔墙、天花板、厂房望板既复合外墙的内壁墙。

纸面草板的技术规范执行国家标准GB/T 9781—1988。纸面革板按原料分为纸面稻草板（代号D）和纸面麦草板（代号M）；按技术要求分为优等品、一级品和合格品三个等级。纸面草板的外表面为矩形，上下面纸分别在两侧面搭接，端头是与棱边相垂直的平面，且用封端纸包覆。

板材产品的标记顺序为：产品名称、代号、长度和标准号。如长度为2400mm的纸面稻草板，标记为：纸面稻草板D 2400 GB/T 9781。

纸面草板的规格见表2-47；外观质量和尺寸允许偏差见表2-48；建筑用纸面草板的技术性能见表2-49。

表2-47　　建筑用纸面草板的规格

	规格尺寸/mm	备　注
长度	1800、2400、2700、3000、3300、3600	可根据用户需要，经供需双方协议，可生产1000～4000mm任意长度的板材
宽度	1200	
厚度	28	

表2-48　　建筑用纸面草板的外观质量和尺寸允许偏差

<table>
<tr><th>品级</th><th colspan="4">指　标</th></tr>
<tr><td rowspan="6">优等品
一等品</td><td rowspan="6">（1）表面光洁，无折皱，无油污痕迹；
（2）侧面上下面纸搭接完好，粘结牢固；
（3）端头封闭整齐、牢固</td><td rowspan="6">尺寸允许偏差/mm</td><td>长度</td><td>−1，−5（优等品）
−1，−7（一等品）</td></tr>
<tr><td>宽度</td><td>−1
−3</td></tr>
<tr><td>厚度</td><td>±1.0</td></tr>
<tr><td>两对角线长度差</td><td>≤4</td></tr>
<tr><td>板面不平度</td><td>≤1</td></tr>
</table>

续表

品级	指　标			
合格品	允许有下列情形之一发生： （1）由于纸跑偏造成的上下面纸未搭接，其未搭接宽度不超过 1 ～ 2mm，长度不超过 50mm； （2）侧面上下面纸与草心局部粘结不牢，其长度不超过 100mm； （3）封端不严，封端纸与上下面纸未粘牢，其脱胶长度不超过 100mm； （4）面纸有局部折皱和不影响使用性能的微小缺陷	尺寸允许偏差/mm	长度	-1 -7
			宽度	-1 -3
			厚度	±1.0
			两对角线长度差	≤5
			板面不平度	≤1.5

表 2-49　　建筑用纸面草板的技术性能

项目	指　标		
	优等品	一等品	合格品
单位面积质量/（kg/m^2）	<25.5	25.0	≤26.0
含水率（%）	≤15	≤15	≤20
挠度/mm	≤3	≤4	≤5
破坏荷载/N	≥6400	≥5500	≥5000
热导率/［W/（m·K）］	<0.108	<0.108	<0.108
耐火极限/h	≥1	≥1	≥0.5
纸面与草心的粘结	无剥离现象	无剥离现象	无剥离现象

纸面草板具有优良的保温、隔热、隔声和抗震性能，以及足够的强度、刚度、防火及防潮性能。在施工中，可锯、可钉、可黏接、可装饰，也可与其他材料复合，制成各种形式、多种用途的复合板材。在房屋建筑中，纸面草板可用于建筑物的内隔墙、外墙内衬、顶棚板和屋面板，也可与其他外墙护、饰面板材组成复合墙体用作为外墙，但外护面层要求必须可靠。

通常情况下，纸面草板一般使用单层板作分室墙和隔墙，也可用两层纸面草板或中间填吸声材料组成分户墙。纸面草板一般不用于外墙，如用作外墙，外面层要进行防水处理，或钉钢丝网后抹 10mm 厚水泥砂浆。

纸面草板产品要求每块板的端头应印上产品标志，内容包括：产品名称、制造厂名、产品标记、制造日期或生产批号以及质量等级。包装标志应符合 GB 191 和 GB 6388 的规定。

纸面草板应存放在干燥、通风良好的环境中，防雨避潮。地面要平整。每组纸面草板下面应放置垫板，上下垫板应对齐，以防纸面草板变形。垫板宽度为 150 ～ 200mm，长度 1200mm。垫板离纸面草板的端头不超过 300mm，两垫板间距不大于 800mm。运输过程中，应防止纸面草板受潮、碰损和中间断裂。

2）稻壳板。稻壳板是以稻壳与合成树脂为原料，经配料、混合、铺装、热压而成的中密度平板。可用脲醛胶和聚醋酸乙烯胶粘贴，表面可涂刷酚醛清漆或用薄木贴面加以装饰。可作内隔板及室内各种隔断板和壁橱隔断板等。

该种板材具有轻质、足够的强度和良好的可加工性能，是我国近年来开发的一种利用农业废弃物制成的建筑用薄板材。同纸面草板一样，该种板材的生产和应用对节约能源、保护环境具有最大意义，发展前景乐观。

稻壳板制品目前尚无国家标准，其规格和性能指标见表2-50；外观和尺寸允许偏差见表2-51。

表 2-50　　稻壳板的规格和性能指标

规格尺寸/mm			技术性能	
长度	宽度	厚度	项　目	指标
2440	1220	6～35	表观密度/（kg/m^3）	700～800
			含水率（%）	4.7～7
			吸水厚度膨胀率/24h（%）	4.6～6.8
			平面抗拉强度/MPa	0～4
			静曲强度/MPa	10.3～13.0
			冲击强度/（J/cm^2）	4.9～5.6
			握钉力/MPa	5.35～9.74
			热导率/［W/（m·K）］	0.134～0.155

表 2-51　　稻壳板外观和尺寸允许偏差

项　目	指标	项　目		指标
分层	合格品不得有	板厚允许偏差/mm	6～10mm 厚	±0.8
鼓泡	合格品不得有		10～16mm 厚	±1.0
翘曲度（对角线 1000mm）/mm	<12		16～20mm 厚	±1.2

3）蔗渣板。是以甘蔗渣为原料，经加工、混合、铺装、热压而成的平板。该板生产时可不用胶而利用蔗渣本身含有的物质热压时转化成呋喃系树脂而起胶结作用，也可用合成树脂胶结成有胶蔗渣板。具有质轻、吸声、易加工和可装饰等特点。可用作内隔墙、天花板、门芯板、室内隔断用板和装饰板等。

2.5　复合墙体

随着建筑材料科技的发展和节能的需要，墙体由单一材料向复合材料发展，即采用具有特殊性能的材料和合理的结构复合而成一板多功能的墙体——复合墙体。复合墙体是由不同功能的材料分层复合而成，因而能充分发挥各种不同功能材料的功效。它在预制的墙板中占有很大的比例。复合墙体用材料主要有保温隔热材料和面层材料。

（1）保温隔热材料。墙体保温隔热材料种类繁多，基本上可归纳为无机和有机两大类。无机保温材料主要有岩棉、矿渣棉、玻璃棉、炉渣、膨胀矿渣、水淬炉渣、泡沫混凝土、加气混凝土、陶粒混凝土及其制品、膨胀珍珠岩及其制品、硅酸盐制品等。有机保温材料主要有聚苯乙烯、木丝板、刨花板、软木、锯末、稻草板等。

无机类中以岩棉、矿棉和玻璃棉制品，以及膨胀珍珠岩为主。由于其体积密度小、热导率小，耐热、防火性能好，原料丰富，价格便宜，因此许多国家在复合墙体中使用这类材料。

有机类中的泡沫塑料制品，目前在复合墙体中经常用的有聚苯乙烯泡沫塑料、聚氯酯泡沫塑料、泡沫酚醛树脂等。

除了上述常用的隔热材料外，各国还使用一些无机和有机复合的隔热材料。例如，日本有采用以无机纤维作芯材的；瑞士有采用木屑、无机微粒和密实纤维材料的复合制品作芯材的；另外，外贴泡沫塑料板的复合保温材料，使用以聚苯乙烯粒料作为轻骨料的轻混凝土作为隔热材料的也不少。

（2）面层材料。面层材料分非金属和金属两大类。

非金属类的面层材料有钢筋混凝土板、石棉水泥板、纤维水泥板（包括玻璃纤维增强水泥板、矿棉水泥板、聚合物纤维增强水泥板、碳纤维增强水泥板等）、塑料板、木质板等。许多国家也大量采用木质材料做复合墙体的面层，木质材料包括木板、三合板、硬质纤维板（如热压制板）、水泥刨花板、木纤维板、削片板、厚纸板及木屑板等。近年来，西方许多工业发达国家都相继建成高效率的水泥刨花板生产线，如美国以泡沫塑料为芯层的复合墙体很多就是以水泥刨花板为面层材料的。

金属类的面层材料一般有钢板、彩钢板、铝合金板和镀锌铁皮，如日本的高层建筑外围护结构通常采用冷轧薄钢板。近年来出现的彩色压型钢板和搪瓷钢板则以其新颖、美观的特点而备受瞩目。

2.5.1　复合墙体的特点及复合形式

1. 复合墙体的特点

复合墙体材料按其使用功能来分主要有三大类：墙面板材料、保温吸声材料和墙体龙骨材料。作为复合墙体的面板材料一般为具有良好的耐火、耐水性能，而且轻质的薄板（厚度一般在 10 ～ 20mm），如各种纸面石膏板、各种纤维增强水泥板、AP 板、纤维增强硅酸钙板等；用作保温、吸声材料的一般多用具有优良的保温、吸声性能的无机纤维类材料，如矿棉、岩棉、玻璃棉等；常用作龙骨材料的有墙体轻钢龙骨和石膏龙骨。由以上三大类材料组装成的墙体具有以下特点：

（1）充分地发挥了各类材料的优点，在保证墙体符合设计的保温、吸声性能要求的前提下，使得墙体的质量减轻、厚度减小。

（2）墙体是通过现场组装来实现的，属于干作业，不受季节温度变化的影响。

（3）由于采用较大幅面的薄板材、轻质的保温板或毡，施工方便、快速，降低了工人的劳动强度，缩短了施工周期。

（4）对于将来改变建筑的室内隔墙的布局有利。

（5）为设计人员根据建筑的使用功能和风格，较为灵活地运用复合墙体材料提供了可能。

由于上述特点，复合墙体材料广泛地应用在宾馆、饭店、医院、体育设施、公共设施，日益受到建筑设计、施工和使用单位的欢迎。

2. 复合墙体的复合形式

复合墙体的保温隔热有三种形式（图 2-18）。第一种是将保温隔热材料放在内、外面层材料的中间。这在国内外应用比较普遍，日常人们所讲的复合墙体也主要是指这种夹芯式的复合墙体。第二种是将保温隔热材料设置在两侧。这种形式比较少，美国曾用过这类形式的复合板材，制作时将保温隔热层兼做模板。第三种是将保温隔热材料设置在板的一侧，这样可以有效地防止墙体内部结露，主要是应用于建筑物已建成后的墙体性能改善和旧房维修。

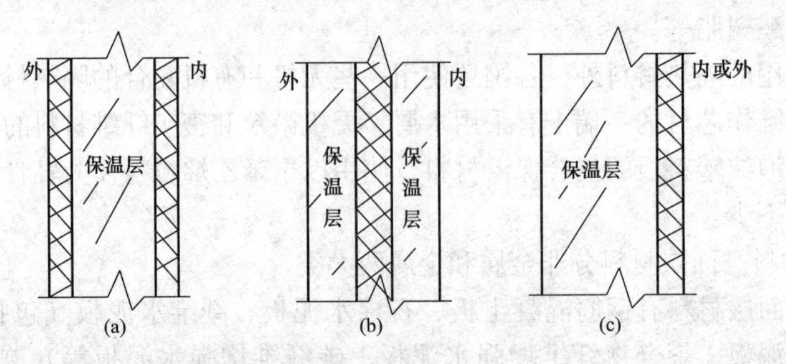

图 2-18　复合墙体保温隔热的三种形式

复合墙体的层间连接方式可以分为粘结和非粘结两大类。

粘结式主要是通过胶粘剂使面层与芯层相连接，或通过某些水泥质隔热材料中的水泥使面层与芯层相连接，如美国的承重聚苯乙烯夹芯板就是采用胶粘剂将面层材料和芯板连接起来。瑞士的木屑夹芯复合板面层与芯材的连接就采用聚氨酯胶或环氧树脂相连接。近年来发展较快的以金属为面层材料，发泡材料为芯板的复合墙体，也是采用这种连接形式。

非粘结式的连接是通过板肋或通过金属连接件将面层与芯层连成一体的。通常，采取板边助、窗肋将面层芯层结合一体的称为刚性连接。这种结构层间稳固，整体性强，但肋会形成冷桥，温度应变能力差。层间由钢筋或其他金属连接件相连接又称为柔性连接，就无冷桥，温度应变能力强。

2.5.2　钢筋混凝土类夹芯复合板

钢筋混凝土是一种低能耗材料，成本较低，工艺可靠，性能优越，耐火性能好，因此各国使用这类复合板比较普遍。我国使用岩棉代替聚苯乙烯泡沫塑料作保温隔热材料。此类板具有体轻、热工性能好、施工简便、综合效益高等特点，是当前国内达到节能准则要求的复合墙板，受到设计和施工人员的重视，并逐步得到了推广应用，它可作为承重型外墙板，适用于大模板工艺建筑和装配式大板建筑。

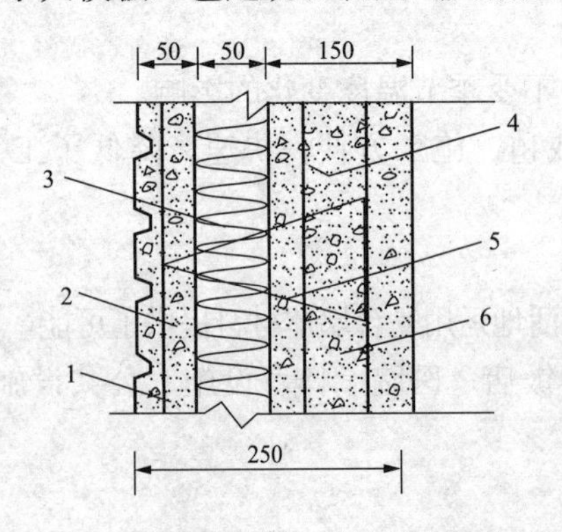

图 2-19　承重型混凝土岩棉复合板的结构

1—钢筋网片；2—混凝土外保护层；3—岩棉保温层；4—承重层钢筋；5—钢筋连接件；6—混凝土承重层

1. 结构和工艺特点

承重型混凝土岩棉复合板的结构如图 2-19 所示，总厚为 250mm，其中内侧为承重的混凝土结构层 150mm，这是根据北京地区 8 度抗震设防要求而设计的。岩棉保温层为 50mm 厚，外侧为混凝土保护层 50mm。

该复合板可采用平模台座法和平模流水法生产工艺。正打或反打两种成形方法均可。两种方法，前者生产效率高，成形时岩棉承受面层混凝土质量较轻，对岩棉的压缩、吸水影响较小，但面层装饰质量不易控制。后者成形时，岩棉承受承重混凝土层质量较大，对岩棉的压缩、吸水影响较大，但面层装饰质量易控制。生产时，关键工序是按要求处理和设置连接件，铺好岩棉板，认真控制承重层和面层混凝土的厚度，确保钢筋外护层等，这样才能保证复合板的质量。

2. 规格和性能

承重型混凝土岩棉复合板规格和性能分别见表2-52和表2-53。

表2-52 承重型混凝土岩棉复合板规格 （单位：mm）

尺寸 \ 板的类别	纵墙板	山墙板	阳角板	大角板
高度	2690、2490	2690	2690	2690
宽度	2680、3280、3880	2680、2380、2500	2500	2600
厚度	250	250	250	250

表2-53 承重型混凝土岩棉复合板性能

项　目	试验结果
表观密度/（kg/m^3）	500～512.5
热阻/（$m^2 \cdot K/W$）	1.12
热导率/［W/（m·K）］	1.01
水平荷载（垂直荷载为106kN）/kN	77.8
水平荷载（垂直荷载为440kN）/kN	11.7

3. 建筑节能效果

承重型混凝土岩棉复合板已经达到490mm厚砖墙的保温效果，具有节省建筑采暖能耗的作用。为了便于说明，和以前大量使用的水泥混凝土浮石轻骨料单一材料的外墙板相比较，见表2-54。由表可以看出，在住宅建筑中采用混凝土岩棉复合板，虽然要增加一次性投资，但多年使用能耗将相应下降，由此可以获得良好的综合节能效益。

表2-54 承重型混凝土岩棉复合板取代浮石外墙板的节能效果

回收期/年	回收后使用年限/年	节约能源（标煤）/［kg/（$m^2 \cdot a$）］	节约费用/［元/（$m^2 \cdot a$）］
9.6	60	10.9	1.27

2.5.3 大型轻质复合墙板

大型轻质复合墙板是用面层材料、骨架和填充材料复合而成的一种轻质墙板。按其不同的组成材料及构造可分为轻质龙骨薄板类的复合墙板和水泥钢丝网架类复合墙板两大类。

轻质龙骨薄板类的复合墙板主要以纸面石膏和纤维增强水泥等各种轻质薄板为面层材料，以轻钢龙骨（或石膏龙骨、木龙骨）为骨架，中间为空气层或填充聚苯泡沫板、岩棉板等保温吸声材料，现场拼装而成大型轻质板材。

水泥钢丝网架类的复合墙板则是以聚合物水泥砂浆为面层材料，以镀锌细钢丝焊接而成的空间网架为骨架，中间填充聚苯泡沫板，或岩棉板作保温吸声材料，现场复合拼装而成的大型轻质墙板（如泰柏板、舒乐舍板、GY板）等。

与混凝土复合墙板相比，这些大型轻质复合墙板具有质量轻、保温好、布局灵活、施工方便等特点，既适用于外墙，也可用于内墙、内隔墙；有一定承载能力，有的还可用于屋面工程，但每平方米的价格都较高。

1. 轻质龙骨薄板类复合墙板

轻钢龙骨纸面石膏板隔墙板是这类复合墙板的典型产品。它是以纸面石膏板为面层材料，以轻钢龙骨为骨架，中间填充或不填保温材料，在现场拼装而成的轻质复合隔墙板。

石膏板轻钢龙骨复合墙板按使用功能可分为普通复合墙板、防火复合墙板及防水复合墙板三种。有保温或隔声要求时，可在复合墙板中间填充岩棉板、聚苯泡沫板或珍珠岩保温芯板。

此类复合墙板的面层材料，除纸面石膏板外，还可采用玻纤增强水泥板（S-GRC 板）、纤维增强水泥板（TK 板）、纤维水泥加压板（FC 板）、纤维水泥平板（埃特尼特板）或纤维增强硬石膏压力板（AP 板）等。用这些轻质薄板制成的复合薄板，不仅强度高，且具有较好的耐水、防火及隔声性能，但是价格较高。

（1）主要性能。轻钢龙骨薄板类复合墙板的性能主要取决于其护面薄板的性能和板的复合构造。

1）轻质薄板的技术性能。用作复合墙板护面板的轻质薄板的主要性能见表2-55 。

表 2-55　墙用轻质薄板的主要性能

板材名称	原材料	表观密度 /（g/cm^3）	抗弯强度 /MPa	吸水率 （%）	耐火极限 /min	隔声量 /dB
纸面石膏板	半水石膏面纸	0.75～0.90	—	30	10～15	26～28
玻纤增强水泥板（S-GRC 板）	低碱水泥、抗碱玻纤	1.2	6.8～9.8	30～35	—	—
纤维增强水泥板（TK 板）	低碱水泥、中碱纤维、短石棉	1.66～1.75	9.5～15.0	28～32	47	—
纤维水泥加压板（FC 板）	普通水泥天然人造纤维	1.5～1.75	20～28	17	77	50
纤维水泥平板（埃特利特板）	普通水泥矿物纤维	0.9～1.4	8.5～16	40～45	75～120	—
纤维增强硬石膏压力板（AP 板）	天然硬石膏、混合纤维	1.5	25～29	22～27	—	—
石棉水泥平板	普通水泥、石棉	1.6～1.8	20～30	22～25	—	—

从表 2-55 可知，轻钢龙骨薄板复合墙板的面层薄板，以纸面石膏板的体积密度最小、强度最低，其他品种的薄板一般都采用抽取或加压成形，因而其体积密度较大、强度较高。但是由于石膏板的资源丰富、生产工艺简单、价格较低，且具有调节室内微气候的特殊功能，因而目前在国内外的一般房屋建筑中，石膏板复合墙板的用量仍居首位。而其他品种的薄板则因价格较高，产量较低，主要用于有特殊要求的建筑。

2）隔声性能。表 2-56 给出了轻钢龙骨纸面石膏板复合墙板的隔声性能，轻质薄板本身已具备一定的隔声性能。用它制成的复合墙板的隔声性能可因其构造不同，而大大提高。

表 2-56　　　　　　　　　　**轻钢龙骨纸面石膏板复合墙板的隔声性能**

构造简图	层数	石膏板厚度/mm				隔墙总厚度/mm	填充材料	隔声量/dB	
		a	*b*	*c*	*d*			指数	平均
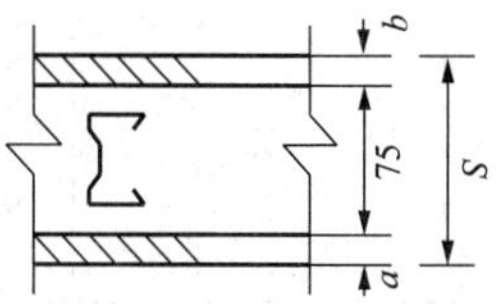	2	12	12	—	—	95	无	37	34
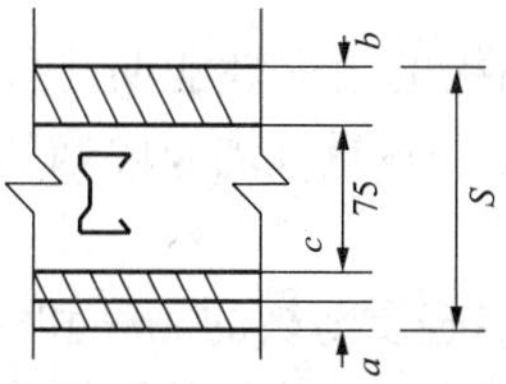	8	12	12	12	—	111	无	45	42
		12	12	12	—	111	岩棉 40mm	51	48
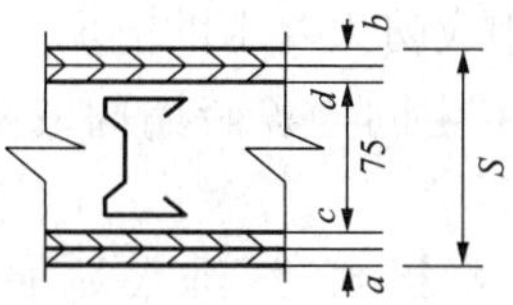	4	12	12	12	12	123	无	50	48
		12	12	12	12	123	岩棉 40mm	53	51

由表 2-56 可知，复合墙板所用石膏板的层数越多，其隔声性越大。每增加一层时，其隔声量约可提高 20%，在二层石膏板的复合墙板中，采用 40mm 厚的岩棉填充材料、与无填充材料的相比，其隔声量约提高 13%。但在四层石膏板的复合墙板中，填充材料对改善隔声性能的影响已不甚明显。隔声量仅比无填充材料的复合板提高 6% 左右。

3）耐火性能。除木质纤维板外，其他轻质薄板均由无机材料制成，其防火极限一股都较高。对纸面石膏板来说，因受双层纸面的影响，单板本身的耐火极限仅为 10 ～ 15min。因此，为提高复合墙板的耐火性能，必须采取双层面板或填充岩棉板等措施。采用其他轻质板制成复合板，可进一步提高其耐火性能（表 2-57）。

表 2-57　　　　　　　　　　**轻钢龙骨石膏板复合墙板的耐火性能**

构造简图	板材类别	填充材料	石膏板层数	每层石膏板厚度/mm				耐火极限/h
				a	*b*	*c*	*d*	
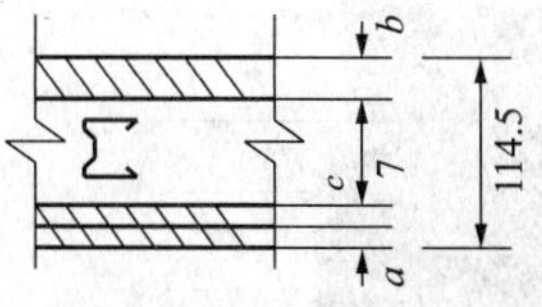	普通纸面石膏板	无	3	15	9.5	15	—	1.2
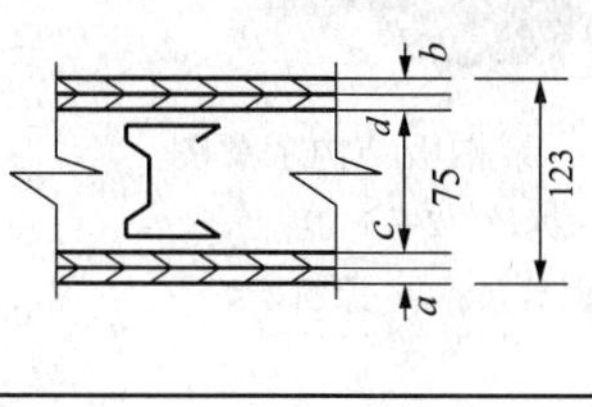	普通纸面石膏板	无	4	12	12	12	12	1
	防火纸面石膏板	无	4	12	12	12	12	1.5

续表

构造简图	板材类别	填充材料	石膏板层数	每层石膏板厚度/mm				耐火极限/h
				a	*b*	*c*	*d*	
	防火纸面石膏板	岩棉板40mm	4	12	12	12	12	1.5

从表2-57可以看出，增加纸面石膏板层数或厚度的复合隔墙板的耐火性能明显优于单层纸面石膏板本身的耐火性能。普通纸面石膏板复合墙板可以满足非承重外墙及隔墙的二级防火要求、而采用防火纸面石膏板的复合板则可满足一级防火要求。

（2）应用。轻钢龙骨薄板类复合墙板的适用范围取决于其面层轻质薄板的品种和性能。

面层为普通纸面石膏板的复合墙板可用于多层及高层住宅、宾馆、办公室的隔墙、贴面墙和曲面墙等；面层为耐火纸面石膏板的复合墙板，则可用于有相应防火要求的隔墙、贴面墙及曲面墙；面层为耐水纸面石膏板的复合墙板主要用作厨房、卫生间等瓷砖墙面的衬板，如图2-20所示。

以玻璃纤维增强水泥板（S-GRC板）、纤维增强水泥板（TK板）、纤维水泥加压板（FC板）、纤维水泥平板（埃特利特板）、石棉水泥平板、纤维增强硬石膏压力板等为面板的复合墙板，可用于耐水、耐火等级要求较高的各类建筑的外墙、内隔墙及曲面墙。

2. 水泥钢丝网架类复合墙板

此类复合墙板的最典型产品是“泰柏板”。它是以镀锌细钢丝的焊接网架为骨架，中间填充聚苯泡沫保温条芯材，在现场拼装后，两面涂抹聚合物水泥砂浆面层材料而成的一种建筑板材（图2-21）。此种板具有轻质、高强及保温、隔声、抗震性能好等特点，适合作高层建筑的内隔墙、复合保温墙体的外保温层或低层建筑的承重内、外墙和楼板、屋面板。

图2-20 轻钢龙骨石膏板作为隔墙板的应用

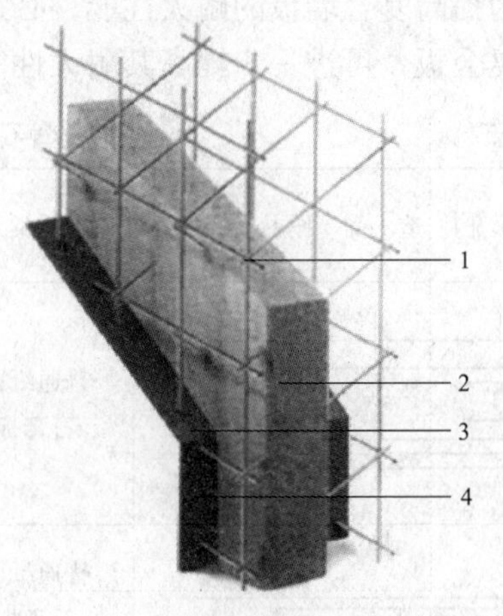

图2-21 泰柏板结构示意图
1—钢丝；2—矿棉；
3—水泥砂浆；4—涂料墙纸

泰柏板，如图2-22（a）所示，于20世纪80年代初从国外引进我国，发展很快。后来又相继出现以整块聚苯泡沫保温板为芯材的“舒乐舍板”，如图2-22（b）所示，和以岩棉保温板为芯材的钢丝网岩棉夹芯复合板（GY板），如图2-22（c）所示。

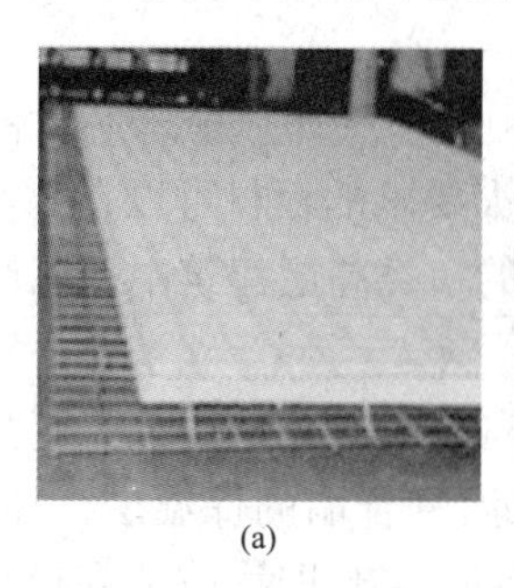
(a)

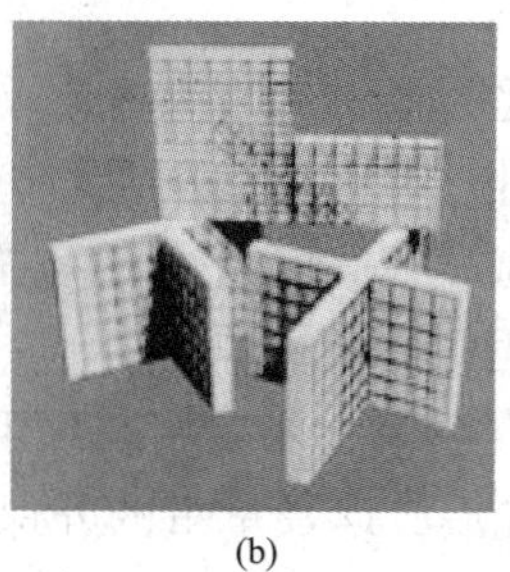
(b)

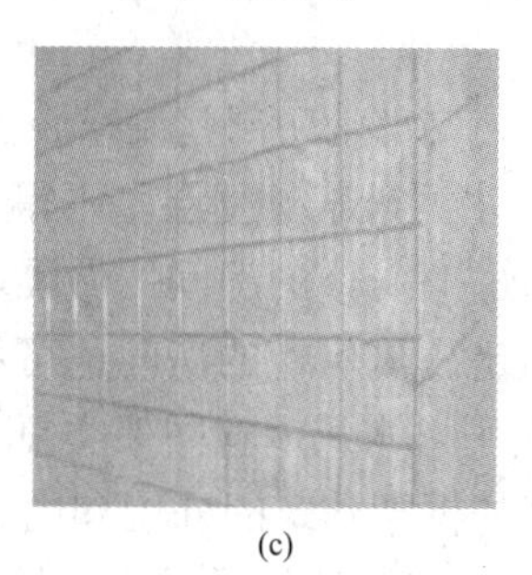
(c)

图2-22　水泥钢丝网架复合墙板
（a）泰柏板；（b）舒乐舍板；（c）GY板

（1）主要性能。水泥钢丝网架类复合墙板的主要规格尺寸为1250mm×2700mm×120mm。三维钢丝网架的厚度，按两片钢丝网架的中心间距计算约为70mm。两面各铺抹25mm厚的聚合物水泥砂浆，板的总厚度为110mm。其主要性能指标见表2-58。

表2-58　水泥钢丝网架类复合墙板的主要性能指标

项目名称	单位	性能指标		
		泰柏板	舒乐舍板	GY板
面密度	kg/m^2	<110	<110	<110
中心受压破坏荷载	kN/m	280	300	180～220
横向破坏荷载	kN/m^2	1.7	2.7	2.7
热阻值（110mm厚）	$m^2\cdot K/W$	0.84	0.879	0.8～1.1
隔声量	dB	45	55	48
耐火极限	h	>1.3	>1.3	>2.5

可以看出，水泥钢丝网架类复合墙板与其他轻质板材比较，在物理力学性能方面有以下几个特点：

1）力学性能指标较高。这几种板材的轴心抗压和横向抗弯强度均较高，因此不仅可用于非墙重墙体，还可用作低层（2～3层）建筑的承重墙体和楼板、屋面板。

2）保温性能较好。以聚苯泡沫塑料或岩棉保温板为芯材的此类复合板的热导率小、热阻高。110mm厚的板材，其保温性能优于二砖半厚的砖墙。但因其表观密度（平均约$1000kg/m^3$）小于红砖，故蓄热系数较低，隔热性能仅相当于一砖厚的砖墙。

3）隔声性能好。无论是泰柏板、舒乐舍板还是GY板，其隔声性能都很好，隔声量超过40dB，因而适合作分户隔墙。

4）耐火性能也比较好。按现行标准试验方法对上述三种板材耐火性能的检验结果表明，其耐火极限均不低。GY板已超过建筑构件一级防火的要求；泰柏板和舒乐舍板也接近一级防火等级。但由于泰柏板和舒乐舍板均采用聚苯泡沫塑料芯材，在温度超过70℃时芯材会熔化，在烈火作用下如砂浆层开裂，会冒出白色烟雾令人窒息。因此，为保证该类板材在建筑工程中安全应用，符合防火要求，生产企业必须为施工单位提供板的安装施工规程、标准，并参与指导。施工企业必须按施工规程施工，确保质量，特别是水泥砂浆层的厚度和完好性。

另外，公安部消防部门要求，此类板材的耐火极限不应小于1h。聚苯芯材的氧指数不应小于30，水泥砂浆外复层厚不得小于25mm。达到此防火要求的板材可以在二类高层建筑的面积不超过100m^2 的房间用做隔墙；在高度超过100m 的一类高层建筑中，人员不超过50人，面积不超过100m^2 的房间也可用此类板材作隔墙。

（2）应用。水泥钢丝网架类复合墙板主要应用在以下几个方面：① 多、高层建筑，特别是大开间的框架建筑的外墙和内隔墙，以及承重的外保温复合墙的保温层，如图2-23所示；② 低层框架建筑的承重内外墙和保温要求较高的屋面板；③ 旧房改造和楼房接层的内外墙体与屋面工程；④ 用岩棉板为填充层的GY板的耐火性能优于泰柏板及舒乐舍板要求较高的房屋建筑等。

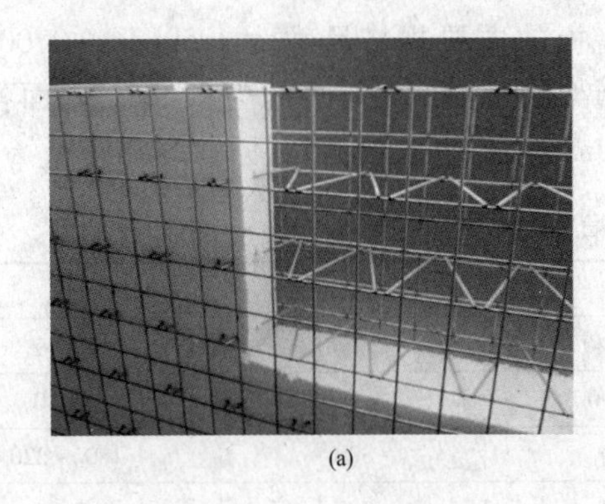
(a)

(b)

图2-23　泰柏板在工程中的应用
（a）复合墙的保温层；（b）北京西客站采用舒乐舍板做墙面

2.6　节能型墙体材料

随着经济的发展和人民物质生活水平的提高，城乡建筑迅速增加，建筑耗能的问题日益突出。资料显示，建筑行业能耗占到了全社会总能耗的40%～50%。建筑节能问题已越来越被政府和社会各界所重视，“建设节约型社会”已成为当今社会广泛关注的一个重要主题。因此，要适应建筑应用的需要，将新型墙体材料的发展与提高建筑性能和改善建筑功能结合起来，因地制宜地发展节能型墙体材料。

2.6.1　植物纤维墙体材料

植物纤维墙体材料是由秸秆、谷糠、锯末等植物纤维添加其他原料经特殊工艺合成的轻体、高强、防火、防水、保温、隔音的新型墙体材料。现已推出系列产品，包括植物纤维外墙保温板、植物纤维内墙隔板、植物纤维防火保温屋面板和植物纤维大跨度楼板等。由于其资源循环利用、利废再生、环保节能、廉价高效和工厂化生产、干式拼装施工、规模化建设等特点，将在大力提倡“生态环境型建筑”和“环保节能”型建筑的今天，获得广泛的发展空间。

1. 植物纤维墙体材料的特点及来源

植物纤维墙体材料是以植物纤维为原材料的一种新型节能建筑材料。其特点主要表现在以下几个方面：

（1）绿色环保。植物纤维墙体材料为农林废弃的秸秆（玉米秸秆、稻草、麦秸、谷糠、锯末等）配以储量广大的几种石性矿粉化合而成。利用农林废弃物生产建材，在很大程度上解决了广大农村收割季节大量焚烧秸秆引起的严重空气污染问题。

（2）节能利废，可实行清洁化施工。工地施工是干式施工，施工现场避免了泥水砂浆、灰土尘埃的污染，根本上解决了施工现场的全工期、大面积的污染问题；同时由于在施工中不使用大型机械，基本上消除了施工机械的噪音污染，而且用电、用水很少，节能效果突出。以六层四单元砖混住宅楼为例，普通施工完成需要水 4 万 t 以上，用电 50 万 kW · h 以上，而植物纤维建筑只需 6000kW · h 电和 100t 水即可。

（3）节约土地。既不毁地（田）取土做原料，又可增加建筑物的使用年限。

（4）可再生利用。产品达到其使用寿命后，拆除的建筑废弃物可打碎后再利用而不污染环境。

植物纤维来源广泛，可分为棉纤维、麻纤维、棕纤维、木纤维、竹纤维、草纤维。而用于墙体材料的植物纤维主要来源于木材、竹材和谷壳、秸秆、棉秆、高粱秆、甘蔗渣、玉米芯、花生壳等农作物废弃物。目前，利用农业废弃物生产的主要墙体材料包括麦秸均质板（图 2-24）、纸面草板、植物纤维水泥板、麦秸人造板和秸秆镁质水泥轻质板等。

图 2-24 麦秸均质板

2. 植物纤维墙体材料的发展现状

（1）国内植物纤维墙体材料的发展现状。与国外相比，我国对植物纤维墙体材料的研究起步较晚。20 世纪 80 年代，利用蔗渣制造硬质纤维板、刨花板的工厂体系在我国南方逐步出现。随着我国建筑业的革新与进步以及建筑节能工作的深入开展，环保利废型墙体材料的生产和应用出现了快速增长的良好局面。以麦秸、稻秸、棉秆等非木质材料作为原料生产制造墙体材料的技术与工艺已成为国内多所科研院校致力研究的项目。其间制造出的刨花板和中纤板的物理力学性能可以达到国家有关人造板的标准技术指标。我国广西、广东和福建地区也是植物纤维的盛产地，许多学者就植物纤维增强水泥基复合材料的开发进行了探索。章希胜等研制开发了价格低廉、防渗防漏、性能优异的植物纤维水泥复合板，取得了良好的经济效益。针对内含钢渣的植物纤维增强水泥基复合材料，李国忠等探讨了其基体结构和界面状况对材料性能的影响。近年来，随着建材产品结构合理化以及先进生产技术的传入与发展，国内涌现出大批生产秸秆板材的厂家，其产品市场逐步由国内拓展到海外。

（2）国外植物纤维墙体材料的发展现状。国外植物纤维墙体材料的发展由来已久，草砖建房技术在北美已有百年历史。早在 20 世纪初就出现了利用秸秆加工生产人造板材的技术；1920 年美国路易安那州建立了蔗渣制板厂；英国 Compak 设备公司最早开始研究采用麦秸和稻草作为板材原料，经过 10 年努力，成功制造出性能高于木质刨花板的 Com-pak 板；波兰天然纤维研究所利用亚麻、黄麻和大麻的下脚料、甘蔗渣、芦苇秆、棉秆、香草根、油莱秆、麦秸等外加锯末为原料，制造出高质量的人造板。目前，全球已有20余个国家开办了以农作物为原料的人造板生产厂家，美国和加拿大超过50%。其中，美国PRIML BOARD公司，加拿大ISOBORD公司生产线年产量均在10万和20万m^3以上；美国的麦秸板全年产量约为1600万m^3。

由于保护森林资源和维护生态平衡的需要，各国开始致力于开发非木材植物纤维建筑材料。自20世纪80年代以来，利用非木质植物纤维增强水泥基材料的研究和利用成为不少发展中国家致力研发的热点。由于作为水泥基增强材料的天然植物纤维，使用较多的是只经过粗加工或未加工的原料，如稻草、芦苇、棕榈叶、竹子等，因此发展中国家从经济的角度考虑，特别注意开发这方面的资源，主要研究本国盛产的植物纤维。印度政府于1993年4月实施了一项禁止将实木用于建筑的法律，旨在推广以农业废弃物，如棉花秆、甘蔗渣、豆秸和稻秸为原料的廉价的建房材料。埃及盛产棕榈树，20世纪90年代中期，埃及科学家选择以资源丰富的棕榈叶为研究对象，进行了棕榈树叶纤维增强混凝土材料的研究，通过试验得出，棕榈树叶纤维混凝土材料的实用可行性，并且发现由于棕榈树叶独特的内部结构，经过水泥溶液浸泡，其纤维变得更加稠密，使得经过水泥溶液浸泡的棕榈树叶纤维增强混凝土的抗拉强度比未经水泥溶液浸泡的抗拉强度高。

3. 植物纤维类板材

（1）稻草（麦秸）板。稻草（麦秸）板生产的主要原料是稻草或麦秸、板纸和脲醛树脂胶料等。其生产方法是将干燥的稻草或麦秸热压成密实的板芯，在板芯两面及四个侧边用胶贴上一层完整的面纸，经加热固化而成。板芯内不加任何胶粘剂，只利用稻草或麦秸之间的缠绞拧编与压合而形成密实并有相当刚度的板材。其生产工艺简单，生产能耗低，仅为纸面石膏板生产能耗的1/3～1/4。

稻草（麦秸）板质轻，保温隔热性能好，隔音好，具有足够的强度和刚度，可以单板使用而不需要龙骨支撑，且便于锯、钉、打孔、粘结和油漆，施工很便捷。其缺点是耐水性差、可燃。稻草（麦秸）板适于用作非承重的内隔墙、天花板、厂房望板及复合外墙的内壁板。

（2）稻壳板。稻壳板是以稻壳与合成树脂为原料，经配料、混合、铺装、热压而成的中密度平板，表面可涂刷酚醛清漆或用薄木贴面加以装饰。稻壳板可作为内隔墙及室内各种隔断板、壁橱（柜）隔板等。

（3）蔗渣板。蔗渣板是以甘蔗渣为原料，经加工、混合、铺装、热压成形而成的平板。该板生产时可不用胶而利用蔗渣本身含有的物质热压时转化成呋喃系树脂而起胶结作用，也可用合成树脂胶结成有胶蔗渣板。

蔗渣板具有质轻、吸声、易加工（可钉、锯、刨、钻）和可装饰等特点。可用作内隔墙、天花板、门心板、室内隔断板和装饰板等。

2.6.2 相变储能墙体材料

相变储能材料（Phase Change Materials，PCMs）是在发生相变的过程中，可以吸收环境的热（冷）量，并在需要时向环境释放出热（冷）量，从而达到控制周围环境温度的目的，由于相变物质在其物相变化过程（熔化或凝固）中，可以从环境吸收或放出大量热量，同时保持温度不变，可以多次重复使用等优点，将其应用于建筑节能领域不但可以提高墙体的保温能力，节省采暖能耗，而且可以减小墙体自重，使墙体变薄，增加房屋的有效使用面积，因此可以说，相变储能技术是实现建筑节能的重要途径。相变储能建筑材料是通过向传统建筑材料中加入相变材料制成的具有较高热容的轻质建筑材料，具有较大的潜热储存能力。通过用相变储能建筑材料构筑的建筑围护结构，可以降低室内温度波动，提高舒适度，使建筑供暖或空调不用或者少用能量，提高能源利用效率，并降低能源的运行费用。因而具有广阔的应用前景。

相变储能材料根据其相变形式、相变过程可以分为固－固相变、固－液相变、固－气相变和液－气相变材料；由于后两种相变方式在相变过程中伴随有大量气体的存在，使材料体积变化较大，因此，尽管它们有很大的相变焓，但在实际应用中很少被选用。因此，固－固相变材料和固－液相变材料被看做是重点研究的对象。按照相变温度，相变材料大致分为高温、常温和低温相变材料。按照其化学成分，相变材料可分为无机相变材料、有机相变材料（包括高分子类）和复合相变材料，各自优缺点见表 2-59。

表 2-59　　不同种类的 PCMs 的优缺点

项目	优　点	缺　点
有机相变材料	① 适应温度范围广；② 固化时没有明显过冷现象；③ 结晶速率高；④ 与传统结构材料兼容性好；⑤ 化学性能稳定；⑥ 安全无毒，无腐蚀；⑦ 循环利用性能强；⑧ 熔解热高	① 固态时导热性能较低；② 单位体积储热能力差；③ 容易燃烧；④ 和无机相变材料相比成本较高
无机相变材料	① 单位体积储热能力强；② 成本低廉，易于获取；③ 导热系数高；④ 熔解热比较高；⑤ 不易燃烧；⑥ 有明确熔点	① 过冷是固－液相变中的主要问题；② 有析出现象；③ 体积变化较大
复合相变材料	① 与纯物质相似，也有明显的熔点；② 储热能力略高于有机混合物	研究开发不多，能够使用的这种材料有限

相变储能墙板根据不同的建材基体可以将其分为三类：一是以石膏板为基材的相变储能石膏板，主要用作外墙的内壁材料；二是以混凝土材料为基材的相变储能混凝土，主要用作外墙材料；三是用保温隔热材料为基材，来制备高效节能型建筑保温隔热材料。相变储能墙板不改变传统建筑材料原有的作为建筑结构材料而承受荷载的功能，而同时具有较大的蓄热（冷）能力。它能够吸收和释放热（冷）能，能用标准生产设备生产，在经济效益上具有竞争性。

采用了相变储能墙体的房间，在夏天，当白天室内温度高于相变温度时，相变储能墙体中的 PCM 发生相变，融化，吸收室内多余的热量，从而降低了房间空调冷负荷，相应地也减少了空调系统的初期投资和运行维护费用：当夜间温度下降到相变温度以下时，PCM 发生相变，相交储能墙体将白天诸存的热量释放出来。由于采用了相变材料，使得围护结构的热惰性增大，因此提高了室内环境的热舒适性；还可以充分利用自然能源（太阳能和夜间冷风），实现空调和采暖负荷的“削峰填谷”，降低空调和采暖设备的开启频率，实现真正意义的建筑节能。

习 题

1. 新型的墙体材料主要有哪些，各起什么作用？
2. 与传统的烧结黏土砖相比，新型砌墙砖有哪些优势？
3. 简述加气混凝土的凝结硬化原理。
4. 轻质隔墙板有哪些主要用途？
5. 轻质隔墙板主要技术性能有哪些？
6. 复合墙体有哪些特点？
7. 复合墙体主要由哪几类材料组成，各起什么作用？

第 3 章
Chapter 3

新 型 建 筑 涂 料

【本章知识构架】

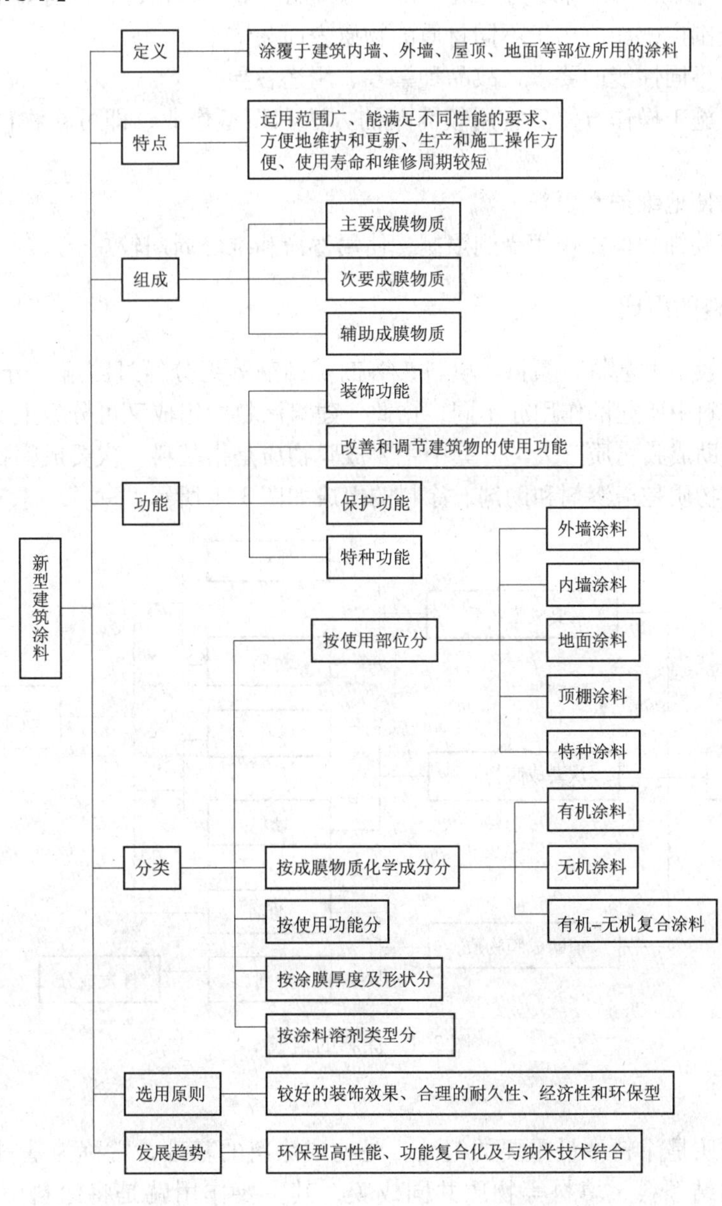

3.1 概述

涂料是指能均匀涂敷于物体表面，在一定条件下能与物体表面粘结在一起形成连续性涂膜，从而对物体起到装饰、保护或使物体具有某种特殊功能的材料。

早期的涂料以天然油脂和天然树脂为主要原料，故被称为油漆。现在广泛采用各种高分子合成树脂作为涂料的原料，而且油漆产品的品种和性能都发生了根本的变化。因此，习惯将以天然油脂、树脂为主要原料经合成树脂改性的涂料称为油漆，将以合成树脂为主要原料的称为涂料。

建筑涂料是提供建筑物装修用的涂料之总称。一般来讲，涂覆于建筑内墙、外墙、屋顶、地面等部位所用的涂料称之为建筑涂料。与其他装饰材料相比，具有如下特点：

（1）适用范围广，能应用于不同材质的物质表面装饰。

（2）能满足不同性能的要求，故品种繁多、用途各异。

（3）生产、施工操作方便。宜用较简单的方法和设备作业，即可在物件表面得到较为理想的涂膜。

（4）能很方便地维护和更新。

（5）但涂膜装饰和保护作用受到限制，使用寿命和维修周期较短。

3.1.1 建筑涂料的组成

建筑涂料一般是由基料、颜料、填料、溶剂及助剂等组分经过溶解、分散、混合而成。组分不同，在涂料中所起的作用亦不同，据此，建筑涂料的组成又可分为主要成膜物质、次要成膜物质及辅助成膜物质三大类。其中主要成膜物质是指基料，次要成膜物质是指颜料和填料，辅助成膜物质是指溶剂和助剂。涂料的组成如图 3-1 所示。

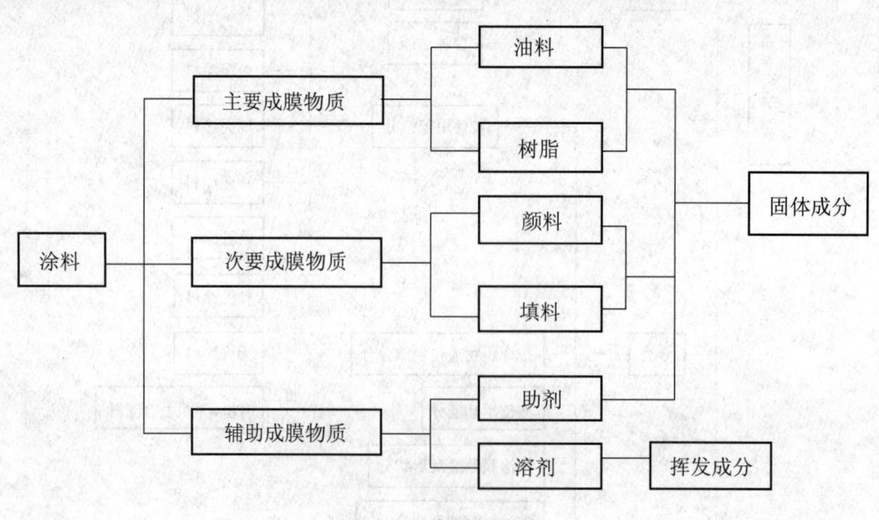

图 3-1　涂料的组成

1. 主要成膜物质

主要成膜物质是涂料中最重要的组分，是构成涂料的基础，常称为基料。它可以单独成膜，也可以粘结颜料、填料等物质共同成膜，其主要作用就是将涂料中的其他组分粘结成一整体，并牢固地附着在被涂基层表面上形成连续、均匀、坚韧的涂膜，所以又称胶粘剂。

主要成膜物质的性质决定了建筑涂料涂膜的各种性能及固化特性，其应具有良好的耐水性、耐碱性、耐老化性等特点，并易于在常温下固化成膜。同时，作为基料的物质，用量很大，也必须资源丰富、价格低廉。

建筑涂料的成膜物质很多，大致可分为油料和树脂两类。

（1）油料类。油料是涂料工业中使用最早的成膜物质，是制造油性涂料和油基涂料的主要原料，但并非各种涂料中都含有油料。常用的油料有鱼油、牛油、桐油、梓油、豆油、亚麻仁油、蓖麻油、棉籽油等。

（2）树脂类。单用油料虽可制成涂料，但这种涂料形成的涂膜在硬度、光泽、耐水、耐酸碱等方面的性能往往不能满足现代科学技术的要求。因此，在现代建筑涂料中，作为涂料的主要成膜物质大量采用性能优异的树脂。

涂料用的树脂有天然树脂、人造树脂和合成树脂三类。天然树脂主要为松香、虫胶、沥青等；人造树脂是由天然高分子化合物经加工而制得，如松香甘油酯（酯胶）、硝化纤维等；合成树脂是由单体经聚合或缩聚而制得，如过氯乙烯树脂、环氧树脂、酚醛树脂、醇酸树脂、丙烯酸树脂等。利用合成树脂制得的涂料性能优异，涂膜光泽好，是现代涂料工业生产中产量最大、品种最多、应用最广的涂料。

2. 次要成膜物质

颜料和填料也是构成涂膜的一个重要组成部分，分散在涂料中能赋予涂料某些性质（包括颜色、遮盖力、耐久性、力学强度以及对金属底材的防腐性等），但不能离开主要成膜物质单独构成涂膜，所以称为次要成膜物质。

在涂料生产中，颜料又称着色颜料，主要作用是使涂膜具有一定的遮盖力和所需的各种色彩、色调。填料又称体质颜料，不溶于胶粘剂和溶剂，主要作用是填充在涂膜中降低成本，或能改善某些性能，如增加涂膜物厚度，使涂料易于涂刷，具有悬浮作用，减缓颜料沉降结块，提高涂膜的耐久性、耐热性和表面硬度，减少涂膜裂缝等，同时还能增强涂层的机械强度，从而有助于提高涂层的耐老化性、耐候性和耐大气侵蚀的能力。

颜料可分为无机颜料和有机颜料两类，在涂料配方中，主要使用无机颜料，而有机颜料多用于装饰性涂料。常见的无机颜料有铅铬黄、氧化铁红、铁氰化铁钾（俗称铁蓝）、铬绿、炭黑、二氧化钛（俗称钛白粉）、锌钡白（俗称立德粉）。与无机颜料相比，有机颜料的颜色齐全，色泽鲜艳，着色力较强，但遮盖力较差。常用的有机颜料有耐晒黄、联苯胺黄、颜料绿 B、酞氰蓝、甲苯胺红、芳酰胺红等。

填料可分为粉料和粒料两大类。其中，粉料是由天然石材经加工磨细或人工制造而成的微细粉末。常用的品种有滑石粉、硫酸钡、重质碳酸钙、轻质碳酸钙、石膏、重晶石粉、石英粉、云母粉、瓷土（高岭土）、石棉粉、硅藻土、碳酸镁、氧化镁、氢氧化铝等。粒料是天然彩色石材破碎或经人工焙烧而成的粒径在 2mm 以下的填料，本身带有不同的颜色，又称彩砂。

3. 辅助成膜物质

辅助成膜物质不能构成涂膜或不是构成涂膜的主体，但对涂膜的成膜过程有很大影响，或对涂膜的性能起一些辅助作用。辅助成膜物质主要包括溶剂和助剂两大类。

（1）溶剂。溶剂是溶解主要成膜物质或分散涂料组分的分散介质，因此也称稀释剂。在建筑涂料中的主要作用：一是将成膜物质溶解或分散为流态，调节涂料黏度和固体含量，从而便于制备和施工；二是当涂料涂刷在基层表面后，依靠溶剂的蒸发，涂膜逐渐干燥硬化，形成均匀连续性的固态涂膜。由于溶剂最后都不存在于涂膜之中，但却对涂料的成膜过程起关键性的作用，所以溶剂是辅助成膜物质。

溶剂的选用，除了应根据不同的成膜物质选择不同的溶剂品种外，还要求溶剂对成膜物质的溶解能力强、毒性小、闪点低、挥发速度适宜。

常用的溶剂包括水和有机溶剂。水和溶剂是分散介质，主要作用在于使各种原材料分散而形成均匀的黏稠液体，同时可调整涂料的黏度，便于涂布施工，有利于改善涂膜的某些性能。另外，涂料在成膜过程中，依靠水或溶剂的蒸发，使涂料逐渐干燥硬化，最后形成连续均匀的涂膜。水或溶剂都不存留在涂膜之中，因此，有些研究者也将水或溶剂称为辅助成膜物质。目前，建筑涂料以水性涂料为主，而以有机溶剂为分散介质的溶剂型涂料具有许多水性涂料不具备的独特性能；主要的有机溶剂品种有以烷烃为主的脂肪烃混合物、芳香族烃类、醇类、酯类、酮类、氯化烃等。

（2）助剂。有了成膜物质、颜填料和溶剂，就构成了涂料，但为了改善涂料性能，常使用一些辅助材料，称为助剂。其作用是改善涂料及涂膜的某些性能，用量很小，但对涂料性能影响大。因此，随着涂料工业的发展，辅助材料的种类日趋繁多，地位也越来越重要。生产中一般根据涂料的性能要求来选择助剂。

常用的助剂主要有以下几种：① 对涂料生产过程发生作用的助剂，如消泡剂、润湿剂、分散剂、乳化剂等；② 对涂料储存过程发生作用的助剂，如防橘皮剂、防沉淀剂等；③ 对涂料施工成膜过程发生作用的助剂，如催干剂、固化剂、流平剂、防流挂剂等；④ 对涂料性能发生作用的助剂，如增塑剂、防霉剂、阻燃剂、防静电剂、紫外线吸收剂等。

3.1.2 建筑涂料的生产工艺

建筑涂料的生产工艺主要包括基料制备，颜料、填料的研磨与分散，涂料配制，过滤，称量及包装五个过程，如图3-2所示。

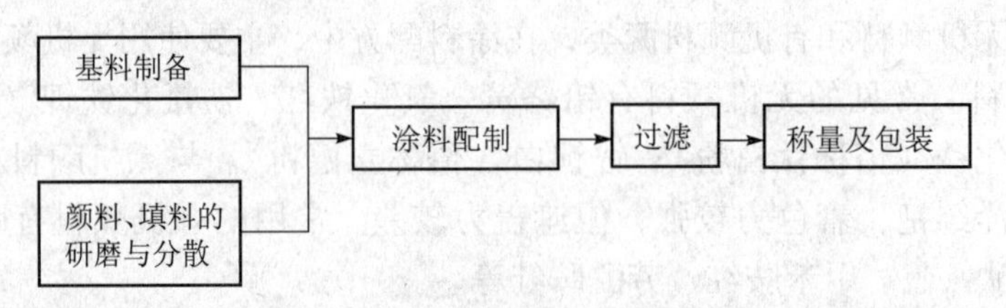

图3-2 建筑涂料生产工艺示意图

1. 基料制备过程

根据采用的原料不同，基料制备的方法有以下几种：

（1）固体物料溶解成溶液。固体物料溶解成溶液是指将合成树脂溶解在有机溶剂或水中，配成溶液。溶剂型涂料基料的溶解多采用这种方法。例如，丙烯酸树脂溶解于二甲苯或醋酸丁酯中形成溶液，可进一步配制涂料；聚乙烯醇树脂可以在热水中溶解成聚乙烯醇水溶液，再配制涂料。

（2）合成树脂溶液。合成树脂溶液是指将某些单体通过溶液聚合的方法制成树脂溶液。例如，将甲基丙烯酸甲酯、丙烯酸丁酯、苯乙烯等单体在二甲苯溶剂中通过溶液聚合，制成苯－丙树脂溶液，用来配制苯－丙树脂溶剂型外墙涂料。

（3）合成树脂乳液。合成树脂乳液是指由某些单体通过乳液聚合的方法制成树脂乳液。例如，醋酸乙烯、丙烯酸丁酯等单体通过乳液聚合制得乙－丙共聚乳液，可作为乙－丙乳胶漆的主要基料。

（4）高分子树脂溶液的改性。高分子树脂溶液的改性是指将某些高分子树脂溶解后，进行化学改性反应制得水活性高分子溶液。例如，聚乙烯醇在热水中溶解后，加入甲醛进行缩醛，制得的聚乙烯醇甲醛水溶液，可用作内墙涂料的基料。

上述的溶解过程或者是化学反应过程，通常都可以在不锈钢反应釜或搪瓷反应釜内完成。按生产规模的大小，可选用50L、100L、200L等不同规格的反应釜。

2. 颜料、填料等固体物料的分散、研磨

颜料、填料等固体物料应先经研磨或分散制成色浆才能配制涂料。按照不同的要求，可以选用砂磨机、三辊磨机、球磨机、高速分散机、胶体磨机等设备来进行研磨与分散，使颜料和填料分散到符合一定的要求。

3. 配制涂料

配制涂料就是把基料、色浆及其他辅助成分按配方制成均匀的涂料的过程。此过程一般在带有不同搅拌速度的调和设备中完成。

4. 涂料过滤

涂料过滤就是除去涂料中的粗粒及其他杂质的过程。此过程可以使用不同规格的筛网来完成。

5. 产品称量与包装

过滤后的涂料经检验合格后，即可进行称量与包装。但要注意，不同的涂料，应采用不同的容器进行包装。

大多数建筑涂料是按上述过程进行生产的，但少数建筑涂料的生产过程有所不同，如聚乙烯醇系内墙涂料的生产，通常是将基料、颜料、体质颜料及助剂按配方称量后，经搅拌直接进入砂磨机研磨成内墙涂料；而过氯乙烯地面涂料的生产，由树脂、填料、颜料、助剂经双辊炼胶机轧片、切片，溶解而成涂料的。

3.1.3　建筑涂料的功能

装饰功能、保护功能、特种功能、改善和调节建筑物的使用功能是建筑涂料的四大功能。

1. 装饰功能

装饰功能主要是指建筑涂料所形成的涂层能装饰、美化建筑物，也即通过改变建筑涂料的颜色、花纹、光泽、质感等，来提高建筑物的美观价值的功能。涂料的装饰功能包括平面（色彩、花纹图案和光泽）和立体（立体花纹的设计构思）两个不同质感的装饰。室内装饰和室外装饰的内容基本上是相同的，但要求的标准不一样，通常，室外涂饰要求富有立体感的花纹和光泽，室内则采用比较平和柔软的花纹或色彩，使建筑物的可视面得到美化。通常装饰功能绝不会单独发挥作用，在外墙涂饰时需要与建筑物本身的造型和周围环境相匹配，在室内涂饰时要与室内空间的大小、形状、使用部位和材质相协调，这样才能充分发挥涂料的装饰效果。

2. 保护功能

保护功能主要是指建筑涂料保护建筑物不受环境影响的功能。建筑物暴露在大气中，受到阳光、雨水、冷热及风雪和其他介质的作用，表层发生风化、生锈、腐蚀、剥落等破坏现象。建筑涂料通过刷涂、滚涂或喷涂等施工方法在建筑表面形成连续的涂膜，产生抵抗气候影响、化学侵蚀及污染等功能，阻止或延缓这些破坏现象的发生和发展，起到保护建筑物，延长使用周期的作用。

3. 特种功能

特种功能主要是指合理利用特殊涂料的性能来满足建筑物的特殊要求的功能。如防霉涂料能够抑制霉菌的生长具有良好的防霉功能；吸声涂料具有吸收外界噪声的吸声功能；防水涂料具有阻止水透过涂料的防水性能；发光涂料中含有荧光物质，能在晚上发光起标示作用，防火材料具有防火、阻燃、隔热的功能。此外，有的涂料在表面含有毒性物质，能够作为杀死某些昆虫的杀虫涂料；能够防止辐射线的侵入，具有防辐射功能的防辐射涂料；具有保湿性能的防结露涂料；具有能够反射热量，防止热量损失功能的隔热、保温涂料，具有能够消除静电作用的防静电涂料等众多的特殊涂料。

4. 改善和调节建筑物的使用功能

利用建筑涂料的各种特点和不同施工方法，可以改善和调节建筑物的使用功能。例如，提高室内空间的自然亮度，起到吸声和隔声的效果以及保持其环境清洁等功能，从而给人们创造出生活和学习的气氛，并给人以美的感受。

3.1.4 建筑涂料的分类

建筑涂料品种繁多，为了便于掌握各种涂料的特征，需要进行分类。由于分类的依据不同，因此有多种分类方法。在此，主要介绍几种常用分类方法。

1. 按建筑物的使用部位分类

按建筑物的使用部位，可将建筑涂料分为外墙涂料、内墙涂料、地面涂料、顶棚涂料及特种涂料等。根据它们涂刷于建筑物的部位不同，对涂料性能的要求，亦各有不同的侧重。

外墙涂料种类繁多，根据主要成膜物质的化学成分大致分为三大类：溶剂型涂料、乳液型涂料和无机硅酸盐涂料，如图3-3所示。

其中，溶剂型外墙涂料是以合成树脂为基料，加入颜料、填料、有机溶剂等经混合、搅拌溶解、研磨而配制成的一种外墙涂料。涂刷在外墙面以后，成膜物质与其他不挥发组分共同形成均匀连续的薄膜，即涂层（或涂膜）。这种涂料由于涂膜较紧密，通常具有较好的硬度、光泽、耐水性、耐酸碱性和良好的耐候性、耐污染性等优点。但其组分内含有机溶剂，挥发污染环境，而且涂层膜透气性差，又有疏水性，如在潮湿基层上施工，容易产生起皮、脱落；再者，价格一般较乳胶涂料贵。故其用量相对于乳液型外墙涂料较低。

乳液型外墙涂料是以高分子合成树脂乳液为基料，加入颜料、填料及各种助剂经研磨而成的水乳型外墙涂料。按乳液制造方法不同可以分为两类，一类是由单体通过乳液聚合工艺直接合成的乳液；另一类是由高分子合成树脂通过乳化方法制成的乳液。这类涂料的主要优点是以水为分散介质，涂料中无易燃的有机溶剂，因而不会污染周围环境，不易发生火灾，对人体的毒性小；施工方便，可以刷涂，可以滚涂；透气性好，涂料中又含有大量水分，因

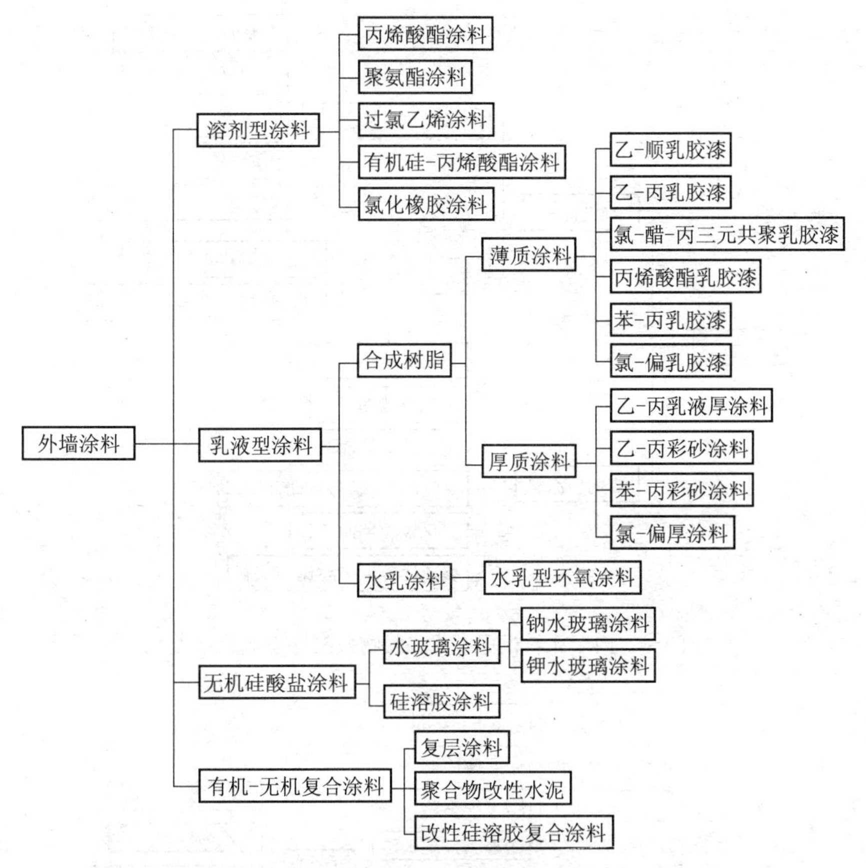

图 3-3　外墙涂料根据主要成膜物质的化学成分分类

而可以在潮湿的基层上施工。但存在的主要问题是在太低的温度下不能形成优质的涂膜，固不宜冬季施工；而且乳液型涂料的光泽、流平性、附着力等性能尚不及溶剂型涂料。

无机外墙涂料是以无机硅酸盐为主要成膜物质或者以无机硅溶胶为主要成膜物质制成的涂料，适合作为建筑物的外墙装饰。无机类建筑涂料施工技术简单、施工方便、速度快，并具有如下特性：① 资源丰富；② 无污染，以水为分散介质，不使用有害物质；③ 不燃或难燃，可耐 800℃左右高温；④ 表面硬度大，耐磨；⑤ 耐擦洗、耐溶剂、耐油性强；⑥ 涂膜抗污染性好；⑦ 耐候性（耐紫外线性）优异。

内墙涂料大致可分为两大类：溶剂型涂料和水性涂料，水性涂料又可分为合成树脂乳胶涂料和水溶涂料，如图 3-4 所示。

地面涂料种类繁多，常用的地面涂料有过氯乙烯、苯乙烯等地面涂料。这些涂料是以树脂为基料，掺加增塑剂、稳定剂、颜料或填充料等经加工配制而成。涂料适用于新、老水泥地面的涂刷。涂刷后，干燥快，光滑美观，不起尘土，易于洗刷。如用环氧聚酯、聚氨酯等树脂为基料，掺加颜料、填充料、稀释剂及其他助剂，可加工配制成一种厚质的地面涂料，用涂刮施工方法，作为涂布无缝地面。这种地面的整体性强，耐磨，耐久。在此，根据所涂膜基体材料可分为三大类：木地板涂料、塑料地板涂料和水泥砂浆地面涂料，如图 3-5 所示。

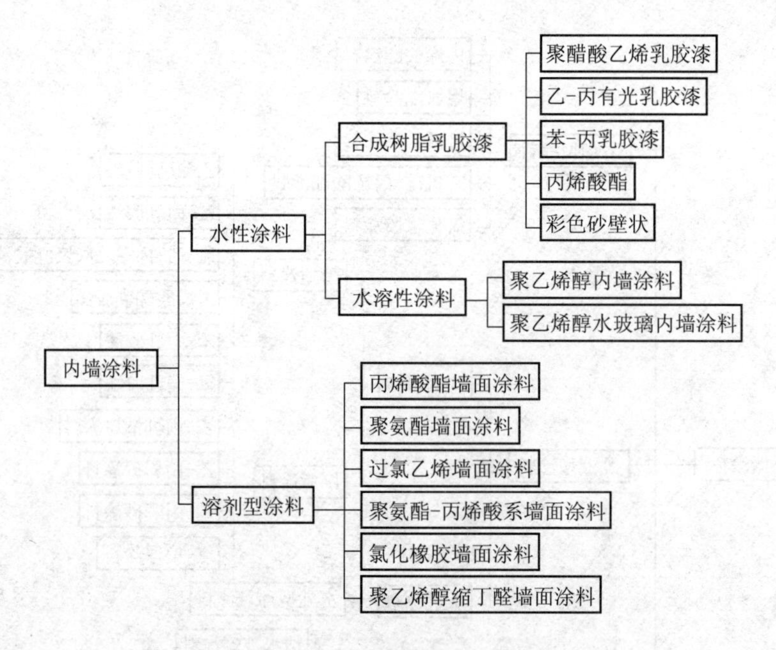

图3-4　内墙涂料根据主要成膜物质的化学成分分类

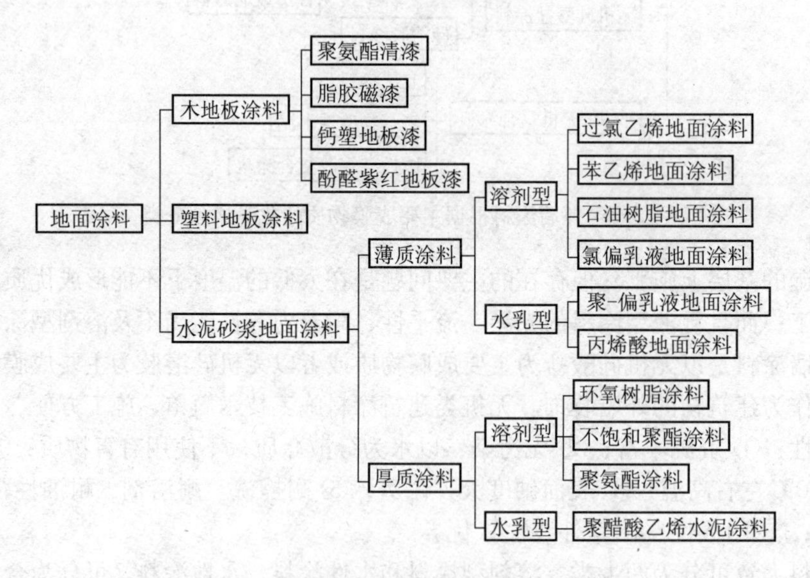

图3-5　地面涂料根据所涂膜基体材料分类

2. 按主要成膜物质的化学成分分类

按主要成膜物质的化学成分，可将建筑涂料分为有机涂料、无机涂料及有机－无机复合涂料三大类。

3. 按照主要成膜物质分类

按照主要成膜物质分类，可将涂料分为聚乙烯醇系建筑涂料、丙烯酸系建筑涂料、氯化橡胶外墙涂料、聚氯酯建筑涂料和水玻璃及硅溶胶建筑涂料等。

4. 按使用功能分类

按使用功能分类，可将涂料分为防火涂料、防水涂料、防腐涂料、防霉涂料、防结露涂料、杀虫涂料、抗静电涂料、保温隔热涂料、吸声隔声涂料、弹性涂料、耐温涂料、防锈涂料、耐酸碱涂料等。

此外，建筑涂料按涂膜厚度及形状可分为薄质、厚质、平壁状、砂粒状和凹凸立体花纹涂料（即复层涂料）；按涂料溶剂类型可分为溶剂型涂料、水性涂料、乳液涂料及粉末型涂料等。

3.1.5　建筑涂料的主要技术指标

主要根据涂料的类型、品种和用途不同，从涂料、施工及涂膜三个方面考虑建筑涂料应具备的性能，其相应的技术指标也可大致分为如下三类：

1. 涂料性能的技术指标

（1）容器中状态。容器中状态是指新打开容器盖的原装涂料所呈现的性状。如是否存在结皮、分层、沉底、结块、凝胶等现象以及经搅拌后是否能混合成均匀状态，它是最直观的判断涂料外观质量的方法。在我国建筑涂料标准中，几乎都以“经搅拌后呈均匀状态，无结块”为合格，该项技术指标反映了涂料的表观性能，即开罐效果。

（2）固体含量。固体含量是指涂料中所含不挥发物质占涂料总量的百分数。其包括两部分，一部分是成膜物质的量；另一部分是颜料与填料的量。固体含量的大小对成膜质量、遮盖力、施工性、成本造价等均有较大影响。

（3）储存稳定性。储存稳定性指涂料产品在正常的包装状态及储存条件下，经过一定的储存期限后，产品的物理及化学性能仍能达到原规定的使用性能。它包括常温储存稳定性、热储存稳定性、低温储存稳定性等。由于涂料在生产后需要有一定时间的周转，因此不可避免地会有增稠、变粗、沉淀等现象产生，若这些变化超过容许限度，就会影响成膜性能，甚至涂料开罐后就不能使用，造成损失。

（4）细度。细度指涂料中颜料、填料的颗粒大小，反映了涂料的分散程度。该项技术指标是涂料生产中研磨色浆的内控指标，其大小影响涂膜的平整性、光泽及耐久性。

（5）黏度。黏度是液体对于流动所具有的内部阻力。它对涂料的储存稳定性、施工应用等有很大的影响。涂料施工时，适当的黏度使涂料在涂装作业中易于流平而不流挂；黏度过高，会使施工困难，涂膜流平性差；黏度过低，会造成流挂及涂膜较薄遮盖力差等弊病。

2. 涂料施工性能的技术指标

（1）施工性。施工性是指涂料施工的难易程度。用于检查涂料施工是否产生流挂、油缩、拉丝、涂刷困难等现象。涂料的装饰效果是通过滚涂、刷涂、喷涂或其他工艺手法来实现的，是否容易施工是涂料能否应用的关键。

（2）流平性。流平性是指施涂的湿涂膜能够流动而消除涂痕，并且在干燥后能得到均匀平整的涂膜的程度。

（3）重涂性。重涂性是指用一种涂料进行多次涂覆的难易程度与效果。

（4）干燥时间。涂料从流体层到全部形成固体涂膜这段时间称干燥时间，分为表干时间及实干时间。前者是指在规定的干燥条件下，一定厚度的湿涂膜，表面从液态变为固态，但其下仍为液态所需要的时间；后者是指在规定的干燥条件下，从施涂好的一定厚度的液态涂膜至形成固态涂膜所需要的时间。

3. 涂料涂膜性能的技术指标

（1）遮盖力和对比率。遮盖力是涂膜遮盖底材的能力。通常用能使规定的黑白格遮盖所需的涂料质量表示，质量越大遮盖力越好。遮盖力的大小与涂料中的颜料的着色力及含量有关。

对比率指施涂于规定反射率的黑色和白色底材上的同一涂膜反射率之比。

（2）涂膜颜色及外观。涂膜颜色及外观是检查涂膜外观质量的指标。涂膜与标准样板相比较，观察其是否符合色差范围、外观是否平整等。

（3）附着力。附着力是涂膜与基层的粘结力。该项技术指标表明涂料对基材的粘结程度，对涂料的耐久性有较大影响。

（4）抗冲击性。抗冲击性表示涂膜在重锤冲击下发生快速变形而不出现开裂或从金属底材上脱落的能力。

（5）打磨性。打磨性是涂膜经打磨材料打磨后，产生平滑无光表面的性能。

（6）耐水性。耐水性是指涂膜对水作用的抵抗能力，即在规定的条件下，将涂料试板浸泡在蒸馏水中，观察其有无发白、失光、起泡、脱落等现象，以及恢复原状态的难易程度。该技术指标对于外墙建筑涂料尤为重要。

（7）耐热性。耐热性是指涂膜经规定温度作用保持性能的能力。

（8）耐碱性。耐碱性是指涂膜对碱侵蚀的抵抗能力，即在规定的条件下，将涂料试板浸泡在一定浓度的碱液中，观察其有无发白、失光、起泡、脱落等现象。建筑涂料适用的基材大多为碱性，要求涂膜具有一定的耐碱性。该技术指标对内外墙涂料都较重要。

（9）耐冻融性。耐冻融性是指涂层经受冷热交替的温度变化而保持原性能的能力。涂层经冻融循环后，观察涂层表面情况变化的指标，以涂层表面变化现象来表示，如粉化、起泡、开裂、剥落等。建筑物的外墙涂料饰面一般应经得起 5 ～ 10 年的考验，在此期间经受温度变化不得发生开裂、脱落等现象。

（10）耐洗刷性。耐洗刷性是指涂膜经受长期水冲刷而保持原性能的能力。内墙涂料饰面经过一定时间后，沾染灰尘、脏物、划痕等需用洗涤液或清水擦拭干净，使之恢复原来的面貌；外墙涂料饰面常年经受雨水的冲刷，涂层必须具备耐洗刷性。该技术指标对内外墙涂料都较重要。

（11）耐沾污性。耐沾污性是指涂膜抵抗大气环境灰尘等污染物的能力。建筑涂料的使用寿命包括两个方面：一是涂层耐久性，二是涂层装饰性。作为外墙建筑涂料，涂膜长期暴露在自然环境中，能否抵抗外来污染，保持外观清洁，对装饰作用来说是十分重要的。耐沾污性是外墙涂料不可缺少的重要技术指标。

（12）耐候性。耐候性是涂膜抵抗阳光、雨露、风霜等气候条件的破坏作用（失光、脱色、粉化、龟裂、长霉、脱落及底材腐蚀等）而保持原性能的能力，是外墙涂料最重要的技术指标。可用天然老化或人工加速老化技术指标来衡量徐膜的耐候性能。前者是涂膜暴露于户外自然条件下而逐渐发生的性能变化；后者是涂膜在人工老化试验机中暴露而逐渐发生的性能变化。提高涂料的耐候性是提高外墙涂料质量的关键。

（13）粘结强度。粘结强度是涂层单位面积所能经受的最大抗折荷载，即指涂层的粘结性能，常以 MPa 为单位。该项技术指标是砂壁状建筑涂料、复层涂料及室内用腻子等厚质涂层必须测定的重要指标，是厚质涂层对于基材粘结牢度的评定。

对于特殊功能的涂料，还有一些特殊的技术要求，如耐腐性、耐磨蚀性和耐燃性等。

3.1.6　建筑涂料的选择

建筑涂料的选择原则一般是较好的装饰效果、合理的耐久性、经济性和环保性。选用时需综合考虑，具体选用可参考以下几点：

1. 按建筑物的装饰部位选择

不同的装饰部位由于所处的环境不同，选择建筑涂料也就有不同的功能要求。例如，外部装饰主要有外墙、房檐及窗套等部位，由于这些部位长期受风吹、日晒、雨淋及气温变化等的不良影响，所用涂料必须有足够耐水、耐候性、耐沾污性和耐冻融性；内部装饰主要有内墙、顶棚、地面等部位，要求内墙涂料有较好的颜色、平整度、丰富度、硬度、耐擦洗性、透气性；地面涂料则要求有较好耐磨性、耐擦洗、抗冲击性和隔声性等性能。

2. 按不同的基层材料选择

一幢建筑物需采用多种结构材料和功能材料，如砖、水泥、砂浆、混凝土、木材、钢铁及塑料等，因此，选用涂料应考虑到被涂基层材料的特性。例如，涂于水泥混凝土面上的涂料要求其具有较好的耐碱性，并能有效地防止底材的碱析出到涂膜表面，引起“析碱”现象而影响装饰效果；对金属要求基层防锈，在涂装体系时先涂防锈底漆，然后再涂配套的面漆。

3. 按建筑物所处的地理位置和施工季节选择

建筑物所处的地理位置不同，其饰面承受的气候条件不同，选择建筑涂料也就有不同的要求。例如，炎热多雨的南方不仅要求涂料有较好的耐水性，还要有较好的防霉性，否则霉菌繁殖会很快导致涂料失去装饰效果；严寒的北方对涂料的耐冻融性有更高的要求；雨季施工应选择干燥迅速并具有较好初期耐水性的涂料；冬季施工，则应特别注意涂料的最低成膜温度，选择成膜温度低的涂料。

4. 按建筑标准和造价选择

对于高级建筑，可选用高档涂料，并采用三道成活的施工工艺，即有较好质感花纹的底层、凹凸层次的中间层以及较好耐水、耐污染等性能的面层，从而达到较好的装饰效果和耐久性。对于一般建筑可选用中档涂料，采用两道成活的施工工艺。对于农房等选用低档涂料。

3.1.7　建筑涂料的发展方向

建筑涂料直接关系到生存环境和人类健康，代表着人们的生活水平，随着现代工业和社会经济的发展，人类对建筑涂料的发展有更高的要求。专业人士指出建筑涂料应向着环保型高性能、功能复合化及与纳米技术结合等方向发展。

1. 发展低挥发性有机化合物（简称 VOC）环保型和低毒型的建筑涂料

建筑涂料的发展趋向环保型、低毒型。其技术发展方向主要包括开发推广水性涂料系列，开发环保型内墙乳胶漆，发展安全溶剂型聚氨酯木质装饰涂料，开发高固体组分涂料及粉末涂料。

2. 发展高性能外墙涂料生产技术，适应高层建筑外装饰的需求

所谓高性能主要是指“三高一低”，即高耐候性、高耐沾污性、高保色性和低毒性。高耐候性是外墙涂料，尤其是高层建筑外墙涂料的基本要求。一般而言，大楼的装修 8 ～ 10

年进行一次，显然，外墙涂料耐候性应该在 8 ～ 10 年以上，相当于国家标准 GB/T 9757—2001 规定的人工加速老化试验 1000h 以上。目前市场上大量使用的外墙乳胶漆不能满足上述要求，因而具有优良耐候性的中、高档外墙涂料将是新世纪外墙涂料市场的主要品种。高耐沾污性是外墙涂料的又一突出性能要求。我国大气污染较严重，空气中粉尘含量高，涂层表面容易积存尘埃，人均绿化面积较小。为提高涂料的装饰效果和使用寿命，提高涂料的耐沾污性是必需的。标准规定，高性能外墙涂料耐沾污性试验，白度损失率应不大于 15%。高保色性就是要长期保持其色泽的装饰效果，它要求涂料在正常使用寿命内无明显色差，其标准是人工加速老化 1000h 以后变色不大于 2 级。低毒性是保护环境和人们身体健康的要求。尽管外墙涂料在户外施工，但大面积施工所产生的有害挥发气体同样会污染周围环境，且直接影响施工人员的身体健康。因此，近年来，环保型涂料日益引起国内外涂料界的重视。为达到低毒性，采用水性涂料，或使用不含或少含（25% 以下）芳香烃的溶剂。

3. 发展建筑功能复合性涂料

功能复合性涂料不仅具有保护和装饰建筑物的功能，而且具有其他方面的特殊功能，已成为国际建筑涂料发展的重要方向。随着科学技术的发展以及人们对涂料的功能性认识的不断提高，功能涂料的市场将会被全面开拓。目前的品种主要有防水、防火、防潮、防霉、防腐、防碳化及保温涂料等，其中尤以防火涂料、防水涂料、防腐涂料及防碳化等系列最为重要，防火涂料分木结构和钢结构防火涂料两大类，但当前发展的重点是既有装饰效果又能达到一级防火要求的钢结构防火涂料；防腐涂料中重点是钢结构的防锈、防腐和高耐久性防护面层以及污水工程中混凝土及钢结构防腐材料，对钢筋混凝土构筑物则重点发展防碳化涂料，防止混凝土表层碳化、保护钢筋免遭锈蚀，以确保桥梁等构筑物的百年大计。

4. 加速研究纳米技术在建筑涂料中的应用

目前，国内传统的涂料普遍存在悬浮稳定性差、不耐老化、耐洗刷性差、光洁度不高等缺陷。虽然纳米材料在建材（特别是建筑涂料）方面的应用刚开始，却已经显示出了它的独特魅力。所谓纳米复合涂料，就是将纳米粉体用于涂料中所得到的一类具有耐老化、抗辐射、剥离强度高或具有某些特殊功能的涂料。

纳米是一种长度单位，即千分之一微米，为 3 ～ 4 个原子厚度。达到纳米级的材料结构，具有许多超常的优异性能。利用纳米高科技手段或纳米材料改进建筑材料，大大促进了建筑涂料发展。例如，某些纳米无机氧化物材料适当的添加到涂料中可大大地改善涂料的耐光性、保色性和稳定性；某些纳米材料对改善树脂乳液的性能非常有益；某些纳米材料本身就是极好的光触媒剂，可作为新型杀菌剂的载体，适当的工艺可使涂膜表面具有长效的杀菌功能等。其中纳米涂料的应用包括光学应用纳米涂料、吸波复合纳米涂料、纳米自洁抗菌涂料、纳米防水防火涂料、纳米导电涂料、纳米高力学性能涂料等。

3.2 外墙涂料

外墙涂料是指用于建筑物或构筑物外墙面装饰的建筑涂料，是建筑涂料家族中的重要一员。其主要功能是装饰和保护建筑物的外墙面，使建筑物外观整洁靓丽，与环境更加协调，从而达到美化城市的目的。同时起到保护建筑物，提高建筑物使用的安全性和延长其使用寿命的作用。外墙涂料要求装饰性好，具有良好的耐候性、耐水性和抗老化性，并且耐污染、易清洗。

目前，就世界涂料市场而言，外墙涂料年增长速度为7%，远高于涂料行业5%的平均增长速度。从区域角度讲，欧美等发达国家，建筑外墙采用高级涂料装饰的已经占了90%，日本高层建筑采用外墙涂料的约占80%，泰国外墙涂料装修也已占到其装饰装修市场总量的50%。与许多发达国家相比，我国的外墙涂料应用率极低，还达不到20%。但近几年，我国涂料增长速度加大，采用外墙涂料进行建筑装修也已经为越来越多的地方所接受，而且北京、上海、江苏等地方政府更明确规定高层建筑必须使用外墙涂料进行装修。

由于外墙涂料直接暴露在大自然，经受风、雨、日晒的侵袭，故要求涂料有耐水、保色、耐污染、耐老化以及良好的附着力，同时还具有抗冻融性好、成膜温度低的特点。

外墙涂料按照装饰质感分为以下四类：

（1）薄质外墙涂料。质感细腻、用料较省，也可用于内墙装饰，包括平面涂料、沙壁状、云母状涂料。

（2）复层花纹涂料。花纹呈凹凸状，富有立体感。

（3）彩砂涂料。用染色石英砂、瓷粒云母粉为主要原料，色彩新颖，晶莹绚丽。

（4）厚质涂料。可喷、可涂、可滚、可拉毛，也能作出不同质感花纹。

另外，外墙涂料要求具有一些良好的性能。

（1）装饰性好。要求外墙涂料色彩丰富且保色性优良，能较长时间保持原有的装饰性能。

（2）耐候性好。外墙涂料，因涂层暴露于大气中，要经受风吹、日晒、盐雾腐蚀、雨淋、冷热变化等作用，在这些外界自然环境的长期反复作用下，涂层易发生开裂、粉化、剥落、变色等现象，使涂层失去原有的装饰保护功能。因此，要求外墙在规定的使用年限内，涂层应不发生上述破坏现象。

（3）耐沾污性好。由于我国不同地区环境条件差异较大，对于一些重工业、矿业发达的城市，由于大气中灰尘及其他悬浮物质较多，会使易沾污涂层失去原有的装饰效果，从而影响建筑物外貌。因此，外墙涂料应具有较好的耐沾污性，使涂层不易被污染或污染后容易清洗掉。

（4）耐水性好。外墙涂料饰面暴露在大气中，会经常受到雨水的冲刷。因此，外墙涂料涂层应具有较好的耐水性。

（5）耐霉变性好。外墙涂料饰面在潮湿环境中易长霉。因此，要求涂膜抑制霉菌和藻类繁殖生长。

根据设计功能要求不同，对外墙涂料也提出了更高要求，如在各种外墙外保温系统涂层应用中，要求外墙涂层具有较好的弹性延伸率，以更好地适应由于基层的变形而出现面层开裂，对基层的细小裂缝具有遮盖作用；对于防铝塑板装饰效果的外墙涂料还应具有更好金属质感、超长的户外耐久性等。

由于水泥收缩或施工不当等原因，建筑外墙会产生裂缝、渗水、漏水等现象，这一问题引起社会的广泛关注，现在应发展集装饰、防裂、防水等多功能于一体的弹性防水墙面涂料产品。发展具有高耐候性、耐沾污性和保色性能好的高性能外墙涂料，要提高水性乳胶漆的耐候性及耐沾污性，提高溶剂型外墙涂料性能。

3.2.1　溶剂型外墙涂料

溶剂型建筑涂料是种类较多的一类建筑涂料，它是以高分子合成树脂为主要成膜物质，以有机溶剂为分散介质制成的装饰涂料。溶剂型外墙涂料一般应有较好的硬度、光泽、耐水性、耐化学药品性及一定的耐老化性，与合成树脂乳液型外墙涂料相比，其涂膜较致密，在耐大气污染、耐水和耐酸碱性方面优于后者。但其有机溶剂组分易污染环境，漆膜透气性差，又有疏水性，除个别品种外，如在潮湿基层上施工，容易产生起皮、脱落。目前生产的主要品种有丙烯酸酯类、聚氨酯类、氯化橡胶类及有机硅类以及一些复合型的涂料。这些涂料大多数具有优异的涂膜性能，且施工温度范围宽，但溶剂造成的环境污染至今仍是很难有效解决的问题。所以，该涂料适用于建筑物外表面的装饰及保护。

溶剂型建筑涂料的技术性能应能够满足《溶剂型外墙涂料》（GB/T 9757—2001）的技术要求，见表3-1。

表3-1　溶剂型外墙涂料的技术要求

项　目	指　标　要　求		
	优等品	一等品	合格品
容器中的状态	无硬块，搅拌后呈均匀状态		
施工性	涂刷二道无障碍		
干燥时间（表干）/h	≤2		
涂膜外观	正常		
对比率（白色和浅色）	≥0.93	≥0.90	≥0.87
耐水性	168h无异常		
耐碱性	48h无异常		
耐洗刷性/次	≥5000	≥3000	≥2000
耐人工气候老化性（白色和浅色）	1000h不起泡、不剥落、无裂缝	500h不起泡、不剥落、无裂缝	300h不起泡、不剥落、无裂缝
粉化/级	1		
变色/级	2		
其他色	商定		
耐沾污性（%）	≤10	≤10	≤15
涂层耐温变性（5次循环）	无异常		

注　浅色是指以白色涂料为主要成分，添加适量色浆后配制成的浅色涂料成形的涂膜所呈现的灰色、粉红色、奶黄色、浅绿色等颜色，按《中国颜色体系》（GB/T 15608—2006）中的4.3.2规定明度值为6～9之间（三刺激值中的YD65≥31.26）。

1. 丙烯酸酯外墙涂料

丙烯酸酯外墙涂料是以热塑性丙烯酸合成树脂为主要成膜物质，加入有机溶剂、颜料、填料及助剂等，经研磨后制成的一种溶剂型涂料。其中，丙烯酸合成树脂溶液是由苯乙烯、丙烯酸丁酯、丙烯酸等单体，同时加入引发剂、溶剂等，通过溶液聚合反应而制得的高分子聚合物溶液。

这类涂料的特点是：① 涂膜耐候性良好，在长期光照、日晒、雨淋的条件下，不易变色、粉化或脱落；② 对墙面有较好的渗透作用，结合牢固；③ 使用时不受温度限制，即使在0℃以下的严寒季节施工，也可很好地干燥成膜；④ 施工方便，可采用刷涂、滚涂、喷涂等施工工艺，可以按用户要求配制成各种颜色。

这类涂料是建筑物外墙装饰用的优良品种，装饰效果良好，使用寿命可达10年以上，属于高档涂料。目前，是国内外建筑涂料工业主要外墙涂料品种之一，主要用于高层建筑外墙涂料。

2. 聚氨酯外墙涂料

聚氨酯系外墙涂料是以聚氨酯树脂或聚氨酯与其他树脂复合物为主要成膜物质，并添加颜料、填料、助剂等组成的双组分优质外墙涂料。其主要品种有聚氨酯-丙烯酸酯外墙涂料和聚氨酯高弹性外墙防水涂料；主要组成包括主涂层材料和面涂层材料。其中，主涂层材料是双组分聚氨酯厚质涂料形成的涂膜具有良好的弹性和防水性。该涂料是目前最高档的涂料。

此类涂料具有以下特点：① 固含量高，不是靠溶剂挥发，而是双组分按比例混合固化成膜，涂膜相当柔软，弹性变形能力大，所以具有近似橡胶弹性的性质。② 厚质涂层材料可以随基层的变形而延伸，因此对于基层裂缝有很大的随动性，即使在基层裂缝宽度0.3mm以上时，也不至于将涂膜撕裂。③ 具有优良的耐候性。聚氨酯外墙厚质涂料经过1000h加速耐候试验（相当于室外曝露1年），其伸长率、硬度、抗拉强度等性能几乎没有降低。④ 具有极好的耐水、耐碱、耐酸等性能。在常温下浸于10%盐酸或硫酸液48h后，基本无变化。⑤ 涂层表面光洁度极好，呈瓷状质感，耐候性、耐沾污性好。

聚氨酯系外墙涂料一般为双组分或多组分涂料，施工时需按规定比例进行现场调配，因而施工比较麻烦，施工要求严格。

3. 氯化橡胶外墙涂料

氯化橡胶外墙涂料又称氯化橡胶水泥漆。它是由氯化橡胶为主要成膜物质，加入溶剂、增塑剂、颜料、填料和助剂等配制而成的溶剂型外墙涂料。

这类涂料的特点是：① 氯化橡胶涂料干燥快，数小时后可复涂第二道漆，比一般油漆快数倍；② 能够在-20℃低温～50℃高温环境中施工，不受气温条件的限制；③ 涂料对水泥、混凝土和钢铁表面具有良好的附着力，上下涂层之间能互粘为一体，大大加强了漆膜之间的黏附力；④ 具有优良的耐久性（包括耐水、耐碱、耐酸及耐候性），且涂料的维修重涂性好。

氯化橡胶外墙涂料是一种较为理想的溶剂型外墙涂料，适用于高层建筑，但施工中需注意防火和劳动保护。

4. 有机硅-丙烯酸酯外墙涂料

有机硅树脂的耐热性好，涂膜硬度高，但有机硅树脂在基层的铺展性和对基层的附着力均较差，在建筑涂料中很少单独使用，而是采用有机硅改性树脂或有机硅复合树脂来配制建筑涂料，而应用最多、最好的是有机硅-丙烯酸酯涂料。

有机硅-丙烯酸酯外墙涂料是由耐候性、耐沾污性优良的有机硅改性丙烯酸酯树脂为主要成膜物质，添加颜料、填料及助剂等组成的优质溶剂型涂料。适用于高级公共建筑和高层住宅建筑外墙面的装饰，使用寿命估计可达10年以上。

这类涂料的特点是：① 涂料渗透性好，能渗入基层，增加基层抗水性能；② 涂料流平性好，涂膜表面光洁，耐沾污性好，易清洁；③ 涂层耐磨损性好；④ 施工方便，可采用刷涂、滚涂和喷涂。

在施工时，一般涂刷二道，间隔时间可在4h左右。涂刷前基层必须干燥，要求基层水分含量小于8%。故在涂刷时和涂层干燥前必须防止雨淋、尘土沾污。同时应注意防火、防毒。

5. 过氯乙烯外墙涂料

过氯乙烯外墙涂料是过氯乙烯树脂为主要成膜物质，掺入增塑剂、稳定剂、颜料和填充料等，经混炼、切片后溶于有机溶剂中而制成的溶剂型外墙涂料。

这种涂料的特点是：① 具有良好的耐腐蚀性、耐水性和抗大气性；② 涂料层干燥后，柔韧富有弹性，不透水，能适应建筑物因温度变化而引起的伸缩；③ 与抹灰面、石膏板、纤维板、混凝土和砖墙粘结良好，可连续喷涂。

过氯乙烯外墙涂料是应用较早的外墙涂料之一，适用于一般建筑物的外墙饰面。

3.2.2 乳液型外墙涂料

乳液型外墙涂料可分为薄质涂料（乳胶漆）、厚质涂料及彩砂涂料等类型。常用的薄质涂料如丙烯脂乳胶漆、乙－丙乳胶漆、苯－丙乳胶漆、氯－偏乳液涂料以及交联型高弹性乳胶涂料。近年来，由于我国丙烯酸酯工业发展很快，丙烯酸酯与苯乙烯单体共聚乳液和纯丙烯酸酯乳液产量增加很快，并得到了广泛应用。作为外墙涂料应用，普遍采用苯－丙乳胶漆和纯丙烯酸酯乳胶漆。

乳液型建筑涂料的技术指标应能够满足《合成树脂乳液外墙涂料》（GB/T 9755—2001）的技术要求，见表3-2。

表3-2　乳液型建筑涂料的技术指标要求

项　目	指标要求		
	优等品	一等品	合格品
容器中的状态	无硬块，搅拌后呈均匀状态		
施工性	涂刷二道无障碍		
低温稳定性	不变质		
干燥时间（表干）/h	≤2		
涂膜外观	正常		
对比率（白色和浅色）	≥0.93	≥0.90	≥0.87
耐水性	96h 无异常		
耐碱性	48h 无异常		
耐洗刷性/次	≥2000	≥1000	≥500
耐人工气候老化性（白色和浅色）	600h 不起泡、不剥落、无裂缝	400h 不起泡、不剥落、无裂缝	250h 不起泡、不剥落、无裂缝
粉化/级	1		
变色/级	2		
其他色	商定		
耐沾污性（%）	≤15	≤15	≤20
涂层耐温变性（5次循环）	无异常		

注　浅色是指以白色涂料为主要成分，添加适量色浆后配制成的浅色涂料成形的涂膜所呈现的浅颜色，按《中国颜色体系》（GB/T 15608—2006）中的4.3.2规定明度值为6～9（三刺激值中的YD65≥31.26）。

1. 丙烯酸酯乳胶漆

丙烯酸酯乳胶漆又称纯丙烯酸聚合物乳胶漆。它是以甲基丙烯酸甲酯、丙烯酸丁酯、丙烯酸乙酯、甲基丙烯酸及丙烯酸等丙烯酸系单体加入乳化剂、引发剂、水等经乳液聚合反应而制成纯丙烯酸共聚乳液，以该共聚乳液为主要成膜物质，加入颜料、填料及其他助剂，经分散、混合、过滤而成的乳液型涂料。它是优质外墙乳液涂料之一，其涂膜耐久性可达 10 年以上，属于高档次的外墙涂料。

这类涂料在性能上较其他共聚乳胶漆好，其最突出的优点是涂膜光泽柔和，耐候性与保光性、保色性都很优异，但其价格较其他共聚乳液涂料贵。

2. 苯 - 丙乳胶漆

苯 - 丙乳胶漆是由苯乙烯和丙烯酸类单体、乳化剂、引发剂等通过乳液聚合反应得到苯酯共聚乳液，以该乳液为主要成膜物质，加入颜料、填料、助剂等组成的涂料。它是目前应用较普遍的外墙乳液涂料之一。

这类涂料的特点是：① 涂层具有高耐光性、耐候性，不泛黄；② 涂层具有优良的耐碱、耐水、耐湿擦洗等性能；③ 涂层外观细腻，色彩艳丽，质感好；④ 涂层与水泥材料附着力好，适宜用于外墙面装饰。但注意施工温度不能低于 8℃。

施工时若涂料太稠可按厂方规定加入少量水稀释，施工温度在 20℃左右时，两道涂料的施工间隔时间不小于 4h。涂刷面积为 2 ～ $4m^2/kg$。使用寿命为 5 ～ 10 年。

3. 乙 - 丙乳液涂料

乙 - 丙乳液涂料是醋酸乙烯 - 丙烯酸酯乳液外墙涂料的简称，又称乙 - 丙乳液漆。它是由醋酸乙烯和一种或几种丙烯酸酯类单体、乳白剂、引发剂，通过乳液聚合反应制得乙丙共聚乳液，以该乳液为主要成膜物质，再掺入颜料、填料和助剂、防霉剂，经分散、混合配制而成的一种乳液型外墙涂料。

这种涂料的特点是：① 以水为稀释剂、安全无毒；② 施工方便，干燥快；③ 耐候性、保色性好，使用寿命一般 8 ～ 10 年。其是一种常见的中档建筑外墙涂料，适用于住宅、商店、宾馆、企事业单位的建筑外墙饰面。

4. 氯 - 醋 - 丙三元共聚乳胶涂料

氯 - 醋 - 丙三元共聚乳胶涂料是以氯乙烯、醋酸乙烯及丙酸三丁酯的三元共聚乳液为主要成膜物质，加入一定量的中和剂、分散剂、增稠剂、消泡剂、颜料、填料，经混合、分散、研磨而制成的一种外墙涂料。

这种涂料的特点是：① 涂膜的耐水性、耐碱性较好；② 涂膜可在雨水冲洗下自涤，适用于污染严重的城市外墙；③ 国内原材料资源丰富，价格适中，是一种较有前途的中档外墙涂料。

5. 水乳型环氧树脂乳液外墙涂料

水乳型环氧树脂乳液涂料是由环氧树脂配以适当的乳化剂、增稠剂和水，通过高速机械搅拌分散而成的稳定乳状液为主要成膜物质，加入颜料、填料和助剂配制而成的一类优质乳液型外墙涂料。

这类涂料特点是：① 水为分散介质，无毒无味，生产施工较安全，对环境污染较少；② 环氧涂料与基层墙面粘结性能优良，不易脱落；③ 涂层耐老化、耐候性能优良、耐久性好，国内外已有应用 10 年以上的工程实例，外观仍完好美观；④ 采用双管喷枪施工，可喷成仿石纹、装饰效果好；⑤ 涂料价格较贵，双组分施工比较麻烦。

水乳型环氧树脂外墙涂料是由双酚A环氧树脂E-44，配以乳化剂，增稠剂、水通过高速机械搅拌分散为稳定性好的环氧乳液，与选定的颜料、填料配制而成的一种厚浆涂料（涂料A组分），再配以固化剂（涂料B组分），混合均匀后通过特制的双管喷枪可一次喷成仿石纹（如花岗石纹）的装饰涂层，是目前高档涂料之一。

图3-6　彩色砂壁状涂料在外墙中的应用实例

6. 彩色砂壁状外墙涂料

彩色砂壁状外墙涂料是以丙烯酸酯或其他合成树脂乳液为主要成膜物质，以人工烧结着色砂或天然彩砂作粗料，再掺加其他辅料配制而成的一种新型涂料，也称彩砂涂料。

这种涂料的特点是：① 涂层无毒，无溶剂污染；② 色泽耐久；③ 抗大气性、耐久性和耐水性好；④ 质感丰富，有天然石材的装饰效果，艳丽别致。它是一种性能良好的外墙饰面，主要用于板材及水泥砂浆抹灰的外墙装饰，如图3-6所示为彩色砂壁状涂料在外墙中的应用实例。

7. 有机硅丙烯酸酯乳液（硅丙乳液）类外墙建筑涂料

有机硅丙烯酸酯乳液类外墙建筑涂料是指以有机硅丙烯酸酯乳液为主要成膜物质配制成的乳液型外墙涂料。

这类涂料的特点是：① 具有良好的耐水性、耐碱性、耐盐雾性和耐紫外光的降解性；② 具有良好的保色、保光能力；③ 优异的耐沾污性。但是，这类涂料的成本较高。一般适用于高层建筑物的外墙涂装。

3.2.3　无机外墙涂料

无机外墙涂料是以碱金属硅酸盐及硅溶胶为基料，加入相应的固化剂或有机合成树脂乳液、色料、填料等配置而成的外墙装饰涂料。目前，国内硅酸盐无机涂料的主要品种有碱金属硅酸盐系外墙涂料（例如硅酸钠水玻璃外墙涂料、硅酸钾水玻璃外墙涂料等）和硅溶胶无机外墙涂料及其产品。碱金属硅酸盐涂料是以硅酸钾、硅酸钠、硅酸锂或其混合物为基料，加入相应的固化剂或有机合成树脂乳液，使涂料的耐水性、耐碱性、耐冻融循环性得到提高，满足外墙装饰要求。硅溶胶涂料是在硅溶胶中加入有机合成树脂乳液及辅助成膜材料制成，这样既能保持无机涂料的硬度和快干性，又使其具有一定的柔性和较好的耐洗刷性。

无机外墙涂料的技术指标应能够满足《外墙无机建筑涂料》（JG/T 26—2002）的技术指标要求，见表3-3。

表3-3　无机外墙涂料技术指标要求

项　目	指　标　要　求	
	Ⅰ类	Ⅱ类
容器中状态	搅拌后无结块，呈均匀状态	
施工性	涂刷二道无障碍	
涂膜外观	涂膜外观正常	
对比率	≥0.95	
热储存稳定性（30d）	无结块、凝聚、霉变现象	

续表

项　　目	指 标 要 求	
	Ⅰ类	Ⅱ类
低温储存稳定性（3 次）	无结块、凝聚现象	
干燥时间（表干）/h	≤2	
耐水性	168h 无起泡、裂纹、剥落现象，允许轻微掉粉	
耐碱性	168h 无起泡、裂纹、剥落现象，允许轻微掉粉	
耐洗刷性（次）	≥1000	
耐温变性（10 次）	无起泡、裂纹、剥落现象，允许轻微掉粉	
耐人工老化性	800h 无起泡、剥落、裂纹粉化≤1 级；变色≤2 级	800h 无起泡、剥落、裂纹粉化≤1 级；变色≤2 级
耐沾污性（%）	≤20	≤15

注　Ⅰ类，碱金属硅酸盐类——以硅酸钾、硅酸钠、硅酸锂或其他混合物为主要成膜物，加入相应的颜料、填料和助剂配制而成；Ⅱ类，硅溶胶类——以硅溶胶为主要成膜物，加入适量的合成树脂、颜料、填料和助剂配制而成。

1. 碱金属硅酸盐系涂料

碱金属硅酸盐系涂料，俗称水玻璃涂料。它是以硅酸钾、硅酸钠为主要成膜物质的一类涂料。通常由胶粘剂、固化剂、颜料、填料以及分散剂搅拌混合而成。目前国内主要产品，随着水玻璃的类型不同，大致可以分为钠水玻璃涂料，钾水玻璃涂料，钾、钠水玻璃涂料三种。

这类涂料的特点是：① 具有优良的耐水性，如钾水玻璃外墙涂料能在水中浸泡 60d 以上涂膜无异常，因而能承受长期雨水冲刷；② 具有优良的耐老化性能，其抗紫外线照射能力比一般有机树脂涂料优异，因而适宜用作外墙装饰；③ 具有优良的耐热性，在 600℃ 温度下不燃，因而能适应建筑物的耐火要求；④ 涂料以水为介质，无毒，无味，施工方便；⑤ 原材料资源丰富，价格较低。

JH80-1 无机外墙涂料是常用的硅酸盐无机涂料的一种。该涂料以硅酸钾为主要胶粘剂，加入颜料、填料及助剂，经混合、搅拌、研磨而成。这种涂料特点：耐老化、耐紫外线辐射性能好；成膜温度低、色彩丰富；不用有机溶剂，价格便宜，施工安全；可刷涂、滚涂、喷涂。适用于工业与民用建筑外墙和内墙的饰面工程，也可用于水泥制品、石膏制品及面砖等基层的饰面。

2. 硅溶胶外墙涂料

硅溶胶外墙涂料，是以胶体二氧化硅为主要胶粘剂，加入成膜助剂、增稠剂、表面活性剂、分散剂、消泡剂、体质颜料、着色颜料等多种材料，经搅拌、研磨、调制而成的水溶性建筑涂料。

这类涂料的特点是：① 以水为介质，无毒无味，不污染环境；② 施工性能好，宜于刷涂，也可以喷涂、滚涂和弹涂，工具可用水清洗；③ 遮盖力强，涂刷面积大；④ 涂膜细腻，颜色均匀明快，装饰效果好；涂膜致密、坚硬、耐磨性好；⑤ 涂膜不产生静电，不易吸附灰尘，耐污染性好；⑥ 涂膜对基层渗透力强，附着性好；⑦ 涂膜是以胶体二氧化硅形成的无机高分子涂层、耐酸、耐碱，耐沸水、耐高温、耐久性好；⑧ 涂料应在 0℃ 以上地点存放，施工温度高于 5℃，新基层必须自然养护 7d 以上，才能进行涂料施工。

JH80-2 无机外墙涂料为常用的硅溶胶涂料。涂料以硅溶胶（胶体二氧化硅）为主要成膜物质，加入颜料、填料和助剂等均匀混合研磨而制成的一种新型外墙涂料。涂料的特点与性能与JH80-1涂料相似。

3.2.4 有机-无机复合外墙涂料

目前，国内硅酸盐有机-无机复合涂料的主要品种有复层涂料、改性硅溶胶复合涂料、薄抹涂料及聚合物改性水泥基涂料等。

1. 复层涂料

复层涂料是由底层涂料、主涂层涂料和罩面涂料三部分组成。底涂层主要采用合成树脂乳液和无机高分子材料的混合物，也有采用溶剂型合成树脂，其主要作用是处理好基层，以便主涂层涂料呈现均匀良好的涂饰效果，并提高主涂层与基层的附着力；主涂层涂料主要采用以合成树脂乳液、无机硅溶胶、环氧树脂等为基料的厚质涂料以及普通硅酸盐水泥，其主要作用是赋予复层涂料所具有的花纹图案和一定厚度；罩面涂层主要采用丙烯酸系乳液涂料，也可采用溶剂型丙烯酸树脂和丙烯酸-聚氨酯的清漆和磁漆，其主要作用是赋予复层涂料所具有的外观颜色、光泽、防水、防污染性等功能。

复层建筑涂料按其主层涂料中所用主要成膜物质分为：聚合物水泥系复层涂料，代号CE，用混有聚合物分散剂的水泥作为主要成膜物质；硅酸盐系复层涂料，代号Si，用混有合成树脂乳液的硅溶胶等作为主要成膜物质；合成树脂乳液系复层涂料，代号E，用合成树脂乳液作为主要成膜物质；反应固化型合成树脂乳液系复层涂料，代号RE，用环氧树脂乳液等作为主要成膜物质。目前我国采用最多的是合成树脂乳液型复层涂料。

这类涂料的主要特点是：① 外观美观豪华，光泽好、硬度高，耐久性和耐污染性较好；② 由于其涂层较厚，对墙体的保护功能也较佳，且施工方便。一般可以用作各类建筑物内外墙和顶棚的装饰。

2. 改性硅溶胶复合涂料

硅溶胶涂料类无机涂料在成膜过程中体积收缩较大，易出现龟裂等不良现象。因此在实际应用中都采用有机高分子成膜物质作为辅助成膜物质进行改性，KS-82无机高分子外墙涂料就是其中的一种。

KS-82无机高分子外墙涂料是以硅溶胶为基料，并用丙烯酸酯类乳液为改性材料共同组成主要成膜物质，加入填充料、颜料及助剂经混合搅拌，研磨过滤而成的一种新型无机高分子复合涂料。这种涂料的特点是涂膜透气性好、不产生静电、耐候性、耐污染、耐水性好，与基层粘结牢固，浑然一体、耐碱性很好、无“白花”，成膜温度可低至2℃，无毒、不燃。可作为混凝土、水泥、木丝板、石棉水泥板、石膏板、顶棚、砖墙等基层的饰面。

3. 薄抹涂料

薄抹涂料是由优质的陶土制成的大小只有3～5mm的各色小薄片为骨料、以塑料袋包装的一种复合涂料。使用前先将乳液胶粘剂按1∶30的比例加入自来水稀释，然后再将薄抹碎片加入胶粘剂，用小铲轻轻拌匀，不宜用搅拌机搅拌，以免打碎薄抹碎片。常用的乳液有苯-丙乳液或氯磺化聚乙烯乳液等。

这类涂料具有多种色彩可供选择，而且正反两面颜色不同，装饰效果类似天然花岗石，涂层薄，质量轻，粘结牢固，耐久性好。可用于建筑物的外墙装饰。

4. 聚合物改性水泥基涂料

用聚合物乳液或水溶液，能提高涂料与基层的粘结强度，减少或防止饰面开裂和粉化脱落，改善浆料的和易性，减轻浆料的沉降和离析，并能降低密度、减慢吸水速度。缺点是掺入有机乳胶液后抗压强度会有所降低，同时由于其缓凝作用会析出氢氧化钙，引起颜色不匀。目前作改性水泥基涂料的主要是聚乙烯醇缩甲醛水溶液（107胶）。

3.2.5 高性能外墙涂料

随着工业的不断发展，大气污染越来越严重，全球气候状况也不断恶化，然而人们对自身生活质量的要求却逐步提高。基于这样的现实情况，现代建筑对外墙涂料提出了更高的要求，高性能外墙涂料便由此产生。

1. 脂肪族溶剂型丙烯酸树脂外墙涂料

脂肪族溶剂型丙烯酸树脂外墙涂料是以热塑性丙烯酸合成树脂为主要成膜物质，加入脂肪族溶剂及其他颜填料、助剂而制成的一种溶剂型外墙涂料。其耐候性能良好，无污染，耐沾污性试验白度损失率不大于10%，在长期光照、日晒和雨淋条件下，不变色、粉化或脱落，装饰效果良好，抗人工加速老化达3000h，使用寿命估计可达10年以上，是目前国内外建筑涂料工业主要外墙涂料品种之一。

我国生产的该类外墙涂料在高层住宅建筑外墙和装饰混凝土饰面配合应用，效果甚佳。

2. 含氟树脂外墙涂料

含氟树脂多指氟烯类树脂，是由氟乙烯单体聚合而成。聚氟乙烯类树脂，具有极强的耐化学药品性，不易老化，机械强度高，在-60～200℃下不失去弹性和塑性。因此用含氟树脂为成膜物质配制的涂料具有高性能。其优异的抗老化、耐沾污性，使其配制的外墙涂料耐久性保持10～15年，为超高层建筑和公共及市政建筑的防护提供可靠保证。

氟碳树脂的一种应用就是作为一种高性能含氟涂料。该涂料的粘附力强、富有弹性，具有超高的耐候（耐人工加速老化5000h以上）、耐沾污（反应系数下降率小于或等于2.3%）和耐洗刷（12 000次漆膜无破损）等性能，可以在-40～100℃环境中使用，图3-7为一种常温固化氟碳树脂的应用实例。此外，含氟丙烯酸树脂外墙涂料也已开始研究开发，是目前国际上最先进的树脂合成技术。

图3-7 常温固化氟碳树脂的应用实例

3. 有机硅改性的丙烯酸树脂外墙涂料

有机硅改性的丙烯酸树脂外墙涂料具有优良的耐候性（耐人工加速老化3000h以上）、耐沾污性（反应系数下降率小于或等于5%）、耐化学腐蚀性，同时不回粘、不吸尘，其综合性能已超过丙烯酸聚氨酯外墙涂料。采用硅酮为交联剂改性的有机硅丙烯酸树脂涂料，其耐候性能不亚于氟树脂涂料，而售价仅为后者的1/3，它和有机硅改性醇酸树脂一样已被推荐为重防腐涂料系统中的户外耐候面漆。此外，由于其优异的耐候性和耐沾污性，它能广泛用于混凝土、钢结构、铝板、塑料等材料表面，有效保护建筑物。

4. 交联型高弹性乳胶涂料

高弹性乳胶涂料是指外墙涂料的涂膜能产生足够的弹性，以适应基底材料微裂缝的发生和变形，同时具有高性能的涂料。

交联型高弹性乳胶涂料是由高弹性聚丙烯酸系列合成树脂乳液、颜料、填料和多种助剂组成，是我国新一代丙烯酸外墙乳胶涂料。它同时具备保护和装饰性能，既有外墙涂料良好的耐候性、耐沾污性、耐水性、耐碱性及耐洗刷性，又有优良的能遮盖细微裂缝的高弹性、抗二氧化碳渗透性等保护墙体的功能。它主要用于旧房外墙渗漏维修，混凝土建筑表面的保护及房屋建筑外墙面的保护与装饰。

3.3 内墙涂料

随着国民经济增长及人民生活水平的提高，人们越来越重视家居环境装修，内墙普遍采用涂料美化。所谓内墙涂料就是用于建筑物内墙面装饰的建筑涂料。一般说来，外墙涂料均可用于内墙。但由于使用环境和要求与外墙不同，因此，外墙涂料中一般不用的水溶性涂料也可用于内墙，而无机硅酸盐类涂料一般不用于内墙。

内墙涂料的主要功能是装饰及保护室内墙面，因此要求涂料应色彩丰富，具有一定的耐水性、耐刷洗性和良好的透气性，同时要求涂料耐碱性良好，涂刷施工方便，维修重涂容易。并且由于人对内墙涂层的装饰效果是近距离观察，故要求内墙装饰涂层应质地平滑、细腻、调和。目前常用的内墙装饰涂料主要包括溶剂型内墙涂料、乳胶型内墙涂料和水溶型内墙涂料。

3.3.1 溶剂型内墙涂料

溶剂型内墙涂料的组成、性能与溶剂型外墙涂料基本相同，常见品种有过氯乙烯墙面涂料、氯化橡胶墙面涂料、丙烯酸酯墙面涂料、聚氨酯墙面涂料、聚氨酯-丙烯酸酯系墙面涂料等。由于其透气性差、易结露，施工时有溶剂逸出，应注意防火和通风。但涂层光洁度好，易于冲洗，耐久性也好，多用于厅堂、走廊等，较少用于住宅内墙。溶剂型内墙涂料光洁度好，易于冲洗，耐久性好，可用于厅堂、走廊等部位的内装饰，较少用于住宅内墙。目前用作内墙装饰的溶剂型涂料主要为多彩内墙涂料。

多彩内墙涂料是将带色的溶剂型树脂涂料慢慢掺入到甲基纤维素和水组成的溶液中，通过不断搅拌，使其分散成细小的溶剂型油漆涂料珠滴，形成不同颜色油滴的混合悬浊液而成。多彩内墙涂料是一种较常用的墙面、顶棚装饰材料，为减少污染，其成膜物禁用含苯、氯、甲醛等类物质。该涂料具有涂层色泽优雅、富有立体感、装饰效果好的特点，涂膜质地较厚，弹性、整体性、耐久性好；耐油、耐水、耐腐蚀、耐洗刷，并具有较好的透气性。适用于建筑物内墙的顶棚水泥混凝土、砂浆、石膏板、木材、钢、铝等多种基面的装饰。

3.3.2 乳液型内墙涂料

乳液型外墙涂料均可用于内墙。乳胶漆按其光泽可分为平光、哑光、半光、高光等几种。通常将半光到高光涂料称为有光涂料。有光涂料的乳液含量高，涂膜光洁细腻，抗污染性好，多用于外墙涂料以及在特殊场合使用。平光、哑光乳胶漆用于内墙装饰。常用的乳液型内墙涂料主要为合成树脂乳液型内墙涂料，即聚酯酸乙烯乳胶漆、醋酸乙烯－丙烯酸酯内墙乳胶漆、苯－丙乳胶漆等。

合成树脂乳液型内墙涂料的技术指标应能够满足《合成树脂乳液内墙涂料》（GB/T 9756—2009）的技术要求，见表3-4。

表3-4　　合成树脂乳液型内墙涂料的技术指标

项　　目	指标要求		
	优等品	一等品	合格品
容器中的状态	无硬块，搅拌后呈均匀状态		
施工性	涂刷二道无障碍		
低温稳定性	不变质		
干燥时间（表干）/h	≤2		
涂膜外观	正常		
对比率（白色和浅色）	≥0.95	≥0.93	≥0.90
耐碱性	24h 无异常		
耐洗刷性/次	≥1000	≥500	≥200

注　浅色是指以白色涂料为主要成分，添加适量色浆后配制成的浅色涂料成形的涂膜所呈现的浅颜色，按《中国颜色体系》（GB/T 15608—2006）中的4.3.2规定明度值为6～9（三刺激值中的YD65≥31.26）。

1. 聚醋酸乙烯乳液内墙涂料

聚醋酸乙烯乳液内墙涂料是以聚醋酸乙烯乳液为主要成膜物质，加入适量颜料、填料及助剂加工而成的一种乳液涂料。

该涂料的特点是无毒、无味、不燃，易于施工、干燥快、透气性好、附着力强，其涂膜细腻、色彩鲜艳、装饰效果好、价格适中，但耐碱性、耐水性、耐候性等较差，是一种中档的内墙涂料，不适用于外墙。

2. 乙－丙有光内墙乳胶漆

乙－丙有光内墙乳胶漆是以聚醋酸乙烯与丙烯酸酯共聚乳液为主要成膜物质，加入适量的颜、填料及助剂经研磨、分散配制而成的半光或有光的内墙涂料。

其耐碱性、耐水性、耐久性都优于聚醋酸乙烯乳涂料，并具有光泽，是一种中高档的内墙涂料。

3. 苯－丙内墙乳胶漆

苯－丙内墙乳胶漆是由苯乙烯、丙烯酸酯、甲基丙烯酸等三元共聚乳液为主要成膜物质，加入适量的颜料、填料和助剂经研磨、分散后配制而成的无光内墙涂料。

这种涂料具有优异的耐碱、耐水、耐擦洗及耐久性，且外观细腻、色泽艳丽，质感好，与水泥基料的附着力好，不变颜色，性能均优于上述各类内墙涂料，是一种高档内墙装饰涂料，同时也是外墙涂料中较好的一种。

4. 丙烯酸酯内墙乳胶漆

丙烯酸酯内墙乳胶漆是以由甲基丙烯酸甲酯、丙烯酸乙酯、丁酯及丙酯和甲基丙烯酸为单体聚合的丙烯酸酯共聚乳胶为主要成膜物质，加入颜料、填料及助剂加工而成的一种乳液型内墙涂料。这种涂料的涂膜具有优良的耐候性、保色性和保光性，光泽柔和，是一种高档的内墙涂料，如图3-8所示。

5. 彩色砂壁状内墙涂料

彩色砂壁状内墙涂料又称彩砂涂料，是以合成树脂乳液和着色骨料为主体，外加增稠剂及各种助剂配制而成。由于采用高温烧结的彩色砂粒、彩色陶瓷或天然带色石屑作为骨料，使制成的涂层具有丰富的色彩及质感（图3-9）。

图3-8　亚光丙烯酸乳胶漆

图3-9　砂壁状内墙建筑涂料

3.3.3　水溶性内墙涂料

目前用于内墙的水溶性涂料主要是聚乙烯醇类涂料。聚乙烯醇涂膜的耐水性差、易脱粉，单独成膜的综合性能很差，现已被改性后的聚乙烯醇涂料逐渐取代。

水溶性内墙涂料的技术指标应能够满足《水溶性内墙涂料》（JC/T 423—1991）的技术指标要求，见表3-5。

表3-5　水溶性内墙涂料的技术指标要求

项　目	指　标　要　求	
	Ⅰ类	Ⅱ类
容器中的状态	无硬块，搅拌后呈均匀状态	
黏度/s	30～75	
细度/μm	≤100	
遮盖力/（g/m²）	≥300	
白度（只适用于白色涂料）（%）	≥80	
涂膜外观	平整、色泽均匀	
附着力（刻格法）（%）	100	
耐水性	无脱离、起泡和皱纹	
耐干擦性/级	—	≤1
耐擦洗性/次	≥300	—

注　Ⅰ类为用于涂刷浴室和厨房的内墙；Ⅱ类为用于涂刷建筑物内的一切墙面。

1. 聚乙烯醇水玻璃内墙涂料

聚乙烯醇水玻璃内墙涂料是以聚乙烯醇树脂和水玻璃为基料，加入适量颜料、填料及表面活性剂，经研磨而成的一种水溶性涂料，俗称106内墙涂料。

这种涂料原料资源丰富，生产工艺简单，设备要求不高；涂料为水溶性，无毒、无味、不燃、施工方便（能在稍潮湿的水泥和新、老石灰墙面上施工）且与基层有一定的粘结力；

涂层干燥快，表面光洁平滑，能配成多种色彩（如奶白、奶黄、淡青、玉绿、粉红等色），装饰效果好，但涂层耐洗刷性较差，易脱粉。它是一种低档次的内墙涂料，价格低廉，适用于住宅、商场、医院、宾馆、剧院、学校等一般建筑物的内墙装饰。

2. 聚乙烯醇缩甲醛涂料

聚乙烯醇缩甲醛涂料是以聚乙烯醇与甲醛不完全缩合反应而生成的聚乙烯醇半缩醛水溶液为成膜物质，加入颜料、填料及其他助剂，经研磨加工而成的一种内墙涂料，俗称803内墙涂料。

该涂料无毒、无臭味，可喷可刷，涂层干燥快，施工方便，与新、老石灰墙面及水泥墙面粘结良好。涂料色彩多样，装饰效果良好，耐水与耐洗刷性优于106内墙涂料，但仍不能用于耐水性、耐洗刷性要求较高的内墙涂料。这种涂料是目前市场用量最大的，但其性能还不够高，因此亦属于低档次的普及型涂料，用于涂刷混凝土、钢筋、石灰、灰泥表面、住宅、剧院、医院、学校等一般建筑的内墙装饰。

3. 改性聚乙烯醇系内墙涂料

改性后的聚乙烯醇系内墙涂料称为改性聚乙烯醇内墙涂料，又称耐湿耐擦洗聚乙烯醇内墙涂料。其耐擦洗性可以提高500～1000次。改性的方法是提高基料的耐水性及采用活性填料。这种涂料适应于一般建筑的内墙和顶棚，也适用于卫生间和厕所的内墙、顶棚的装饰。

FJT-201水溶型耐擦洗涂料就是一种改性聚乙烯醇系内墙涂料，该涂料仍然采用聚乙烯醇为成膜物质。为了解决其耐水性不足的问题，加入化学胶联剂——A、B硼砂，A硼砂的主要作用是使聚乙烯醇中的羟基部分变换，使新基团与B硼砂形成螯合物。大分子的交联结果使胶液具有水难溶性。然后再用硼砂溶液处理涂膜。处理后的涂膜表面耐水性得到极大的提高，其他各项性能指标也有较大增强，各项性能指标均优于803涂料。

4. 其他内墙涂料

（1）滚花涂料。滚花涂料是适应滚花工艺的一种新型涂料，由107胶、106胶和颜料、填充料等分层刷涂、打磨、滚涂而成。

这种涂料滚花后，貌似壁纸、色调柔和、美观大方，质感强。涂料施工方便，耐水、耐久性好。

（2）多彩花纹内墙涂料。多彩花纹内墙涂料是由不相混溶的连续相（分散介质）和分散相组成。即将带色的溶剂型树脂涂料慢慢加入到甲基纤维素和水组成的溶液中，通过不断搅拌，使其分散成细小的溶剂型油漆涂料滴，形成不同颜色油滴的水分散混合悬乳型，即为多彩涂料。其中，分散相有两种或两种以上大小不等的着色粒子，在含有稳定分散剂的分散介质中均匀分散悬浮，呈稳定状态。在涂装时，通过喷涂形成多种彩色花纹图案，干燥后形成坚硬、结实的多色花纹涂层。

这种涂料的特点是涂膜色彩丰富、雅致、装饰效果好；施工方便，一次喷涂能形成多色花纹涂膜；涂膜耐洗刷性、耐污染性、耐久性好。适用于建筑物内墙和顶棚水泥混凝土、砂浆、石膏板、木材、钢铝等多种基面的装饰。

（3）幻彩涂料。幻彩涂料又称云彩涂料或梦幻涂料，是一种纯水性的豪华内墙装饰材料。幻彩涂层可以认为是几种优质的内墙涂料，通过专门的涂刷工艺而获得的装饰效果很好的涂层。

用作幻彩涂层的涂料，除了具有一般内墙涂料的共性之外，还有以下特点：① 涂料为水性、不燃、无毒、略带香味，储存、运输、使用的安全性好，施工时对环境无污染；② 面涂施工方法多样化，喷、滚、刮，抹、印皆可，色彩可以现场调配，可以任意套色，与不同色彩的涂料相互配合，会呈现变化无穷的装饰效果；③ 干燥后的涂膜坚韧耐久、耐磨、耐洗刷性好，适用于混凝土、砂浆抹面、石膏板、玻璃、金属等，不但可作墙面、顶棚装修，也可用于家具、木器及一些工艺品的装修，可满足大型宾馆、剧院、娱乐场所、商店、购物中心等对涂料品质、多色彩的需求。

梦幻涂层一般由底、中、面三层涂料组成。底涂料是一种由特种树脂与有机或无机颜料或填料及助剂组成，也是一种水性涂料，其作用是保护涂料免受基层碱的侵蚀。中层涂料既可增加面层与基层材料的粘结，也可作底色，突出幻彩面层的光泽和质感；应该具有优良的耐水性、遮盖力和流平性，干燥后的涂膜坚韧、光滑；可以使用合成树脂乳液。面层可以单色使用，也可于套色使用，颜色丰富多彩。

（4）仿瓷涂料。仿瓷涂料又称为瓷釉涂料，是一种质感和装饰效果类似陶瓷釉面的装饰涂料，可分为溶剂型仿瓷涂料和乳液型仿瓷涂料。

溶剂型仿瓷涂料是以常温下产生的交联固化的树脂（如聚氨酯树脂、丙烯酸 - 聚氨酯树脂、环氧 - 丙烯酸树脂、丙烯酸 - 氨基树脂和有机硅改性丙烯酸树脂等）为主要成膜物质，加入颜料、填料和助剂等配制而成的具有釉瓷光亮的涂料。这种涂料的特点是颜色丰富多彩、涂膜光亮、坚硬、丰满，具有优异的耐水性、耐酸性、耐磨性和耐老化性，附着能力强。这种涂料可用于各种基层材料的表面饰面。

乳液型仿瓷涂料是以合成树脂（主要是丙烯酸树脂乳液）为主要成膜物质，加入颜料、填料和助剂等配制而成的具有瓷釉光亮的涂层。这种涂料的特点是价格较低，毒性小，不燃，硬度高，涂层丰满，耐老化性、耐碱性、耐酸性、耐水性、耐沾污性及与基层的附着力等均较高，且保光性好。这种涂料可用于各种基层材料的表面饰面。

（5）纤维质内墙涂料。纤维质内墙装饰涂料是由纤维质材料为主要填料，加入胶粘剂、助剂等，组成的一种纤维状质感的内墙装饰涂料。

这类涂料的特点是涂层立体感强，质感丰富、高雅；涂层吸声效果好；涂层防霉性好；涂层阻燃性好。市场上仿壁毯内墙涂料多用这类涂料。

（6）绒面内墙涂料。绒面内墙涂料又称仿绒面装饰涂料，是由带色的40μm左右的小粒子和丙烯酸酯乳液助剂组成的。这种涂料的特点是涂层优雅，手感柔软，有绒面感，涂层耐水、耐碱、耐洗刷性好。

（7）膨胀珍珠岩喷砂涂料。膨胀珍珠岩喷砂涂料是一种具有粗质感的喷涂料，装饰效果类似小拉毛效果，但质感比拉毛的强，对基层要求低，遮丑效果好，适用于客房及走廊的顶棚，还适用于办公室、会议室、小型俱乐部及民用住宅天花板等。

3.4 地面涂料

地面涂料就是用于建筑物的室内地面装饰的建筑涂料。建筑物的室内地面采用地面涂料作饰面是近年来兴起的一种新材料和新工艺，与传统地面相比，虽然有效使用年限不长，但施工简单，用料省，造价低，维修更新方便。

3.4.1 溶剂型地面涂料

溶剂型地面涂料是以合成树脂为基料，加入颜料、填料、各种助剂及有机溶剂而配制成的一种地面涂料、该地面涂料涂刷在地面上以后，随着有机溶剂挥发而成膜硬结。国内早期曾采用过氯乙烯水泥地面涂料、苯乙烯地面涂料装饰室内地面。目前国内应用较多的为聚氨酯丙烯酸酯地面涂料。国外丙烯酸硅地面涂料应用在室外地面装饰。

1. 苯乙烯地面涂料

苯乙烯地面涂料是以苯乙烯焦油为基料，经选择、熬炼处理，加入填料、颜料、有机溶剂等原料配制而成的溶剂型地面涂料。亦是随着溶剂的挥发而干燥结膜的一种挥发性地面涂料。

这类涂料的特点是干燥快，随着溶剂的挥发而结膜；与水泥地面的粘结性能良好，涂刷后不易铲除；具有良好的耐水性和一定的耐磨性，在人流多的地面，涂层能保持1～2年的良好装饰效果；施工操作方便，易于重涂。

但由于苯乙烯焦油是化学工业下脚料，其组分不稳定，因而配制的涂料质量不够稳定。加之其有特殊的气味，因而在生产和施工中不受工作人员的欢迎。近年来由于焦油原料减少及水性地面涂料的发展，苯乙烯焦油地面涂料已较少使用。

这种涂料在施工时，要求地面干燥，含水率小于6%。应先将苯乙烯焦油清漆与粉料配成腻子拉刮，待满拉腻子干燥后，再均匀涂刷色漆2～3遍。

2. 聚氨酯－丙烯酸酯地面涂料

聚氨酯－丙烯酸地面涂料是以聚氨酯－丙烯酸酯树脂溶液为主要成膜物质，加入适量的颜料、填料、助剂和溶剂等配制而成的一种双组分固化型地面涂料。

这种涂料的特点是涂料涂膜外观光亮平滑，有瓷质感，又称仿瓷地面涂料；具有很好的装饰性、耐磨性、耐水性、耐碱及耐化学药品性能。适用于会议室、图书室以及车间耐磨、耐油、耐腐蚀地面的饰面。

因涂料为双组分组成，施工时需按规定比例将甲、乙组分进行现场调配，配好的涂料要在4h内用完；要求基层干燥、平整，一般采用涂刷的方法施工。

3. 丙烯酸硅地面涂料

丙烯酸硅地面涂料是以丙烯酸酯系树脂和硅树脂复合作为主要成膜物质，加入颜料、料、助剂、溶剂等原料配制而成的溶剂型地面涂料。

这种涂料的特点是具有优良的渗透性，因而与水泥砂浆、混凝土、砖石等表面结合牢固，涂层耐磨性好；涂层耐水性、耐污染性、耐洗刷性优良；具有较好的耐化学药品性能，耐热、耐火性好；耐候性优良，因而可以用于室外地面装饰；涂料重新涂装施工方便，只要在旧的涂层上清除掉表面灰尘和沾污物后即可以涂刷上涂料。

3.4.2 合成树脂厚质地面涂料

合成树脂厚质地面涂料是由环氧树脂、聚氨酯、不饱和聚酯等合成树脂为基料，加入颜料、填料及助剂等配制而组成。通常采用刮涂施工方法涂刷于地面，形成的地面涂层，称为无缝塑料地面或塑料涂布地板。这类涂料常呈双组分固化形式，涂层通过固化交联化学反应而成膜。涂膜性能很好，有一定的厚度与弹性，脚感舒适，可与塑料地板媲美，是国内近年发展起来的一种室内地面装饰材料。其主要品种有环氧树脂地面厚质涂料、聚氨酯弹性地面涂料，不饱和聚酯地面涂料等。这里主要介绍环氧树脂厚质地面涂料、聚氨酯弹性地面涂料和聚氨酯薄质罩面地面涂料。

1. 环氧树脂厚质地面涂料

环氧树脂厚质地面涂料是以环氧树脂为主要成膜物质的双组分常温固化型涂料。涂料由甲、乙两组分组成，甲组分是以环氧树脂为主要成膜物质，添加颜料、填料、助剂等组成，乙组分是由胺类为主体的固化剂组成。

该涂料的特点是涂层坚硬耐磨，且具有一定的韧性；涂层具有良好的耐化学腐蚀、耐油、耐水等性能；涂层与水泥基层粘结力强，耐久性良好；可以涂刷成各种图案，装饰性良好；但由于是双组分固化型涂料，施工操作比较复杂。

环氧树脂厚质地面涂料适用于各种建筑的地面装饰，特别适合于工业建筑中有耐磨、防尘、耐酸碱、耐有机溶剂及耐水要求的场地的地面。例如车间、安装半永久性大型设备的车间、高档次住宅及办公室，如图3-10所示。

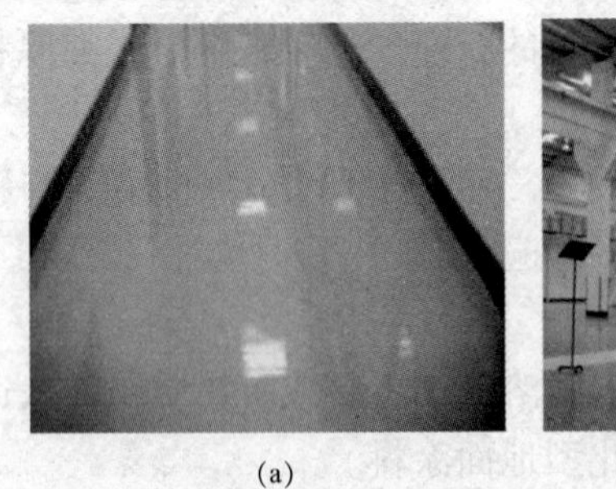
(a)

(b)

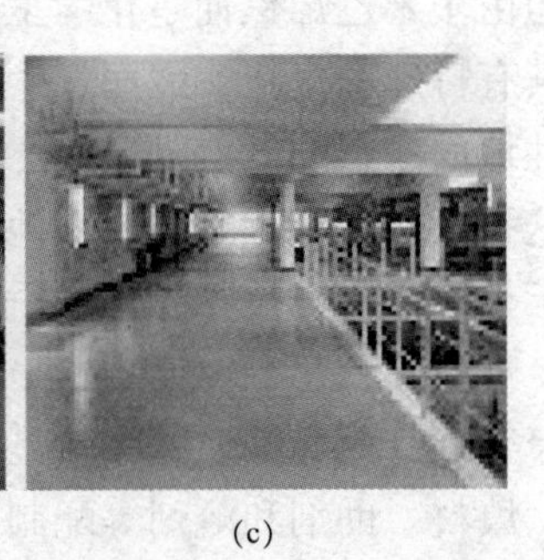
(c)

图3-10　环氧树脂地面涂料的应用

2. 聚氨酯弹性地面涂料

聚氯酯是聚氨基甲酸酯的简称。聚氨酯弹性地面涂料是甲、乙两组分常温固化型的橡胶类涂料。甲组分是聚氯酯预聚体，乙组分是由固化剂、颜料、填料及助剂按一定比例混合，研磨均匀制成。施工时将两种组分按一定比例混合，涂刷后经过甲、乙两组分的聚合反应，可形成无缝的、富有弹性的、具有交联结构的彩色涂层。

这类涂料的特点是：① 聚氨酯地面涂料固化后，具有一定的弹性，步感舒适，适用于高级住宅的地面；② 涂料与水泥、木材、金属、陶瓷等地面的粘结力强，能与地面形成一体，不会因地基开裂、裂纹而导致涂层的开裂；③ 耐磨性很好，并且具有良好的耐油、耐水、耐酸、耐碱性能；④ 色彩丰富、可涂成各种颜色，也可作成各种图案；⑤ 重涂性好、便于维修；⑥ 原材料价格较贵，且具有毒性，施工中应注意通风、防火及劳动保护；⑦ 双组分涂料，施工较复杂。

这种涂料是一种高档的地面涂料，能在水泥地面上形成无缝弹性塑料状涂层，性能优良，不但具有较高的耐磨性及硬度而用于高级别大厅、厂房及居室，而且还可作为地下室、卫生间的防水装饰或工业厂房车间要求耐磨性、耐酸性和耐腐蚀等的地面。

3. 聚氨酯薄质罩面地面涂料

聚氨酯薄质罩面地面涂料的性质与聚氨酯弹性地面涂料基本相同，只是前者的涂膜较薄，硬度大，脚感硬。这种涂料主要用于水泥砂浆、水泥混凝土地面和木地板等地面的罩面上光，所以也称地板漆。

3.4.3 聚合物水泥地面涂料

聚合物水泥地面涂料是以水溶性树脂或聚丙烯酸乳液与水泥一起组成有机与无机复合的水性胶凝材料，掺入填料、颜料及助剂等经搅拌混合而成，涂布于水泥基层地面上能硬结形成无缝彩色地面涂层。这类涂料所用的树脂价格相对便宜，而且加入大量水泥，因而原材料成本比聚氨酯、环氧树脂等地面涂料便宜，十分适合新老住宅水泥地面的装饰。这里主要介绍聚乙烯醇缩甲醛水泥地面涂料和聚醋酸乙烯水泥地面涂料。

1. 聚乙烯醇缩甲醛水泥地面涂料

聚乙烯醇甲醛水泥地面涂料，又称777水性地面涂料，是以水溶性聚乙烯醇缩甲醛胶为基料，与普通水泥和一定量的氧化铁系颜料组成的一种厚质涂料。由于其造价较低，施工方便，装饰效果良好，很受人们欢迎。

这种涂料的特点是以水为溶剂，无毒不燃，可以在稍潮湿的水泥基层施工，施工方便，涂层与水泥基层结合牢固。涂层耐磨、耐水性能良好，不起砂、不裂缝，经氯－偏地面涂料罩面或直接涂上地板蜡的地面光洁美观，色彩鲜艳，装饰效果良好。1～2mm的涂层，打蜡保养，使用年限在5年以上。这种涂料主要用于公共建筑、住宅建筑及一般实验室、办公室水泥地面的装饰。

2. 聚醋酸乙烯水泥地面涂料

聚醋酸乙烯水泥地面涂料是由聚醋酸乙烯水乳液，普通硅酸盐水泥及颜料、填料配制而成的一种地面涂料。可用于新旧水泥地面的装饰，是一种新颖的水性地面涂布材料。

这种涂料是一种有机、无机相结合的水性涂料。特点是质地细腻，无毒、施工性能好，早期强度高，对水泥地面基层粘结牢固；形成的涂层具有优良的耐磨性、抗冲击性，色彩美观大方，表面有弹性，外观类似塑料地板；所用原材料资源丰富、价格便宜、涂料配制工艺简单、价格适中。

该涂料适用于民用住宅室内地面装饰，也可取代塑料地板或磨石地坪，用于某些实验室、仪器装配车间等地面，涂层耐久性可达10年左右。

3.5 特种涂料

除了用于建筑物的内、外墙涂料和地面涂料外，还有许多其他类型的建筑涂料。这些涂料除了对建筑物有装饰作用外，还具有某些特殊功能，如防火功能、杀虫功能、隔声功能等。这些能满足建筑领域某些特殊功能的涂料称为特种建筑涂料，也称为功能性建筑涂料。

特种建筑涂料也是建筑涂料，因此它们除了满足建筑涂料的一般要求外，同时还具有某些特殊功能。一般来说，特种建筑涂料仍应首先考虑其装饰性能。但对有些特种建筑涂料来说，装饰功能已变得较为次要，其功能性上升为主要考虑因素，如钢结构防火涂料、防腐蚀涂料等。因此对特种建筑涂料的一般要求为：① 有较好的耐水性、耐碱性、附着力等基本性能；② 具有必要的装饰性能；③ 具有某些特殊的功能；④ 施工维护方便；⑤ 原材料来源丰富，价格适中。

常见的特种建筑涂料有以下类型：

（1）防火涂料。用于建筑物木结构、钢结构等的防火阻燃。

（2）防水涂料。用于建筑物屋面、墙面和地下工程的防水渗漏。

（3）防腐蚀涂料。用于建筑物钢结构、混凝土结构的防腐蚀保护。

（4）防霉涂料。用于建筑物内部潮湿环境和特殊环境的防霉保护。

（5）杀虫涂料。能有效杀灭蚊子、白蚁等。

（6）隔热涂料。用于建筑物的隔热节能。

（7）隔声涂料。具有隔绝或吸收声音的功能。

这里主要介绍在建筑工程中使用量较大，影响面较广的防火涂料、防腐蚀涂料和防霉涂料，防水涂料将在本书第6章作详细介绍。

3.5.1 防火涂料

防火涂料又名阻燃涂料，是指涂装在物体表面，能起到隔离火焰，推迟可燃基材着火时间，延缓火焰在物体表面传播速度或推迟结构破坏的一类涂料的总称。

由于建筑工程的高层化、集群化、工业的大型化及有机合成材料的广泛应用，人们对防火工作高度重视，而采用涂料防火的方法比较简单，适应性强，因而在公用建筑、车辆、飞机、船舶、古建筑及文物保护、电器电缆、宇航等方面都有应用。有的国家还制定相关法律，规定用于学校、医院、电影院等公共设施内的建筑涂料必须是阻燃的，因此防火涂料获得了迅速的发展。

1. 防火涂料的阻燃机理和特点

燃烧是一种发光发热的化学现象。它必须同时具备三个条件才能发生，即有可燃物质、助燃剂（如空气、氧气、氧化剂等）和火源（如火焰或高温作用）。要使燃烧不能进行，必须将三要素中的任何一个因素隔绝开来。据此，防火涂料的防火机理主要有以下几条：

（1）防火涂料自身具有难燃性或不燃性。

（2）防火料层在火焰或高温作用下分解释放出不可燃性气体（如水蒸气、氨气、氯化氢、二氧化碳等），冲淡空气中的氧和可燃性气体，抑制燃烧。

（3）防火涂料在火焰或高温条件下形成不可燃性的无机“釉膜层”，这种釉膜层结构致密，能有效地隔绝氧气，并在一定时间内有一定的隔热作用。

（4）防火涂料遇火膨胀发泡，生成一层泡沫隔热层，封闭被保护的基材，阻止基层燃烧。

防火涂料的特点是既具有一般涂料的装饰性能，又具有出色的防火性能，也就是说，防火涂料在常温下对于所涂物体应具有一定的装饰和保护作用，而在发生火灾时，不会被点燃或具有自熄的功能，即其应具有阻止燃烧发生和抑制扩展的能力，可以在一定的时间内阻燃或延滞燃烧过程，从而为人们灭火提供时间。

2. 防火涂料的组成

防火涂料与其他类型的涂料一样，也是由基料、颜料、填料和助剂等组成。不同的是在防火涂料中加入了大量具有防火功能的防火助剂，同时在基料、颜料、填料的选择上也有一定的特殊要求。

（1）基料。作为防火涂料的基料，应对人体无毒，无刺激性气味，施工方便，干燥速度快，能在稍潮湿的基材上涂装，涂装用具容易清洗。同时还应满足以下要求：

1）来源充足，价格适宜。

2）应具有较强的抗电解质性能，与防火助剂混合后不产生凝胶、增稠现象。

3）涂料成膜具有较高的物理、化学稳定性。

4）在受热作用时，其熔点与防火助剂的分解点应在同一条件下产生，以便形成良好的膨胀隔热层。

5）具有良好的耐水、耐碱、耐油、附着力、柔韧性及低温与常温稳定性。

目前，我国防火涂料的基料主要采用聚丙烯酸酯共聚乳液、氯偏乳液、氨基树脂、三聚氰胺甲醛树脂、酚醛树脂、不饱和聚酯树脂和聚氯乙烯树脂等。

（2）防火助剂。由于防火涂料分为非膨胀型与膨胀型两大类，用的防火助剂有较大的差别。前者的防火助剂主要是阻燃剂，常用的有含磷、卤素的有机化合物（如氯化石蜡、十溴联苯醚、磷酸三甲苯酯等）以及锑系（二氧化二锑）、硼系（硼酸钠）和铝系（氢氧化铝）等无机类阻燃剂。后者的防火助剂通常不是单独的一种物质，而是一种组合体系。包括成炭剂、成炭催化剂、发泡剂三部分。其中发泡剂是在涂层受热时能分解出不燃性气体（水蒸气、氨气、二氧化碳等）使涂层膨胀发泡的物质；成炭剂是在发泡剂使涂层发泡后，在成炭催化剂作用下使涂层形成炭化层的物质；成炭催化剂在高温或火焰的作用下分解出酸类物质，促使成炭剂失水炭化；这三种物质的合理组合才能有效起到防火作用。常用的发泡剂有双氰胺、三聚氰胺、氯化联苯、氯化石蜡等。成炭剂一般为含高碳的有机化合物，如淀粉、改性纤维素等。常用的成炭催化剂有聚磷酸铵、硫酸铵、磷酸铵、二聚氰胺等。

（3）颜料、填料和其他助剂。除了防火助剂以外，合理地选用填料，能够有效提高防火涂料的防火性能。常用的填料有硅藻土、粉状硅酸盐纤维、云母粉、高岭土、海泡石粉、滑石粉等。

膨胀型防火涂料中颜料、填料的用量比一般饰面型涂料低得多。这是因为颜料的比例增加，影响涂膜的发泡效果，降低防火性能。由于防火涂料的涂膜比一般涂膜厚，较低的颜料组分也能够满足遮盖力的要求。膨胀型的乳液防火涂料发展最快，目前我国研制应用最多的是此类产品。

在非膨胀型防火涂料中无机填料的比例很大，对防火性能的贡献也大。因为大量的无机填料降低了涂层中聚合物的比例，在燃烧时能够分解的可燃成分减少，因此提高了涂层的耐热性。

必要时，一般涂料中使用的各种助剂，例如润湿剂、分散剂、增稠剂、增塑剂、消泡剂等，防火涂料中也能选用，并应尽可能地选用能够增加阻燃效果的原材料。

3. 防火涂料的分类和主要品种

（1）分类。防火涂料种类繁多，分类的依据不同，分成的类别也不同。

1）按涂料的组成材料与分散体系分类有溶剂型防火涂料和水溶型防火涂料。前者以有机溶剂为介质，施工条件受限制较少，涂层性能好，但环境污染严重；后者以水为介质，无环境污染，生产、施工、运输安全。

2）按涂料适用的基材分类有钢结构防火涂料、混凝土结构防火涂料以及木结构防火涂料。前两者适用于钢结构、混凝土的防火，装饰性不强；后者适用于木结构的防火，有良好的装饰性。

3）按涂料的应用环境分类有室内防火涂料和室外防火涂料。前者主要应用于建筑物室内的防火，要求良好的装饰性；后者应用于室外的钢结构，有耐水、耐候等要求。

4）按涂料遇火受热后的状态分类有膨胀型防火涂料和非膨胀型防火涂料。前者主要包括溶剂型、乳液型和水溶液防火涂料，其特点是遇火迅速膨胀，防火效果好，并有较好的装饰效果；后者包括难燃性和不燃性防火涂料，其特点是自身有良好的隔热阻燃性能，遇火不膨胀，密度较小。

（2）防火涂料的主要品种。

1）饰面型防火涂料。饰面型防火涂料是指涂于可燃基层（如木材、塑料、木板及纤维板等）表面上，形成具有防火阻燃、保护和装饰作用涂膜的一种涂料。

饰面防火涂料可以喷涂、刷涂和滚涂，涂层厚度一般在1mm以下，通常为0.2～0.4mm。

这种涂料的特点是色彩丰富，耐水性和耐冲击性好，耐燃时间长，可使可燃基材的耐燃时间延长10～30min。

2）钢结构防火涂料。钢结构防火涂料是指施涂在建筑物（或构筑物）的钢结构表面，能形成耐火隔热保护层，以提高其耐火极限的一种涂料。

按使用场所不同，钢结构防火涂料可分为室内（代号N）和室外（代号W）两大类。其中，室内钢结构防火涂料主要用于室内或隐蔽工程的钢结构表面，室外钢结构防火涂料主要用于建筑物室外或露天工程的钢结构表面，按涂层的厚度和性能可分为薄型（代号B）和厚型（代号H）；其中，前者又称为钢结构膨胀防火涂料，其涂层厚度为2～7mm，有一定的装饰效果，高温时膨胀增厚，耐火隔热，耐火极限可达0.5～1.5h，组分中以难燃树脂为主要成膜物质；后者又称钢结构防火隔热涂料，其涂层厚度一般为8～50mm，表观密度较小，热导率低，耐火极限可达0.5～3.0h，组分是以难燃树脂和无机胶结材料为主要成膜物质，并大量使用了轻质砂。

这种涂料的特点是不仅可以大大提高钢结构抵御火灾的能力，而且具有一定的粘结力，较高的耐候性、耐水性和抗冻性。

3）混凝土结构防火涂料。尽管混凝土材料本身不会着火燃烧，但其不一定就耐火。混凝土结构防火涂料就是为提高混凝土结构耐火性的涂料，当发生火灾时，能对混凝土和钢筋起到有效的保护作用的一类涂料。

混凝土结构防火涂料是以无机、有机复合物作为主要成膜物质，加入珍珠岩和硅酸铝纤维及有机溶剂等多种成分经机械混合配制而成。这种涂料的特点是表观密度小，热导率低，耐老化。可以喷涂在预应力楼板、钢筋混凝土梁、板及普通混凝土结构上，起防火隔热的作用。例如，上海浦东国际机场地下通道用的涂料就是混凝土结构防火涂料，如图3-11所示。

图3-11　上海浦东国际机场的地下通道

4. 防火涂料性能的评价

防火涂料的性能主要是耐燃烧性能、火焰传播性能、炭化体积等。由于各国的情况及所使用的场合不同，对于防火涂料的防火性能也有不同的评价方法，现行测试方法和技术指标参见GB 12441—2005，其中饰面型防火涂料技术指标见表3-6。

表 3-6 饰面型防火涂料技术指标

序号	项目		技术指标	缺陷类别
1	在容器中的状态		无结块，搅拌后呈均匀状态	C
2	细度/μm		≤90	C
3	干燥时间	表干/h	≤5	C
		实干/h	≤24	
4	附着力/级		≤3	A
5	柔韧性/mm		≤3	B
6	耐冲击性/cm		≥20	B
7	耐水性		经 24h 试验，不起皱、不剥落，起泡在标准状态下 24h 能基本恢复，允许轻微失光和变色	B
8	耐湿热性		经 48h 试验，涂膜无起泡、无脱落，允许轻微失光和变色	B
9	耐燃时间/min		≥15	A
10	火焰传播比值		≤25	A
11	质量损失/g		≤5.0	A
12	炭化体积/cm^3		≤25	A

注 产品质量合格判定原则为：A = 0，B≤1，B + C≤2。

主要测试方法有：① 大板燃烧法。在规定条件下，测试涂覆于可燃基材表面的防火涂料耐燃特性。② 隧道燃烧法。用于实验室条件下，以小隧道炉测试涂覆于可燃基材表面防火涂料的火焰传播性能。③ 小室燃烧法。在实验室条件下，测试涂覆于可燃基材表面的防火涂料的阻火性能（以燃烧质量损失、炭化体积表示）。

3.5.2 防腐涂料

腐蚀一般是指材料的变质损坏。对于建筑物的腐蚀作用一般来自两个方面，一方面是由自然条件形成的，如空气、水汽、日光、海水等；另一方面是由现代工业生产中产生的腐蚀性介质，如酸、碱、盐及各种有机物质造成的。前者通常的建筑装饰涂料都能够承受，如外墙装饰涂料具有较好的耐水、耐大气、耐日光等性能。而后者用一般的装饰涂料就不能解决，必须采用特殊的涂料。这一类能够保护建筑物避免酸碱、盐及各种有机物质侵蚀的涂料常称为建筑防腐蚀涂料。

1. 防腐涂料的特点

建筑物的防腐涂料，主要作用是把腐蚀介质与建筑材料隔离开来，使腐蚀介质不能渗透到建筑材料中去，从而起到防止建筑材料的腐蚀。建筑防腐涂料具有以下特点：

（1）其耐腐蚀性能优于普通的建筑装饰涂料。

（2）不受材料形状、大小和材质的限制，适应性较强，耐久性能良好。

（3）施工简单方便，涂层维修、重涂容易。

（4）应用较多的为交联固化型涂料，该产品能常温固化。

（5）在较复杂的腐蚀环境下，可与其他防腐蚀措施配合使用。

2. 防腐涂料的分类和主要品种

用于建筑防腐涂料有很多种，现简述如下：

（1）环氧树脂防腐涂料。环氧树脂防腐涂料是以环氧树脂为成膜物质，加上一定量的颜料、填料、助剂、溶剂等配制而成的。这类涂料与水泥混凝土或砂浆具有很好的粘结性，耐酸、耐碱、耐醇类及烃类溶剂性好。如采用聚酞胺作为固化剂，则柔韧性、抗冲击性更佳。

环氧树脂防腐蚀涂料的品种很多，如胺固化涂料、聚酰胺固化涂料、环氧沥青涂料、无溶剂环氧涂料等。还可与其他树脂共混制成改性环氧树脂涂料，如环氧酚醛防腐蚀涂料、环氧丙烯酸酯防腐蚀涂料。其中应用最广泛的是胺类或其衍生物固化的涂料和沥青环氧防腐涂料。无溶剂环氧树脂防腐蚀涂料近年来已有应用。水乳型环氧树脂防腐蚀涂料由于其污染小、成本低和施工方便而深受用户的欢迎，发展前景广阔。

（2）酚醛树脂防腐涂料。酚醛树脂防腐蚀涂料是由酚类化合物与甲醛的缩合产物酚醛树脂加上溶剂、颜料、填料和助剂等加工而成的溶剂型涂料。由于它具有优良的机械性能和化学稳定性，具有较其他产品更好的耐无机酸、有机酸、碱及有机溶剂等介质的腐蚀性，因此是防腐蚀涂料中用量较大的品种。

（3）聚氨酯防腐涂料。该系防腐涂料通常采用双组分，一组分中含有异氰酸基（-NCO），另一组分中含有羟基（OH-），施工时按规定比例配合后使用。这类涂料原料易得、价格低廉、制造工艺简单、防腐蚀效果较好，而且与基层粘结性良好。

（4）乙烯树脂类防腐涂料。乙烯树脂类防腐蚀涂料是由含有乙烯基的单体聚合而成的树脂，主要指以氯乙烯、醋酸乙烯、乙烯、丙烯等为单体合成树脂。这类涂料具有良好的阻隔作用，因而对建筑物的混凝土、金属表面有良好的保护作用。常用的是过氯乙烯树脂防腐蚀涂料，此外氯醋共聚、氯化聚乙烯、氯化聚丙烯等树脂配制的涂料都能做建筑防腐蚀涂料，并有很好的发展前景。这类涂料通常为溶剂型单组分涂料，由于其原材料来源丰富，价格适中，施工方便，常作为一般要求防腐蚀涂料应用。

（5）橡胶树脂防腐涂料。橡胶树脂防腐涂料是以天然或合成橡胶经化学处理如氯化、氯磺化后制成的具有一定弹性的树脂为基料，加入其他合成树脂、颜料及溶剂等，按一定比例配置而成的一类防腐涂料。其中，氯化聚乙烯防腐蚀涂料适用于钢结构的涂覆防腐，而且耐老化和耐候性较强，广泛应用于化工、冶金和海洋工程；氯磺化聚乙烯防腐蚀涂料由于具有较好的耐碱、耐酸、耐氧化剂及臭氧、耐户外大气等特征，广泛应用于化工设备、厂房墙面、地坪以及港口码头、市政工程等。

（6）呋喃树脂类防腐涂料。呋喃树脂系列涂料由于其主要成膜物质呋喃树脂的分子结构中含有较多的呋喃环，从而使这类涂料具有较好的耐碱、耐酸、耐热、耐腐蚀性，硬度高、屏蔽性好、透气性小等特点，因此主要用于各种金属、混凝土和木材等的防腐蚀。

采用单纯的呋喃树脂作为成膜物质组成的涂料虽有较好的防腐蚀性能，但其机械强度差，与基层的粘结性能也较差，因而常采用其他树脂进行改性。改性后的呋喃树脂不但保持其良好的耐腐蚀性能，其机械强度和粘结性能都有很大提高，用来改性的树脂主要品种有环氧树脂、聚乙烯醇缩醛、聚氨酯、有机硅树脂等。

（7）其他防腐涂料。粉末防腐涂料在工程上常用的是环氧粉末涂料，其耐冲击性及吸湿性方面有待改善和提高。国内生产的环氧粉末涂料在储存稳定性及涂覆施工性方面，与国外优质产品相比尚有一定差距。环氧粉末涂料是新建管道工程的首选防腐蚀涂料品种。

固体分防腐蚀涂料就是涂料中固体分比普通涂料高，一般将涂料固体含量在70%以上的涂料称为高固体分涂料。它具有节省资源、节省有机溶剂、减少污染、减少施工道数、节约工时等优点，是防腐蚀涂料的发展方向之一。

水性防腐蚀涂料以水作为分散介质代替传统的溶剂，具有节约资源、节约溶剂、减少污染、改善操作条件等优点，符合涂料产品的发展趋势。

玻璃鳞片防腐蚀涂料是由不同类型的树脂为成膜物质。加上玻璃鳞片、耐腐蚀颜料、固化剂、助剂、溶剂等加工而成。目前，采用较多的是以环氧树脂和氯磺化聚乙烯树脂为成膜物质，前者适用强碱介质，后者则具有优良的耐酸、耐碱、耐盐类腐蚀性能。

氟树脂防腐蚀涂料是以氟树脂（分子链中含有氟元素的树脂）为成膜物质配制而成。其具有优良的耐候性、化学稳定性、耐水性、附着力、施工性以及屏蔽性和缓蚀性，可常温干燥，可以重涂，在 -40 ～ 200℃范围内可长期使用。

3. 防腐蚀涂料的性能

建筑防腐蚀涂料应具有以下主要性能：

（1）具有一般建筑涂料的装饰性。

（2）对腐蚀介质应具有良好的稳定性，涂膜与腐蚀性介质长期接触也不发生分解或不良的化学反应。

（3）涂层应具有良好的抗渗性，能阻挡有害介质或有害气体的侵入。

（4）与建筑物基层应具有良好的粘结性。

（5）涂层应具有较好的机械强度，不会开裂及脱落。

（6）如为外用防腐蚀涂料还应有良好的耐候性能。

（7）原材料资源丰富，且价格便宜。

3.5.3 防霉涂料

防霉涂料是一种能够抑制霉菌在涂膜中生长的功能性建筑涂料。通常霉菌最适宜繁殖生长的自然条件为温度 23 ～ 28℃，相对湿度为 85% ～ 100%，因此说潮湿地区的建筑物内外墙面及恒温恒湿车间的墙面、地面、顶棚等都是适合霉菌生长的地方。如果采用普通内外墙涂料做装饰，就会由于霉菌生长过程中分泌出的酶，使涂料中的有机成膜物质分解，分解后的有机成膜物又能成为霉菌生长的营养物质，周而复始，从而使涂层褪色、沾污、以致脱落而破坏。

1. 防霉涂料的特点

用于建筑的防霉涂料应该具有优良的防霉性能，在霉菌容易滋生环境中的建筑物表面涂刷防霉涂料以后，建筑物不易发霉；同时又应该具备较好的装饰作用，且防霉涂料涂刷成膜后，应对人畜都无害。通常是通过在涂料中添加某种抑制霉菌剂而达到目的。

2. 防霉剂的选择

普通涂料一般是由基料、颜料、溶剂、助剂等组成，而防霉涂料与普通建筑涂料的根本区别在于防霉涂料在制造过程中加入了一定量的防霉剂。防霉剂是一类能够杀灭或抑制细菌和微生物生长繁殖的化学物质。在自然环境中存在着各种各样的霉菌。因而建筑涂料中的防霉剂应符合下列条件：

（1）该物质不会与涂料中的其他组分（成膜物质、颜料、填料、各种助剂）发生化学反应，避免失去抑制霉菌生长的效力。

（2）不会使涂料染色或使涂料中的颜色褪色。

（3）能均匀分散在涂料中。

（4）涂料经涂刷后成膜，该物质能均匀分散存在于涂层之中、能较长时间抑制霉菌在涂层表面的生长。

（5）涂膜成膜后对人畜无害。

常用的防霉剂有五氯酚钠、醋酸苯汞、多菌灵、百菌清等。其中五氯酚钠和醋酸苯汞毒性较大，使用时应小心。为达到满意的效果，宜采用“复配型”防霉剂，就是将两种或两种以上的防霉剂同时加到一种涂料中，使之协同作用，达到最佳防霉效果。

3. 防霉涂料的分类和主要品种

防霉涂料按成膜物质及分散介质不同，可以分为溶剂型和水乳型两大类；也可以按用途分成外用、内用及特种用途的防霉涂料。

一般在使用防霉涂料时，首先应测定环境中霉菌的种类，然后选用对这些霉菌敏感的抑止剂（也即防霉剂），再选择相应的防霉涂料，这样常能获得较好的防霉效果。常用的防霉涂料有丙烯酸乳液外用防霉涂料、亚麻子油型外用防霉涂料、醇酸外用防霉涂料、聚醋酸乙烯防霉涂料及氯－偏共聚乳液防霉涂料等。

4. 防霉涂料的性能

建筑防霉涂料应具有以下主要性能：

（1）优良的防霉性能。该类涂料应用于适宜霉菌滋长的环境中，而能较长时间保持涂膜表面不长霉。

（2）良好的装饰性能。由于涂料在建筑物中使用部位不同，应满足各种不同的使用要求。应达到与普通涂料相同的装饰效果，对于外用涂料所具备的耐水、耐候等性能，及内墙涂料应具有的优良耐擦洗性与装饰性能，防霉涂料也都应具备。

（3）防腐涂料涂刷成膜以后，对人畜应无害。

（4）所采用的原材料资源应丰富，价格合理。

3.5.4 其他特种涂料

1. 防结露涂料

在一些湿度比较大的地方，当建筑物的室内墙面的温度低于室内空气的露点温度时，往往在墙面上会产生由水蒸气凝结而成水珠的现象，这就是所谓的结露现象。

建筑材料的结露分为表面结露和内部结露。前者是指冷的墙壁、地板等与表面温暖的湿空气接触，气体水变成水滴附着于材料表面的现象；后者是指由于室内外水蒸气压力差透过墙体及屋顶的水蒸气，在材料内部低温部分结露的现象。结露可以造成窗面结冰、墙面滴水、壁橱受潮、木材腐烂等危害。

多年来，人们从多方面探索防结露的方法。目前最有效地防止结露的方法还是通过涂装防结露涂料来实现。防结露涂料是利用饰面层吸水性来防止结露的一种方法。也就是说，这是一种把在结露条件下凝结的露水暂时吸收并储存在饰面层内部，使其不至于洒落的防结露方法，所以防结露涂料所形成的涂膜具备两个特征，一是具有一定的厚度；二是涂膜是多孔的，其内部具有连通的孔隙能够容纳表面吸附的凝结水。储存于膜中的吸附水在环境温度升高，或环境中相对湿度减少时，会从涂膜中通过蒸发而逸入空气中，从而使涂膜恢复到干燥状态，当结露情况再次出现时，又能吸附水分而起到防结露的作用。

2. 防蚊蝇涂料

防蚊蝇涂料是在以合成树脂为主要成膜物质的基料中，加入各种专用杀虫剂、驱虫剂等经适当工艺配制而成的功能性涂料，又称杀虫涂料。这种涂料除了有一般建筑涂料的装饰和保护功能外，还能够杀灭苍蝇、蚊子、蟑螂、跳蚤及臭虫等害虫，适用于城乡住宅、部队营房、医院、宾馆等的居室、厨房、卫生间、食品储存室等处。

防蚊蝇涂料的性能应满足以下几个方面的要求：

（1）具有较好的基本涂料性能，如涂装性能、储存性能和涂膜的物理力学性能。

（2）良好的杀虫效果及其长效性。

（3）对人畜尽可能低的毒性。

杀虫剂是防蚊蝇涂料的重要组成部分，用于防蚊蝇涂料的杀虫剂应属于安全型杀虫剂，其性能特点应满足以下要求：

（1）必须是触杀型的。

（2）应具有很好的稳定性，不易分解。

（3）应具有广谱杀虫性能、无毒或低毒。

（4）无气味。

常用的杀虫剂有敌百虫、敌敌畏、残杀威、仲丁威、敌虫菊酯、氯氰菊酯、溴氰菊酯等。也可以将两种或两种以上的杀虫剂复配使用，以增大防蚊蝇涂料的杀虫广谱性。

3. 抗静电涂料

抗静电涂料又称防静电涂料，它是一种新型导电高分子材料。将它涂于非导电体基材上，能使底材具有一定的传导电流和消散静电荷的能力。

抗静电涂料以绝缘的有机或无机聚合物为主要成膜物质，均匀地掺入导电填料和抗静电剂，利用导电填料及抗静电剂的导电作用来消除静电。它除了导体导电外，还因其含有亲水基团，能吸收空气中的水分，形成肉眼观察不到的“水膜”，为涂层表面提供了一层导电通路，达到使电荷释放而消除静电的目的。抗静电涂料用于各类建筑物，如纺织厂厂房、计算机房、电子元器件生产厂房、电视演播厅、仓库、船舶及各种需要防静电设施的场面、地面、壁面、台面的静电消除，特别是适合于形状复杂而用其他办法难以解决的表面防静电问题。

目前抗静电涂料的成膜物质主要有水泥基、乳液型和溶剂型三大类，发展趋势是乳液型抗静电涂料。乳液型抗静电涂料的主要是由成膜物质（如聚丙烯酸酯乳液、氯偏乳液、苯丙乳液等）、颜料、填料、导电材料（如金属粉末、金属箔片、金属纤维、炭黑、石墨、碳纤维等）和抗静电剂以及增塑剂、分散剂、防老化剂、防霉剂等助剂组成。

4. 绝热涂料

建筑绝热涂料也称为建筑保温隔热涂料。根据保温隔热作用机理的不同，可以分为阻隔型、反射型和辐射型三类。这三类涂料的绝热机理不同，应用场合和所得到的效果也不同。

阻隔型绝热涂料的绝热机理是阻止热传导。阻隔型建筑绝热涂料涂装成膜后涂膜中充满着孔隙，因而涂膜的干密度很低，其热导率 λ 一般小于 0.06W/（m·K），所以具有很好的绝热性能。阻隔型绝热涂料在实际应用中的绝热效果与涂膜厚度密切相关。

辐射型建筑绝热涂料的绝热机理是通过波的辐射形式把建筑物吸收的日照光线和热量以一定的波长辐射到空气中，从而起到隔热降温效果。该类涂料不同于阻隔型绝热涂料和反射型绝热涂料，因为这两类涂料只能减慢但不能阻挡热能的传递。白天太阳能经过涂装有绝热涂料的屋顶和墙壁不断传入室内空间及结构中，这些传入的热能在室外气温下降后，再反过来通过涂装有绝热涂料的屋顶和墙壁向外传递热量的速率同样很缓慢。辐射型建筑保温隔热涂料却能够以热辐射的形式将吸收的热量辐射掉，从而促使室内和室外以同样的速率降温，因而具有较高的降温速率。这类涂料的实际应用目前仅是在冶金、炼钢系统的工作服以及红外辐射窗帘布等方面，在建筑绝热领域中的应用尚处于研究阶段。

反射型建筑绝热涂料也称反射太阳热型绝热涂料，其基本原理是通过涂膜的反射作用将日光中的红外辐射反射到外部空间，从而避免物体自身因吸收辐射导致的温度升高。太阳时时刻刻向地球辐射着巨大的能量。太阳能绝大部分处于可见光和近红外区。按波长可分为三部分，即在200～300nm的紫外线区的热辐射能量仅占5%；在400～720nm的可见光区占45%；在720～2500nm的近红外区占50%。可见，太阳辐射热绝大部分处于400～1800nm范围内。在该波长范围内，反射率越高，隔热效果越好。反射型绝热涂料在建筑工程领域中主要应用于隔热场合，即在外围护结构的表面采用高反射性隔热涂料，能够减少建筑物对太阳辐射热的吸收，阻止建筑物表面因吸收太阳辐射导致的温度升高，减少热量向室内的传入。以前主要研究在屋面上应用，以降低温度并对屋面防水材料起保护作用。近年来由于国外新型高效能反射材料玻璃空心微珠的出现，推动了这类涂料在我国北方冬冷地区外墙面的应用。

5. 弹性地面涂料

弹性地面涂料的基料是由聚氨酯弹性预聚体和含羟基组分构成的，预聚体组分和含羟基组分在涂装前均匀混合，涂料的两组分因反应而固化成膜，涂膜具有很高的弹性和抗划伤性、耐腐蚀性、耐油性和耐磨性等，用于会议室、体育运动场所、跑道和工业厂房等有弹性要求的耐磨、耐腐蚀地面。

6. 超耐候性涂料

超耐候性涂料常采用具有超耐候性的氟树脂作为基料并同时采用纳米粉料技术或涂料自动分层技术等现代涂料制造技术，使涂膜具有超耐候性和高耐沾污性等。用于有高档装饰要求的外墙面和建筑物的特殊构件及部位等。

7. 道路标线涂料

道路标线涂料由耐候性树脂和耐磨性填料等所组成，分常温施工和热熔施工两类，每类又有普通型和反光型两种，一次涂装可以得到较厚的涂膜。具有快干、耐磨、耐候和标识等功能，主要用于各种标志和标识应用场所。

8. 多功能保温涂料

多功能保温涂料是一种新型节能保温涂料，它是以复合纯丙弹性乳液和柔性丙烯酸乳液为胶粘剂，乙基羟乙基纤维素为增稠剂，尼龙短纤维为增韧剂，再加膨胀珍珠岩、海泡石、石棉绒等填料配制而成的薄层涂覆型防水保温涂料。这种涂料施工方便简易、节能效果显著，而且集保温、防水、耐磨于一体，因此备受青睐。特别适用于传统保温材料无法解决的大件和异形工业设备、异形管道、民用建筑等的隔热保温。

9. 防锈涂料

防锈涂料是以有机高分子聚合物为主要成膜物质，加入防锈颜料、填料和助剂等配制而成。具有干燥迅速、附着力强、防锈性能好、施工简单等特点，适用于钢铁制品的表面防锈。

10. 防碳化涂料

防碳化涂料是一种以废旧塑料为主料的混凝土防碳化涂料，可有效减缓混凝土碳化的发生、发展及钢筋锈蚀，具有较好的推广前景。

11. 芳香内墙涂料

芳香内墙涂料是以聚乙烯醇、丙烯酸树脂为成膜物质，添加合成香料、颜料及其他助剂等配制而成；有清新空气、驱虫、灭菌的功能；可涂刷在混凝土等材料表面，适用于大厦、剧院、办公室、医院及住宅等室内墙面。

12. 不粘涂料

这种不粘的涂料，能保护墙壁不被乱涂画。这种涂料开始是一种细腻的液体，当它干了以后就变成一层薄膜，在薄膜表面形成碳氟化物链，光滑不易粘上污物。

13. 发光涂料

发光涂料是由成膜物质、填充剂和荧光颜色等组成按一定比例配置而成的，在夜间能指示标志的一类涂料。这类涂料主要有两种类型：蓄发性发光涂料和自发性发光涂料。前者之所以能发光是因为含有荧光颜料，荧光颜料的分子受光的照射后被激发、释放能量，夜间或白昼都能发光，明显可见。后者除了蓄发性发光涂料的组成外，还加有极少量的放射性元素。当荧光颜料的蓄光消失后，因放射物质放出的射线的刺激，涂料会继续发光。发光涂料具有耐候、耐油、透明、抗老化等优点，适用于桥梁、隧道、机场、工厂、剧院、礼堂的太平门标志，广告招牌及交通指示器等需要发出各种色彩和明亮反光的场合。

3.6 新型环保涂料

3.6.1 新型水性环保涂料

水性涂料可以减少挥发性有机化合物（VOC），具有低污染、工艺清洁的优点，属于环保型涂料，这是溶剂型涂料所不具有的，因此世界各工业发达国家都很重视水性涂料的开发。同时由于水性涂料用原材料及制造工艺学的发展和进步，一些很难解决的问题如：水性涂料中的黏度变化问题、厚涂的烘烤型水性涂料的“爆泡”问题有所突破，进一步加快了水性涂料的发展速度。

国外的环保涂料已经绝大多数使用水性涂料，只有很少比例的溶剂型涂料。而有关资料表明，2008 年水性工业涂料的应用水平为 38%～45%，年均增长速度为 8%～9%。其中用量最多的是建筑涂料市场，约占一半以上，其次是汽车、仪器设备防腐、木制品等方面。目前水性涂料的发展速度迅猛，特别是工业用水性涂料需求最为迫切，我国工业涂料的年需求量在 170 万 t 左右，其中可由水性工业防腐涂料替代的达 100 万 t。

1. 常见的水性环保建筑涂料

水性环保建筑涂料以水为分散介质和稀释剂，与溶剂型和非水分散型涂料相比较，最突出的优点是分散介质水无毒无害、不污染环境，同时还具备价格低廉、不易粉化、干燥快、施工方便等优点。常见的水性环保建筑涂料类型主要有水性聚氨酯涂料、水性环氧树脂涂料、水性丙烯酸树脂型涂料等。

（1）水性聚氨酯涂料，包括水溶性型、水乳化型、水分散型，按分子结构可分为线型和交联型，都存在单组分与双组分两种体系。水性聚氨酯涂料除具备溶剂型聚氨酯涂料的优良性能外，还具有难燃、无毒、无污染、易贮运、使用方便等优点。但与溶剂型聚氨酯涂料相比，水性聚氨酯涂料还存在许多不足之处。例如，干燥时间较长，涂膜易产生 CO_2 气泡，部分原材料成本较高，由于新型助剂缺乏，导致涂膜性能和外观效果不够高要求等。针对水性聚氨酯涂料存在的缺陷，进行改性是研究的重点。目前，水性聚氨酯涂料的发展主要还受到原材料、固化剂、封闭剂、交联剂等的限制。因此，研制相应的原材料和助剂是发展水性聚氨酯涂料的关键。

（2）水性环氧树脂涂料，由双组分组成：一组分为疏水性环氧树脂分散体（乳液）；另一组分为亲水性的胺类固化剂。其中的关键在于疏水性环氧树脂的乳化，该乳化过程的研究经历了几个阶段。1975～1977 年主要以聚乙烯醇为乳化剂，并开始探究多酰多胺与环氧化合物的加成物，聚亚乙氧基醚等作为乳化剂。1982～1984 年采用含环氧基团的乳化剂，并且出现自乳化型环氧树脂。自乳化的方法是将环氧树脂同带有表面活性基团的化合物反应，生成带有表面活性的环氧树脂。其中选择中和所用的胺是最重要的技术配方问题。胺相对于水性涂料的其他材料来说是比较昂贵的，而且会增加挥发性有机化合物 VOC 的排放。为提高环氧树脂与固化剂的相溶性和室温固化性能，水性环氧树脂涂料可广泛地用作高性能涂料、建筑设备底漆、工业建筑厂房地板漆、建筑运输工具底漆、建筑工业维修面漆等。

（3）水性丙烯酸树脂涂料，具有易合成、耐久性好、耐低温性好、环保性好以及制造和贮运无火灾危险等优点；同时也存在硬度大、耐溶剂性能差等缺陷。水性丙烯酸树脂涂料大致可分为单组分型、高性能型和高固化型三种类型。要将不耐溶剂的丙烯酸树脂原料制备成耐溶剂的水性丙烯酸树脂涂料是比较困难的事情，因此现在很少研究传统的单组分丙烯酸树脂涂料。目前研究的热点在于丙烯酸树脂原料的改性，这种技术被称为“活聚合”，可以很好地控制丙烯酸树脂的分子量及其化学结构（如单体排列顺序等）与分布。水性丙烯酸树脂涂料的用途很广泛：交联型丙烯酸树脂涂料用于建筑业；丙烯酸－4－羟丁酯、单丙烯酸环已二甲醇酯等交联型功能性化合物可用来制备汽车涂料、粉末涂料；紫外线固化丙烯酸树脂涂料具备优异性能；特别值得关注的是丙烯酸树脂防腐涂料，是防腐涂料中一大体系。

2. 特殊的水性环保建筑涂料

（1）水性环保建筑防腐涂料。水性环保建筑防腐涂料最常见的三大体系有丙烯酸体系、环氧体系和无机硅酸富锌体系，此外，还有醇酸体系、丁苯橡胶体系和沥青体系等。水性丙烯酸防腐涂料以固体丙烯酸树脂为基料，加以改性树脂、颜料和填料、助剂、溶剂等配制成具备耐候性、保光、保色等性能的丙烯酸长效水性防腐涂料。近期研究较多的是水性铁红丙烯酸防锈漆。现在水性环氧防腐涂料已应用到溶剂型环氧防腐涂料所涉及的各个领域。

水性无机硅酸富锌防腐涂料主要分为硅酸乙酯和硅酸盐系列，硅酸盐系列包括硅酸锂、硅酸钠、硅酸钾等品种，是钢铁防腐涂料的重要部分。该涂料利用锌粉的强活性进行电化学阴极保护，从而阻止钢铁腐蚀。以无机聚合物（硅酸盐、磷酸盐、重铬酸盐等）为成膜物，锌与之反应，在钢铁表面形成锌铁配合物涂层。该涂层具有优异的防腐性、耐候性、导热性、耐盐水性、耐多种有机溶剂性；同时具有良好的导静电性和长时期的阴极保护；而且焊接性能优良，能带漆焊接；长时期耐400℃高温；长时期抵抗PH值在5.5～10.5范围内的化学腐蚀，更加重要的是对环境无污染，对人体健康无影响。

（2）水性环保建筑闪光涂料。水性环保建筑闪光涂料一种透明的发光水性涂料，主要是由聚乙烯醇基料、发光材料和甘油增塑剂配制而成。利用发光材料在光照时吸收光能，在黑暗时以低频可见光发射出去。聚乙烯醇作为基料具有透光性、柔韧性、耐磨性，同时具有优良的附着力，而且无毒、无害、无环境污染。以丙烯酸乳液为基料，以稀土激活锶盐发光材料为发光体，制备的水性发光涂料广泛地用于建筑道路、建筑装饰、建筑装修等领域。我国水性环保建筑闪光涂料的研究和生产水平已达到国际先进水平。通过调节成膜基料内部结构、官能团的性质和数量，使该水性闪光涂料具有高触变性，适合于汽车面漆的“三涂一烘”的生产工艺，并成功地解决了“回溶”问题。

（3）水性环保高性能氟树脂建筑涂料。水性氟树脂涂料具有耐高温、耐候、耐药品、耐腐蚀、耐沾污、耐寒的特点，尤其是与食品接触时安全、卫生，其使用效果可达20年之久。这些优异的性能使得水性高性能氟树脂涂料具有广阔的市场和发展前景。

（4）新型水性环保吸收烟雾涂料。近期，欧洲建材市场上出现了一种新型涂料，它能吸收空气中的有毒烟雾。据意大利《晚邮报》报道，这种新型涂料名为Ecopaint，它能吸收有毒的汽车尾气，清除城市主要的空气污染物，解决交通繁忙地段人们的呼吸问题。用这种涂料粉刷墙壁后，在五年之内，被粉刷过的墙壁就会像海绵一样吸收并中和空气中的有毒烟雾。

这种涂料的秘密在于它含有一种极小的二氧化钛和碳酸钙球形粒子。这种粒子与一种特殊的、能吸收有毒烟雾的多空聚硅氧烷材料混合在一起。然后，紫外线使其发生特殊的化学反应，有毒的氧化氮就被分解成了硝酸，而硝酸很容易被雨水冲刷掉或者被碳酸钙的碱性粒子变成二氧化碳、水或硝酸钙。

这种涂料是由一家英国公司在欧盟的资助下研制完成的。这家公司的一位专家称，一层厚度仅为30mm的涂料就足够清洁一座空气高度污染的城市。第一批面市的涂料是白色的，但它的底色是透明的。生产商希望，涂料在加上色素以后也能满足建筑师们的创意需求。

（5）新型水性环保强吸声涂料。许多市民有这样的体验，一进隧道，就会被隧道刺耳的“嚎叫”弄得心烦。可不要小看了这个噪声，严重时可导致人的情绪暴躁。江苏省声学学会理事陆以良介绍，南京隧道的防噪处理大多“亡羊补牢”，补救、实验型的防噪声措施居多，离“宁静隧道”还有很长一段距离。

专家介绍，隧道内的噪声主要来自两个方面：一方面是汽车发动机、轮胎摩擦及其反射到隧道墙壁、顶部回来的声音；另一方面是隧道内的抽风机发出的声音。由于隧道密不透风，这些声音在内部经过混响，到了进、出口处便达到一个顶峰，噪声更强烈。据介绍，隧道噪声所产生的危害远高于地表，会引起隧道内通行的人员神经系统以及心血管系统的疾病，导致一些人精力不集中，甚至导致情绪暴躁、易怒，隧道通风口两侧的居民更会在夜间难以成眠。

前不久，南京玄武湖隧道、九华山隧道出入口处的噪声已经严重扰民，专家曾对80m范围内做了补救措施，起到一定效果，但是如果一开始就注意做到吸声处理，效果会更好。近日，南京江北段老山隧道进行了吸声降噪处理实验，效果明显：做降噪处理的比未经降噪处理的噪声降低了6dB，相当于混响声能量减少四分之三。打个比方说，就如4辆车并行引起的混响噪声降为一辆车的噪声。陆以良介绍，这次实验所采用的是北京国家大剧院用的新型强吸声涂料，吸声能力达到75%以上。

3.6.2 自清洁涂料

由于纳米颗粒尺寸微小，根据纳米材料的表面效应，将其添加到涂料中后，可使涂层在紫外线和氧的作用下具有某种自清洁能力，如分解某些有机物等。目前，对TiO_2自清洁纳米涂料研究得较多。

纳米TiO_2是一种N半导体材料，在充满电子的价带和由空穴组成的导带之间存在一个禁带，当照射在纳米TiO_2薄膜表面的紫外光的能量大于禁带宽度，纳米TiO_2价带中的电子被激发，跃迁到导带，同时在价带形成空穴。导带中的电子与空气中的O_2反应生成超氧负离子（O^{2-}）；价带中的空穴与表面吸附的H_2O形成羟基自由基（$-OH$）。羟基自由基具有强氧化性，能将吸附在纳米TiO_2涂膜表面的各种有机物降解为H_2O和CO_2。

纳米TiO_2薄膜的光致亲水性是紫外光激发产生的电子（空穴对）与表面TiO_2晶体作用，在晶体表面形成均匀分布的亲水微区和疏水微区，每个微区的宽度只有十几个纳米，一个水滴要远比亲水微区大，因此可以在TiO_2薄膜表面不断铺展。紫外光在TiO_2薄膜表面形成的亲水微区是不稳定的，停止光照后，O_2在TiO_2表面的富集，使薄膜表面亲水性逐渐衰减，水与表面的接触角逐渐增大。再次有紫外光照射表面，又会有新的亲水微区再次形成。作为一种理想的超亲水自清洁涂层，就要尽量缩短光照射亲水响应时间，延缓暗处亲水性衰减的速度。

通常情况下涂料表面的污染主要是吸附了空气中悬浮的灰尘和有机物造成的，这种吸附在初期主要是由于静电力造成的静电吸附和范德华力造成的物理吸附。自清洁涂层受到紫外光照射后，纳米TiO_2涂膜表现出超亲水性能，在涂膜表面形成化学吸附水和物理吸附水，吸附水的存在有利于消除涂层表面的静电，消除静电力。自清洁涂层表面形成的羟基是亲水的，当雨水滴落在涂层表面时，表面羟基与水之间形成氢键，氢键的作用力要远大于范德华力，因此水取代灰尘吸附于涂层表面，表面上原来吸附的灰尘被剩余的水带走，而表面很难被水带走的有机吸附物，在纳米TiO_2的光催化作用下被分解，形成水、二氧化碳和可以被水带走的小分子物质，从而达到幕墙表面自清洁的目的。

3.6.3 抗菌杀菌涂料

抗菌涂料可以使材料表面的抗菌成分及时通过接触来杀菌或抑制材料表面的微生物繁殖，进而达到长期杀菌的目的。与传统的化学、物理杀菌相比，这种抗菌方式具有长效、广谱、经济、方便等特点。抗菌涂料机理：抗菌材料中的活性离子可激活空气或者水中的氧，产生羟基自由基及活性氧离子自由基，这两种自由基具有极强的化学活性，能与细菌和多种有机物发生反应，可以破坏DNA（脱氧核糖核酸）双螺旋结构，从而破坏微生物细胞的DNA复制，使其新陈代谢紊乱，起到抑制或杀灭细菌的作用；活性离子还可吸附在细胞膜上，阻碍细菌对氨基酸、尿嘧啶等营养物质的吸收，从而抑制细菌的生长。

习　题

1. 建筑涂料的组成有哪些？各起什么作用？

2. 建筑涂料的技术性能指标有哪些？对于不同使用部位的涂料在性能要求上有什么区别？

3. 如何选用建筑涂料？

4. 按使用部位不同，建筑材料分为几类？分别具有什么特点？

5. 外墙涂料有几类？各用于什么场合？

6. 内墙涂料有几类？各用于什么场合？

7. 溶剂型外墙涂料有何特点？

8. 地面涂料有哪几种？各具有什么特点？

9. 什么是特种涂料，请列举两个实例。

10. 简述建筑涂料的发展方向。

第4章

Chapter 4

新型建筑塑料

【本章知识构架】

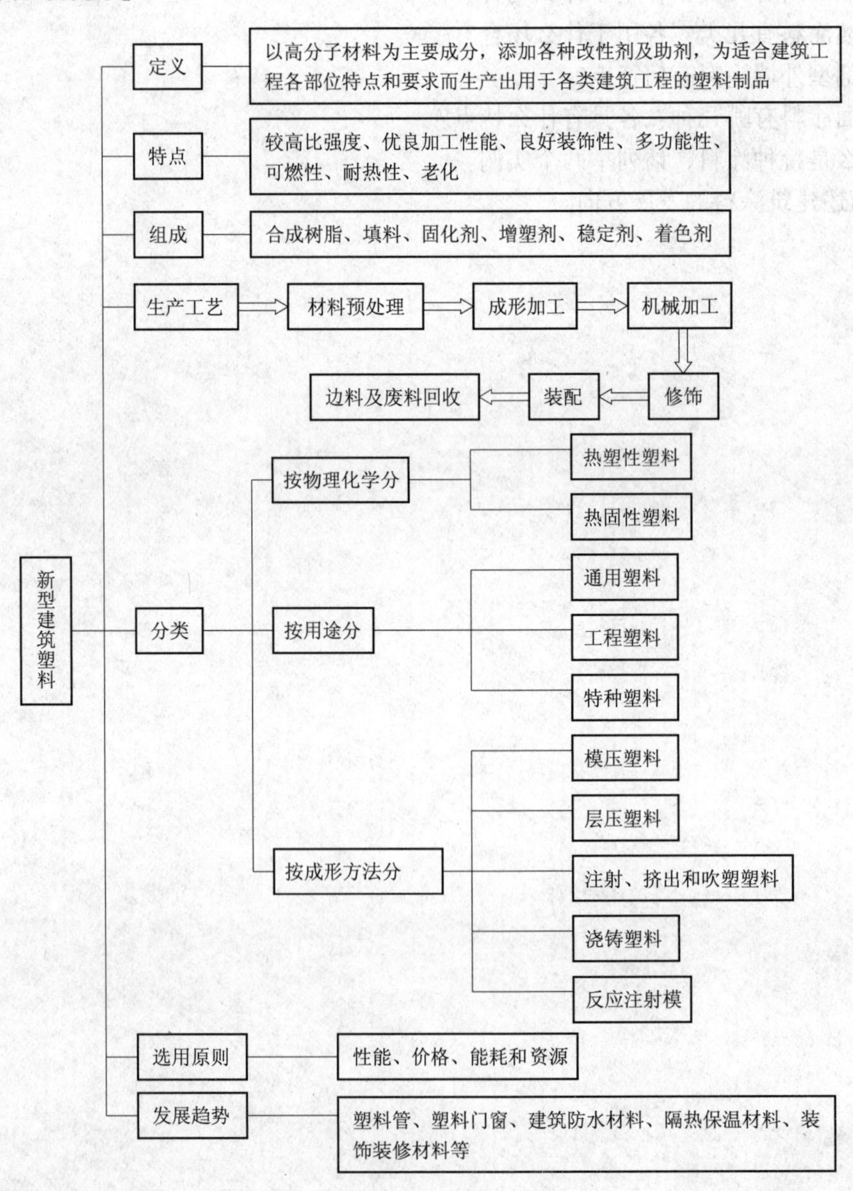

4.1　概述

塑料是指以合成树脂或天然树脂为基础原料，加入（或不加）各种塑料助剂，增强材料和填料，在一定温度和压力下，加工塑制成形或交联固化成形，得到的固体材料或制品。而建筑塑料则是指利用高分子材料的特性，以高分子材料为主要成分，添加各种改性剂及助剂，为适应建筑工程各部位的特点和要求而生产出用于各类建筑工程的塑料制品。

建筑塑料是继钢材、木材、水泥之后当代新兴的第四代新型建筑材料。建筑塑料主要包括塑料管、塑料门窗、建筑防水材料、隔热保温材料、装饰装修材料等。推广应用新型建筑塑料，具有明显的经济效益和社会效益。近几年应用试点表明，在建筑塑料的生产能耗方面，生产单位体积聚氯乙烯（PVC）能耗仅分别为钢材和铝材的1/4 和1/8；在使用能耗方面，采暖地区采用塑料窗代替普通金属窗，可节约采暖能耗30%～40%；塑料给排水管代替金属输水管节能达50%。建筑塑料制品已广泛用于人们的生产生活中，例如，塑料给排水管与金属管相比可提高供水能力20%左右，现已在我国20多个省市自治区推广应用PVC给排水管，塑料线槽、线管在住宅小区中得到了普遍应用。高密度的凹燃气管和室内给水管也在进行应用试点，农业排灌、化学矿山建设等工程中也大量应用塑料管；而塑料门窗具有优良的密封性、抗腐蚀性，使其特别适用于寒冷地区、沿海盐雾性气候地区的建筑和有腐蚀性的工业厂房，不需维护保养，可节省大量维修费，东北三省、内蒙古等一些城镇，已有30%以上新建住宅安装使用了塑料窗，广东大部分地区的洗手间、厨房等普遍使用了塑料门。

4.1.1　建筑塑料的组成

在建筑塑料的组成材料中，合成树脂是主要成分，此外，为了改进建筑塑料的性能，还要添加各种辅助材料，如填料、增塑剂、稳定剂、着色剂等。

1. 合成树脂

合成树脂是由低分子化合物通过缩聚或加聚反应合成的高分子化合物，是塑料的基本组成材料（含量为30%～60%），在塑料中起胶结作用，能将其他的材料牢固地胶结在一起。按生产时化学反应的不同，合成树脂分聚合树脂（如聚乙烯、聚氯乙烯等）和缩聚树脂（如酚醛、环氧树脂等）。树脂是决定塑料性质的最主要因素。

2. 填料

填料又叫填充剂，是为了改善塑料制品某些性质（如提高塑料制品的强度、硬度和耐热性以及降低成本等）而在塑料制品中加入的一些材料。填料在塑料组成材料中占40%～70%，常用的填料有木粉、滑石粉、硅藻土、石灰石粉、铝粉、炭黑、云母、二硫化钼、石棉、玻璃纤维等。其中纤维填料可提高塑料的结构强度；石棉填料可改善塑料的耐热性；云母填料能增强塑料的电绝缘性；石墨、二硫化钼填料可改善塑料的摩擦和耐磨性能等。此外，由于填料一般都比合成树脂便宜，故填料的加入能降低塑料的成本。

3. 固化剂

固化剂又称硬化剂，其作用是在聚合物中生成横跨键，使分子交联，由受热可塑的线型结构变成体型的热稳定结构，可使树脂成为较坚硬和稳定的塑料制品。

4. 增塑剂

为了提高塑料在加工时的可塑性和制品的柔韧性、弹性等，在塑料制品的生产、加工时要加入少量的增塑剂。增塑剂通常是具有低蒸汽压、不易挥发的分子量较低的固体或液体有机化合物。

5. 稳定剂

许多塑料制品在成形加工和使用过程中，由于受热、光、氧的作用，过早地发生降解、氧化断链、交联等现象，使材料性能变坏。为了稳定塑料制品的质量，延长使用寿命，通常要加入各种稳定剂，如抗氧剂（酚类化合物等）、光屏蔽剂（炭黑等）、紫外线吸收剂（2-羟基二苯甲酮、水杨酸、苯酯等）、热稳定剂（硬脂酸铝、三盐基亚磷酸铅）等。

此外，根据建筑塑料使用及成形加工中的需要，有时还加入润滑剂、抗静电剂、发泡剂、阻燃剂及防霉剂等。

6. 着色剂

为使塑料制品具有特定的色彩和光泽，可加入着色剂。着色剂按其在着色介质中的溶解性分为染料和颜料，染料皆为有机化合物，可溶于被着色的树脂中；颜料一般为无机化合物，不溶于被着色介质，其着色性是通过本身的高分散性颗粒分散于被染介质，其折射率与基体差别大，吸收一部分光线，而又反射另一部分光线，给人以颜色的视觉。颜料不仅对塑料具有着色性，同时兼有填料和稳定剂的作用。

4.1.2 建筑塑料制品的生产工艺

建筑塑料制品加工工艺系统主要由六个完整工序组成：材料预处理、成形加工、机械加工、修饰、装配、边料及废料回收，如图 4-1 所示。

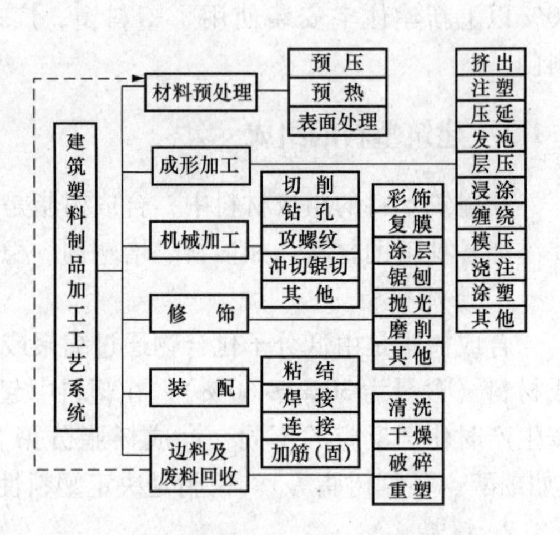

图 4-1 建筑塑料制品加工工艺系统图

材料预处理对于建筑塑料来说是比较重要的，如在成形之前常常需要预压、预热、表面处理（如玻璃纤维增强塑料对玻璃纤维的表面处理）、干燥等。机械加工是指在成形后的制品上进行钻眼、冲切、铣削、攻螺纹等。修饰是为了进一步使制品表面美观等所作的一些工作。装配是指将制品按照设计要求装配成一个整体部件（如把型材、小五金等装配成门、窗，将塑料扶手件装配于基础架上等）。边料及废料的回收在建筑塑料领域也是一个不可忽视的工艺步骤。因为建筑塑料用量大，生产及使用过程中，都有大量的回收料（生产时的边角料、装饰时的切割断料以及日后的废弃料），取之回收、清洗、破碎、重塑、掺混等都是必不可少的工艺环节。

4.1.3 建筑塑料的特性

建筑塑料之所以得到广泛的应用，在于其具有许多优良的特性，主要有以下几个方面：

1. 具有较高的比强度

比强度是强度与表观密度之比。塑料的密度为 0.8 ～ 2.2g/cm^3，为钢材的 1/8 ～ 1/4，是混凝土的 1/3 ～ 2/3。但塑料的强度较高，其比强度可超过钢材，是混凝土的 5 ～ 15 倍，是一种优质的轻质高强材料。

2. 优良的加工性能

塑料可按需要调节制品硬度、密度、色泽，用多种加工工艺制成不同形状的产品，适应建筑上不同用途的需要。

3. 良好的装饰性

现代先进的塑料加工技术可以把塑料加工成各种建筑装饰材料，如塑料墙纸、塑料地板、塑料地毯以及塑料装饰板等。

4. 多功能性

同样一种塑料原材料，根据不同的使用要求，加以不同的添加剂配料，用不同的加工方法和工艺条件，可以加工成各种建筑用塑料制品。最典型、用得最多的塑料，如 PVC 树脂，既可以制作成软质制品（如密封条），也可以制作成硬质制品（如塑料门窗用异形材），还可以发泡做成地板或壁纸。

5. 可燃性

塑料大多可燃，且在燃烧时会产生大量有毒的烟雾，这是它作为土木工程材料的一个弱点，但通过改进配方，如加入阻燃剂、无机填料等，也可制成自熄、难燃的甚至不燃的产品，不过其防火性能仍比无机材料差，在使用中应予以注意。

6. 耐热性

塑料的耐热性比传统材料要差得多，但各种塑料的差异很大。热塑性塑料的耐热性较差，热固性塑料的耐热性较好。塑料的热变形温度范围为 60 ～ 150℃。耐热性最好的是工程塑料聚酰亚胺，可以耐温 400℃，且变形小。

7. 老化

塑料制品的老化是指制品在阳光、空气、热及环境介质中如酸、碱、盐等作用下，分子结构产生递变，增塑剂等组分挥发，化合键产生断裂，从而带来机械性能变坏，甚至发生硬脆、破坏等现象。通过配方和加工技术等的改进，塑料制品的使用寿命可以大大延长，例如塑料管至少可使用 20 ～ 30 年，最高可达 50 年，比铸铁管使用寿命还长。

4.1.4　建筑塑料的分类

建筑塑料种类繁多，分类的依据不同，分成的类别也不同。在此，主要介绍几种常用分类方法。

1. 按物理化学性能分类

（1）热塑性塑料。在特定温度范围内能反复加热软化和冷却硬化的塑料。热塑性塑料能溶于有机溶剂中，热塑性塑料的分子为线型结构。热塑性塑料种类很多，主要有以下几种：聚乙烯塑料（PE）、聚氯乙烯塑料（PVC）、聚苯乙烯（PS）、ABS 塑料等。

1）聚乙烯。聚乙烯由乙烯分子在高、中、低压下聚合而成。高压下聚合的称低密度聚乙烯，分子量较低，质地柔软；低压下聚合的称高密度聚乙烯，分子量较高，质地坚硬。聚乙烯无毒、化学稳定性好，强度高，主要用于冷水管材、水箱和卫生洁具等。

2）聚氯乙烯（PVC）。据添加增塑剂多少不同，可分为硬质聚氯乙烯和软质聚氯乙烯两种。软质聚氯乙烯抗拉强度、抗弯强度及冲击韧性比硬质低，但延伸率较高。聚氯乙烯耐老化，化学稳定性好，阻燃性好。硬质的 PVC 常用于天沟、水落管、外墙覆面板、门窗、排水管等；软质的 PVC 常用于卷材地板、块状地板、壁纸、防水卷材、止水带等。

3）聚苯乙烯（PS）。聚苯乙烯耐水、耐光、耐腐蚀、透明；但性脆、易燃、耐热性差，主要用于泡沫塑料、灯罩、发光平顶板。

4）ABS 塑料。ABS 塑料由丙烯腈（A）－丁二烯（B）－苯乙烯（S）共聚而成。具有较高的冲击韧性，耐热性较好。常用于塑料装饰板和管材。

（2）热固性塑料。因受热或其他条件能固化成不熔不溶性物料的塑料。热固性塑料不溶于有机溶剂，分子结构为三维网状结构。热固性塑料种类很多，主要有以下几种：酚醛塑料（PF）、环氧树脂（EP）、密胺树脂（MF）、不饱和聚酯树脂（OP）、有机硅树脂（SI）等。

1）酚醛塑料（PF）。由酚醛树脂与填料组成。酚醛树脂具有较高的强度，化学稳定性好，耐热、自熄。常用在层压板、玻璃纤维增强塑料中。

2）环氧树脂（EP）。环氧树脂粘结力强、强度高、稳定性好。常用于玻璃纤维增强塑料、胶粘剂等。

3）密胺树脂（MF）。具有很好的耐水性、耐热性、耐磨性、表面光亮，但成本高。常用于装饰层压板。

4）不饱和聚酯树脂（OP）。不饱和聚酯树脂强度高、透光、稳定、耐热、抗老化，但易被酸、碱腐蚀，固化时收缩大。常用于玻璃纤维增强塑料、波形瓦、采光板等。

5）有机硅树脂（SI）。有机硅树脂耐热性好（400 ～ 500℃）、耐腐蚀、与硅酸盐材料结合力好。主要用于层压塑料、防水涂料等。

2. 按用途分类

（1）通用塑料。通用塑料是产量大、用途广、成形性好、价廉的塑料，如聚乙烯、聚丙烯、聚氯乙烯等。

（2）工程塑料。能承受一定的外力作用，并有良好的机械性能和尺寸稳定性，在高、低温下仍能保持其优良性能，可以作为工程结构件的塑料，如尼龙等。

（3）特种塑料。具有特种功能（如耐热、自润滑等），应用于特殊要求的塑料。如氟塑料、有机硅等。

3. 按成形方法分类

（1）模压塑料。模压塑料是供模压用的树脂混合料，如一般热固性塑料。

（2）层压塑料。层压塑料是指浸有树脂的纤维织物，可经叠合、热压结合而成为整体材料。

（3）注射、挤出和吹塑塑料。一般指能在料筒温度下熔融、流动，在模具中迅速硬化的树脂混合料，如一般热塑性塑料。

（4）浇铸塑料。浇铸塑料是指能在无压或稍加压力的情况下，倾注于模具中能硬化成一定形状制品的液态树脂混合料，如 MC 尼龙。

（5）反应注射模塑料。反应注射模塑料是指液态原材料加压注入模腔内，使其反应固化制得成品，如聚氨酯类。

4.2　塑料门窗

以聚氯乙烯（PVC）树脂为主要原料，加上一定比例的稳定剂、着色剂、填充剂、紫外线吸收剂等，经挤出成形，然后通过切割、焊接或螺栓连接的方式制成门窗框扇，配装上密封胶条、毛条、五金件等，同时为增强型材的刚性，超过一定长度的型材空腔内需要添加钢衬（加强筋），这样制成的门窗，称之为塑料门窗。

从人类告别洞穴时代，门窗就成为人们居住的房屋中最重要的组成部分。它给予人们自由与安全、空气和阳光。最原始、最悠久、最常用的门窗材料就是木材。历经千百年的实践，人们已经掌握用木材制作门窗的丰富经验和完善技术。但是，我们赖以生存的地球上的绿色森林资源正在不断减少，无法永远满足人类的需求。用金属材料，如钢、铝合金、不锈钢制造门窗固然不失为一些理想的材料，但是它们在性能、价格、能耗和资源等方面不无缺憾。生产塑料门窗的能耗只有钢窗的26%，1t 聚氯乙烯树脂所制成的门窗相当于 $10m^3$ 杉原木所制成的木门窗，并且塑料门窗的外观平整，色泽鲜艳，经久不褪，装饰性好。其保温、隔热、隔声、耐潮湿、耐腐蚀等性能，均优于木门窗、金属门窗，外表面不需涂装，能在 -40 ～70℃的环境温度下使用 30 年以上。所以塑料门窗是理想的代钢、代木材料。

我国的塑料门窗生产和应用起步较晚，20 世纪 70 年代生产的钙塑门窗，质量不过关，已基本淘汰。真正的塑料门窗生产是从 1983 年由引进设备开始的，当时的技术不是很先进，均采用单腔或二腔结构的型材。之后加大了对引进技术的消化吸收，技术水平有了很大的提高，相关的标准和规范也陆续制定完成。近年来被广泛应用的塑钢门窗，性能优良、加工方便、用途广泛，其特点是减小摩擦、耐磨、耐疲劳和耐药品性优异，刚性、弹性、尺寸稳定性好，是铜、锌、铝等有色金属的最佳代用品。

4.2.1　塑料门窗的性能

塑料门窗有许多优异的性能，主要表现在以下几个方面：

1. 力学性能

塑料门窗的建筑力学性能指标比较多，其中最主要的是抗风压。抗风压主要是指在强风吹袭下，门窗为抵抗风压而产生弯曲变形的能力。由于改性硬聚氯乙烯的弹性模量较低（$E=2500$MPa），仅为木材的1/4。要想达到和木材相同的抗弯强度，只有通过加入钢质加强筋进行补强后才能满足使用要求。

2. 耐候性能

塑料门窗的使用寿命虽然有欧洲已经使用40 年的报道资料加以佐证，但聚氯乙烯的老化问题仍然是人们所担心的。国外研究资料表明，自然老化 20 年的聚氯乙烯窗材表面降解层的厚度为 0.1 ～0.2mm；在外观上出现粉化变色的现象；力学强度有所降低，如冲击强度下降 20%。国内的研究资料也证明了这一点。但相对而言，降解层的厚度对整个窗型材的厚度来说微乎其微，并且降解在达到这个厚度时不再继续进行。力学强度虽然有所降低，但其指标仍能满足大多数国家标准中的规定，不影响塑料门窗的正常使用功能。

3. 保温性能

聚氯乙烯的热导率很低，通常具有冷暖空调的建筑物中，其室内能源的传导损失经由门窗部位泄露的占37%～40%。而门窗的框材材质和玻璃是影响热量传导的重要因素。因此，隔热性的好坏应取决于门窗框材和玻璃的综合隔热效果。相同面积的塑料门窗比金属门窗的保温隔热效果要好，单玻塑料窗比单玻铝合金窗隔热能力高40%，双玻璃窗则超过50%。

4. 密封性能

（1）空气渗透与雨水渗漏。由于塑料门窗尺寸加工精度高，框扇搭接处设计精巧，缝隙处装有弹性密封条，所以防雨水渗漏、空气渗透都比较理想。

（2）隔声与防尘。由于型材的多腔室结构，加上密封性好，其隔声效果有所改善，但效果甚微。要想达到理想的隔声效果，最好采用隔声玻璃或双层玻璃。

5. 腐蚀性能

塑料门窗的材质有极好的化学稳定性和耐腐蚀性，不受任何酸、碱、药品、盐雾和雨水的侵蚀，也不会因潮湿或雨水的浸泡而溶胀变形。

6. 燃烧性能

材料的燃烧性能一般分为易燃、难燃和不燃三种。英国、美国、法国以及我国等国家均将硬聚氯乙烯定为1类或B1类材料，属难燃材料。硬聚氯乙烯骤燃温度为400℃，自燃温度为450℃，氧指数高达50。因此，它具有不自燃、不助燃、燃烧后能自熄的性能。防火的安全性比木门窗高得多。有人担心，聚氯乙烯燃烧时释放出氯化氢会致人死亡。试验证明，火灾中能致人死亡的烟雾是高浓度的一氧化碳。氯化氢的浓度仅为一氧化碳浓度的1%，不会致人死亡。

7. 热性能

聚氯乙烯材料的线膨胀系数较大，为75×10^{-6}mm/K。其热变形温度较低，维卡软化点只有80℃左右，因此不宜用于长期高温高热的工业环境。

8. 装饰性能

塑料门窗材质细腻，表面光洁，质感舒适；色泽柔和，浓淡相宜，无需油漆。可随意配合建筑物的外观调配颜色。门窗如有污渍，可用任何家用清洁剂清洗。

4.2.2 塑料门窗的分类

塑料门窗有多种分类形式，本节主要介绍从结构和材质两方面进行的分类。

图4-2 塑料折叠门

1. 按结构形式分类

（1）塑料门的品种。塑料门按其结构形式分为镶板门、框板门和折叠门（图4-2）；按其开启方式分为平开门、推拉门和固定门。此外，还分有槛门和无槛门等。平开门与传统木门窗的开启相同；推拉门是固定在导轨内，开关时门在其平面内运动，实现开启或关闭，与推拉门相比，节约了平开门开启时所占有的空间。

（2）塑料窗的品种。塑料窗按其结构形式分有固定窗、平开窗（包括内开窗、外开窗、滑轴平开窗）、推拉窗（包括上下推拉窗、左右推拉窗）、上旋窗、下旋窗、垂直滑动窗、垂直旋转窗等，如图4-3所示。

图 4-3　典型的几种塑料窗

（a）固定窗；（b）平开窗；（c）推拉窗；（d）上旋窗；（e）下旋窗；（f）垂直滑动窗

2. 按材质不同分类

（1）PVC 塑料门窗。PVC 塑料门窗主要指用未增塑聚氯乙烯（PVC）树脂（一般以缩写 PVC-U、UPVC 或 PVC 表示）为主原料，按比例加入光稳定剂、热稳定剂、改性剂、填充剂等多种助剂，通过机械混合塑化、挤出、成形为各种不同断面结构的型材，以成为窗杆件，通过对型材的切割，穿入增强型钢，焊接后装上五金件密封胶条、毛条、玻璃等成为成品窗，其规格和技术要求详见《塑料门窗及型材功能结构尺寸》（JG/T 176—2005）。在各类建筑窗中，PVC 塑料窗在节约生产能耗、回收料重复再利用能耗和使用能耗方面有突出优势，在保温节能方面有优良的性能价格比。

（2）玻璃纤维增强塑料（玻璃钢）门窗。玻璃纤维增强塑料门窗（通称玻璃钢门窗），一般系采用热固性不饱和树脂为基体材料，加入一定量矿物填料，以玻璃纤维无捻粗纱和其他织物为增强材料，拉挤时，经模具加热固化成形，作为门窗框杆件，其规格和技术要求详见《玻璃纤维增强塑料（玻璃钢）门》（JG/T 185—2006）、《玻璃纤维增强塑料（玻璃钢）窗》（JG/T 186—2006）。国外以无碱玻璃纤维增强，制品表面光洁度较好，不需处理可直接用于制窗。国内自主开发的玻璃钢门窗型材一般用中碱玻璃纤维增强，型材表面经打磨后，可用静电粉末喷涂，表面覆膜等多种技术工艺，获得多种色彩或质感的装饰效果。

（3）工程塑料门窗。很多工程塑料都可以用来生产异型材，但只有那些基本具有 PVC 的优良性能，在某些方面甚至超过 PVC，且能满足更高的要求，同时价格不是特别高的塑料才可能成为可选择的材料。目前门窗使用较多的工程塑料是 ABS 和 ASA。

ABS 树脂是丙烯腈 - 丁二烯 - 苯乙烯共聚物，英文名称 Acrylonitrile-Butadine-Styrene（简称 ABS）。ABS 是一种综合性能良好的树脂，无毒，微黄色，在比较宽广的温度范围内具有较高的冲击强度，热变形温度比 PA、PVC 高，尺寸稳定性好，收缩率在 0.4%～0.8% 范围内，若经玻纤增强后可以减少到 0.2%～0.4%，而且绝少出现塑后收缩。ABS 具有良好的成形加工性和良好的配混性，可与多种树脂配混成合金（共混物）。

ASA 树脂是丙烯腈－苯乙烯－丙烯酸酯共聚物，英文名称 Acrylonitrile-Styrene-Acrylate（简称 ASA）。ASA 具有极强的耐紫外线能力，颜色稳定，耐候性优。ASA 树脂的成形品在室外暴露 15 个月后，冲击强度和伸长率几乎没有下降，颜色变化也很小，而 ABS 树脂的成形品的冲击强度则下降了 60% 以上。ASA 树脂具有良好的耐化学药品性，耐碱、稀酸、矿物油、植物油及各类盐类溶液。ASA 树脂的着色性良好，可以染成各种鲜艳的颜色。它还具有高强度、高刚性，良好的可回收再生性等。此外，ASA 树脂还具有优良的成形性。因此，在西欧和美国，ASA 树脂已经被广泛用于制造各类住宅的窗框和门板，也用于制造住宅的浴槽及卫生间的冲洗水槽等。

（4）塑钢门窗。塑钢门窗是以聚氯乙烯（PVC）树脂为主原料，加上一定比例的内外润滑剂、光稳定剂（紫外线吸收剂）、改性剂、着色剂、填充剂等辅助剂混合溶化后，经挤出加工成空腔塑料型材，然后通过切割焊接的方式加工成门窗框扇，装配上玻璃、橡胶密封条、毛条、五金件等附件制作成的。型腔内用安装增强型钢的方法，来增强门窗的刚性，故称之为塑钢门窗。

塑钢门窗用异形材断面采用多腔室中空结构，内部隔成数个充满空气的小空间，经热熔焊接后，形成多个密封的空气隔层，从而降低热传导率，因而具有良好的隔声性和隔热性；由于型材内部衬有增强钢材，便于组合安装各种窗形，便于五金件、配件的安装、固定，从而增加塑钢门窗的安全可靠性；此外，由于有内钢衬，抗风压强度可达 1000 ～ 3500Pa，而我国风力最大的东南沿海地区平均风压也不过 800Pa，其他地区一般在 400Pa 左右。所以说，塑钢门窗可满足我国任何地区的抗风压要求。需要注意的是，因为塑料框扇型材与增强型钢是两种不同材料，其组合为机械组合，而且最重要的，产品展示的是塑料的优越性能，钢衬只起协同增强作用，没有其他功能，所以在国家标准里，这种门窗统称为塑料门窗。

3. 窗用材料的性能比较

表 4-1 列出了作为窗用异型材的 ASA、ABS 和 PVC-U 的性能。由表可见，ASA、ABS 与 PVC-U 的性能相近，有几个方面更加突出。首先，ASA 和 ABS 的密度更小，对单位体积异型材的成本是有利的；其次，ASA 和 ABS 的维卡软化温度更高，这一点对深色的窗来说是非常重要的，因为在夏天，深色窗上的温度可能达到 70℃以上。另外，ASA 耐候性甚至比 PVC 更好。用 ASA 异形材制造的窗样品，在一栋建筑上从 1991 年使用至今仍然完好如初。

表 4-1　　窗用材料的性能比较

性　能	PVC-U	ABS	ASA
密度/（g/cm^3）	1.4 ～ 1.5	1.06	1.07
拉伸强度/MPa	45	50	48
维卡软化温度/℃	79	101	98
拉伸弹性模量/MPa	2500	2500	2600
简支梁缺口冲击强度/（kJ/m^2）	35	27	15
热导率/［W/（m·K）］	0.16	0.17	0.17
线膨胀系数（23 ～ 80℃），$\times10^{-5}$/℃	8	8	8
吸水率（23℃，24h）（%）	<0.1	0.4	0.4
耐候性	需选用光温度的牌号	不能用于室外	需选用光温度的牌号

4.3 管材

1936年德国首先应用PVC管输送水、酸及排放污水，使金属管材一统天下的局面受到了严重的挑战。历史的实践证明，塑料管与传统的金属管相比，具有质量轻、能耗低、不生锈、不结垢等优点，已被人们公认为是目前建筑塑料中重要的品种之一，被大量用于建筑工程中。20世纪80年代初期，我国开始系统地研究在市政工程和建筑工程中使用塑料管道，先后开发出聚氯乙烯（PVC）管、玻璃钢夹砂（RPM）管、聚乙烯（PE）管、铝塑复合（PAP）管、交联聚乙烯（PE-X）管、聚丙烯（PP-R）管、氯化聚氯乙烯（CPVC）管、工程塑料（ABS）管、钢塑复合（SP）管等品种。塑料管种类与应用范围见表4-2。

表4-2 塑料管种类与应用范围

用途种类		市政给水	市政排水	建筑给水	建筑排水	室外燃气	热水采暖	雨水管	穿线管	排污管
PVC	PVC-U	√	√	√	√	—	—	√	—	—
	CPVC	√	—	√	—	—	√	—	—	√
	径向加筋管	—	√	—	—	—	—	—	—	—
	螺旋缠绕管	—	√	—	—	—	—	—	—	—
	芯层发泡管	—	—	—	√	—	—	√	—	—
	螺旋消声管	—	—	—	√	—	—	√	—	—
	双壁波纹管	√	√	—	—	—	—	—	—	—
	单壁波纹管	—	—	—	—	—	—	—	√	—
PE	HDPE	√	—	√	—	√	—	—	—	—
	MDPE	—	—	√	—	√	—	—	—	—
	LDPE	—	—	—	—	—	—	—	√	—
	双壁波纹管	√	√	—	—	—	—	—	—	—
	螺旋缠绕管	—	√	—	—	—	—	—	—	—
PE-X		—	—	√	—	—	√	—	√	√
PP-R		—	—	√	—	—	√	—	√	√
PB		—	—	√	—	—	√	—	—	√
ABS		—	—	√	—	—	√	—	—	—
RPM		√	√	—	—	—	—	—	—	—
PAP		—	—	√	—	√	√	—	√	√
SP		√	√	—	—	√	—	—	—	—

塑料管的优点如下：

（1）质量轻。以0.9cm壁厚，直径为10cm的水管为例，铸铁管为20～25kg/m，塑料管为3.5kg/m，塑料管的相对密度只有铸铁的1/7，铝的1/2，因此管道运输费用及施工时的劳动强度大大降低。

（2）耐腐蚀性能好。塑料管能耐多种酸碱等腐蚀性介质，不易锈蚀，作为给水管，不易发黄。据国外资料报道，硬聚氯乙烯管材寿命预测可长达50年。

（3）流动阻力小。塑料管内壁光滑，不易结垢或生苔，在同样的水压力下，塑料管内的流量比铸铁管中的高30%，且塑料排水管不易阻塞，疏通较容易。

（4）节能。塑料的加工成形温度较低，据统计，生产硬聚氯乙烯管材节能效果达50%以上；塑料管的保温效果大大高于金属管道，在输送热水管道方面保温效果良好。

（5）有装饰效果。铸铁管易生锈，常涂以黑色沥青涂料保护，与其他材料很不协调，塑料管却可以着色，外表光洁，起一定装饰作用。

（6）安装方便。铸铁管连接虽也可采用承插式，但做接头、密封比较繁琐；白铁管采用螺纹连接，要绞螺纹，密封也较繁复。而塑料管连接方便灵活，溶剂连接的承插式操作十分简单，橡胶密封圈连接也不必绞螺纹，安装速度快。

基于上述优点，塑料管材在我国建筑业中应用越来越广。“十一五”期间，平均每年塑料管材用量超过200万t。塑料管材产业的发展将以PE管材和PVC-U管材为重点，并大力发展其他新型管材。“十一五”期间塑料管材行业的发展情况：一是，主要产品要满足市场需求，产品品种齐全，质量显著提高，产业整体水平达到或接近国际先进水平；二是，2010年塑料管材在全国建筑和市政工程领域各类管材市场中占有率达到60%以上，其中在建筑给水管中占80%，在建筑排水管中占80%，在建筑雨水排水管中道占70%，在建筑电线穿线护套管中占90%，在城镇排水管中道占50%，在城镇燃气中占60%。

但塑料管也存在一些缺点，使其应用受到一定的限制。

（1）耐热性差。除玻璃钢管材外，大多数塑料管，如聚氯乙烯、聚乙烯、聚丙烯等都是热塑性塑料，使用时应避免高温，否则会造成管道变形、泄漏。

（2）热膨胀系数大。塑料的冷热收缩大，因此在管道系统设计时应考虑安装较多的伸缩接头，留有余地。

（3）抗冲击性能较低。有些塑料管如硬质聚氯乙烯的抗冲击性能不及金属管，受到撞击时容易破裂，使用时应避免冲击。

4.3.1 建筑用塑料管材的分类

常见建筑用塑料管材的分类形式，主要有以下几种：

1. 按用途分类

（1）排水管。包括建筑排水管（室内下水管）和埋地排水管（室外排水管）。

（2）给水管（供水管）。包括室外给水管（含城乡供水管）和建筑给水管（室内冷水管和热水管）。

（3）其他。输气管（燃气管）、雨落管（建筑雨水管）和电工套管（如穿线管、通信护套管、埋地输电线套管等）。

2. 按材料分类

建筑用塑料管材按材料不同可以分为硬聚氯乙烯（PVC-U）管、软聚氯乙烯（PVC-S）管、氯化聚氯乙烯（CPVC）管、增强或复合聚氯乙烯管、高密度聚乙烯（HDPE）管、中密度聚乙烯（MDPE）管、低密度聚乙烯（LDPE）管、交联聚乙烯（PE-X）管、均聚丙烯（PP-H）管、嵌段共聚聚丙烯（PP-B）管、无规共聚聚丙烯（PP-R）管、聚丁烯（PB）管、丙烯腈-丁二烯-苯乙烯（ABS）管、玻璃钢（GRP）管、衬塑或涂塑钢管、衬塑铝管、铝塑复合管、塑复铜管等。

3. 按其形状或结构分类

建筑用塑料管材按形状或结构可以分为单层塑料管（包括非圆形管）、多层塑料管（包括芯层发泡管、多层复合管）、波纹管（包括中层、双层、三层管）、缠绕成形管、衬塑、涂塑或复塑金属管、夹泡沫塑料的金属塑料复合管、玻璃钢管、纤维增强塑料软管等。

目前，国外塑料管仍以聚氯乙烯管（PVC）和聚乙烯管（PE）为主导产品，近几年来，PE管作为城市供水管和燃气管发展很快，增长速度远远超过PVC。塑料管材的口径可以从几十毫米到几千毫米，多以挤出加工成形法生产。

4.3.2 常用塑料排水管材

排水系统为非压力管，对密封的要求不及压力管道高。最常用的就是PVC-U管材管件，也有采用PP、HDPE的。对可能排放热水的场合，最好采用PP或ABS管道系统。

1. 硬聚氯乙烯排水管（PVC-U）

聚氯乙烯是由乙炔气体和氯化氢合成氯乙烯，再聚合而成。具有较高的机械强度和较好的耐腐蚀性。聚氯乙烯（PVC）于20世纪40年代发明，开发初期是以新材料面貌出现。美国开发使用PVC-U管材有多年的历史，20世纪90年代已占建筑用塑料管材的72%，并逐年以约5%的速度增长。日本开发使用塑料管始于1951年，但发展较快，每年以3.2%速度增长。在美国、西欧和日本，PVC-U管材得到充分发展，目前，它仍是塑料管材的主导产品之一。

国内对PVC-U管材的推广应用起步较晚，1983年前只在沿海地区有少量采用。自国家加大推广塑料管材以来，发展迅速。据最新资料报道，我国PVC-U管材占整个塑料用管数的80%以上，是应用最为广泛的建筑塑料之一。国内一些城市PVC-U建筑排水管使用率达到90%以上，在城市供水管道中，已铺设PVC-U管道超过8000km，最大管径达630mm，在城市排水管道中使用率逐年提高，使用的管径不断增大。

（1）硬质聚氯乙烯管材的性质。

1）热性质。硬质聚氯乙烯管的线膨胀系数很大，几乎比钢管大5～7倍，约为$5.9\times10^{-5}/℃$，随着温度的升高，硬聚氯乙烯管的强度直线下降；温度降低时，硬聚氯乙烯管的耐冲击强度降低。因此，Ⅰ型硬聚氯乙烯管的使用不宜超过60℃。如超过60℃时，必须采用Ⅲ型硬管。在低温使用时，硬聚氯乙烯管要避免受冲击。

2）耐化学腐蚀性。硬聚氯乙烯管有良好的耐化学腐蚀性能，如耐酸、碱、盐雾等；在耐油性能方面超过碳素钢，在耐低浓度酸性能方面也超过不锈钢和青铜，且不受土壤和水质的影响。但硬聚氯乙烯管不耐酯和酮类以及含氯芳香族液体的腐蚀。

3）耐久性。硬PVC管材与钢管相比，钢管质硬而坚固，但其易受酸、碱等化学物质的腐蚀，实际使用寿命不长，特别是使用在潮湿地方时一般寿命仅为5～10年。如果使用硬聚氯乙烯管，只要合理选择配方，可获得良好耐候性的硬聚氯乙烯管，它铺设在地下时，不受潮湿、水分和土壤酸碱度的影响，不导电，对电介质腐蚀不敏感。世界各国的应用实践证明，硬聚氯乙烯管在不同的使用条件下，寿命可达20～50年。

4）力学性能。硬聚氯乙烯管具有较好的抗拉和抗压强度，但其柔韧性不如其他塑料管，其强度不如钢管，因此，在要求耐冲击的环境中，一般采用改性耐冲击的硬聚氯乙烯管。

5）阻燃性。由于聚氯乙烯本身难燃，硬管配方中包含相当数量的无机物填料和增韧聚合物或含氯、磷、溴的增塑剂，它们能起阻燃作用。因此，硬聚氯乙烯管具有自熄性能。

6）毒性。所谓聚氯乙烯管毒性，是指聚氯乙烯树脂中的残留单体氯乙烯和有毒稳定剂中的铅、镉含量超过规定限量。氯乙烯和铅、镉在水中会从管道中析出，从而危害环境和人类的健康，并有致癌的可能性，因此，使用硬聚氯乙烯管作为饮水管，是不安全和不卫生的，对此曾引起人们的担心。世界各地对此进行了大量的研究工作，解决的方法首先是从树脂中排除氯乙烯残留单体，二是采用双螺杆挤出机生产硬聚氯乙烯管，以图大幅度减少含铅、镉稳定剂的用量，从而保证管材中铅、镉的析出能在国家规定的指标以下。

（2）硬聚氯乙烯管材的应用。普通 PVC 排水管的噪声大于铸铁管，对于采用明装管道，这种情况则更为明显。目前解决该问题的两条途径是改变水流条件或是提高管材材质的隔声效果。为此，内壁设有导流螺旋凸起的螺旋管、芯层发泡管（图 4-4）和空壁管、芯层发泡螺旋管、空壁螺旋管（图 4-5）等开始抢占市场。

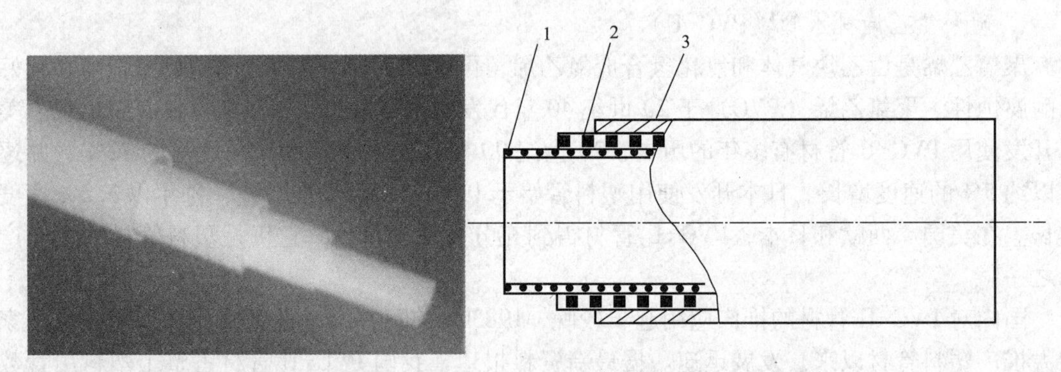

图 4-4　芯层发泡管结构

1—内皮层；2—发泡芯层；3—外皮层

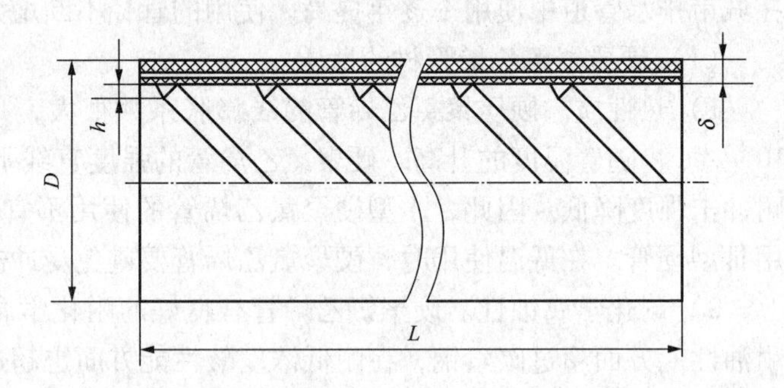

图 4-5　空壁螺旋管

水力学上，塑料管因内壁光滑、阻力小、水流速度大，其立管通水能力大于铸铁管的观点正受到挑战。相反，认为这些“优点”恰为不利因素，水流速度大使管内空气压差、压力波动加大，最终导致通水能力下降的观点已得到更多人的认同，不少理论推证、试验测定甚至于工程实例对此也提供了支持，并提出应采取“消能”措施或增加管内壁的粗糙度等方法来提高通水能力。PVC-U 螺旋管的内壁结构在这方面也提供了一定的优势。由于螺旋肋的导流作用，下水沿管内壁螺旋下落，降低了流速，并在管中形成通气柱，从而降低了管内压差及压力波动，提高了排水能力。但上述的水通量包括噪声的测试结果毕竟是在某种特定状态下进行的，实际应用中的水流状态、声波传递等受多种因素的影响，因此现在仍有不少人对此提出疑问。

PVC-U 是难燃的，但难燃性的 PVC-U 管并不意味着可以防火。在目前，国内几种建筑塑料管道的工程设计、施工规程里有关给水管中众多聚烯烃类的可燃材料尚未提出防火要求，但对在高层建筑中应用的 PVC 排水管却有明确的规定。其中塑料排水管管径较大的，遇热熔融塌落易造成管井或楼板贯穿，使火焰和 PVC 分解产生的烟气上串导致火灾蔓延。为此设计规定，需在 PVC-U 管外每一层穿楼板处再加装相当长度的防火套管及阻火圈防火抑烟。但这将使工程投入加大。

图 4-6 聚丙烯超级静音排水管

2. 聚丙烯排水管

聚丙烯塑料管（图 4-6）以聚丙烯树脂为原料，加入适量的稳定剂，经挤出成形加工而成。用于建筑排水管的有普通聚丙烯管、高填充聚丙烯管和改性聚丙烯管。其特点是无毒、耐化学腐蚀、密度小，强度和耐热性比聚乙烯好，可在 110℃连续使用。其致命弱点是耐候性差，特别不耐紫外光，因而聚丙烯排水管只能用于室内或地下掩埋，以避免阳光直照。

3. 玻璃钢管

玻璃纤维增强热固性树脂加砂管，简称玻璃钢管（图 4-7），是以不饱和聚酯树脂为胶粘剂，以玻璃纤维制品为增强材料，一般采用手糊成形法而制成。玻璃钢管材根据成形方法不同，分为卷绕法玻璃钢管、缠绕法玻璃钢管、拉拔法玻璃钢管和玻璃钢夹砂管等。该产品具有质量轻、强度高、不生锈、耐腐蚀、耐高低温、色彩鲜艳及施工、维修、保养简便等优点，其中，最显著的特点就在于它可根据管道用途的不同选用不同的内衬树脂，从而适用于各种水质水的输送，例如，北京市 2004 年重大建设工程之一的平谷应急水源工程中就首次采用了新型玻璃钢管材（图 4-8）作为输送管道。此外，玻璃钢材料由于耐腐蚀及耐候性特别好，经常作户外用管，尤其是综合物理性能要求极好的大口径市政排污管材。

图 4-7 玻璃钢管

图 4-8 平谷应急水源工程管道铺设

4.3.3 常用塑料给水管材

随着我国有机化学工业发展以及中央和地方对化学建筑材料的推广应用的重视，各种建筑塑料给水管材纷纷在建筑市场登台亮相。至今有以下管材：硬聚氯乙烯（PVC-U）、高密度聚乙烯（HDPE）、交联聚乙烯（PEX）、聚丁烯（PB）、丙烯腈-丁二烯-苯乙烯（ABS）、氯化聚氯乙烯（CPVC）、铝塑复合管（PE-Al-PE，PEX-Al-PEX）、改性聚丙烯（PP-R，PP-C）、钢塑复合管。各种建筑给水管材的材质不一样，它们的性能也各异，详见表4-3。

表4-3　建筑给水管材性能

品　种	优　点	缺　点
PVC-U	抗腐蚀力强，易于粘合，价廉，质地坚硬	有PVC-U单体和添加剂渗出，不适用于热水输送；接头粘合技术要求高，固化时间较长
HDPE	韧性好，较好的疲劳强度，耐温度性能较好；质轻，可挠性和抗冲性能好	熔接需要电力；机械连接，连接件大
PEX	耐温性能好，抗蠕变性能好	只能用金属件连接；不能回收重复利用
PB	耐温性能好，良好的抗拉、压强度，耐冲击，低蠕变，高柔韧性	国内还没有PB树脂原料，依赖进口，价高
PP-R	耐温性好	在同等压力和介质温度的条件下，管壁最厚
CPVC	耐温性最好，抗老化性能好	价高，仅适用于热水系统
PEX-Al-PEX	易弯曲成形，完全消除氧渗透，线膨胀系数小	管壁厚薄不均匀
ABS	强度大，耐冲击	耐紫外线差，粘结固化时间较长

1. 硬聚氯乙烯管（PVC-U）

PVC-U管（图4-9）的使用，不只限于排水管道，还大量用于楼房的给水管道。这种管材质量轻、耐腐蚀、不生锈、不污染水质、使用寿命长，但强度较低、耐热性差。在世界范围内，硬聚氯乙烯管道（PVC-U）是各种塑料管道中消费量最大的品种，亦是目前国内外都在大力发展的新型化学建筑材料。采用这种管材，可对我国钢材紧缺、能源不足的局面起到积极的缓解作用，经济效益显著。

2. 无规共聚聚丙烯管（PP-R）

聚丙烯可分为均聚丙烯和共聚聚丙烯，共聚聚丙烯又分为分嵌段共聚聚丙烯（PPC）和无规共聚聚丙烯（PP-R）。无规共聚聚丙烯，又称三型聚丙烯，是主链上无规则地分布着丙烯及其他共聚单体链段的共聚物。PP-R在原料生产、制品加工、使用及废弃全过程均不会对人体及环境造成不利影响，与交联聚乙烯管材同被称为绿色建筑材料。

PP-R管（图4-10）除具有一般塑料管材质量轻、强度好、耐腐蚀、使用寿命长等优点外，还具有无毒卫生、耐热保温、连接安装简单可靠、弹性好、防冻裂、环保等特点。

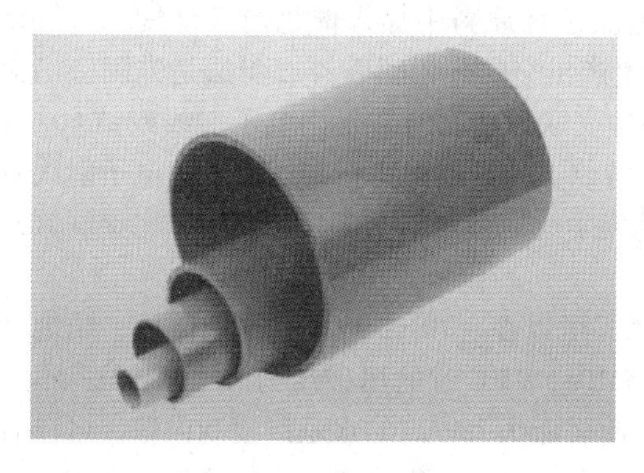

图 4-9　PVC-U 管

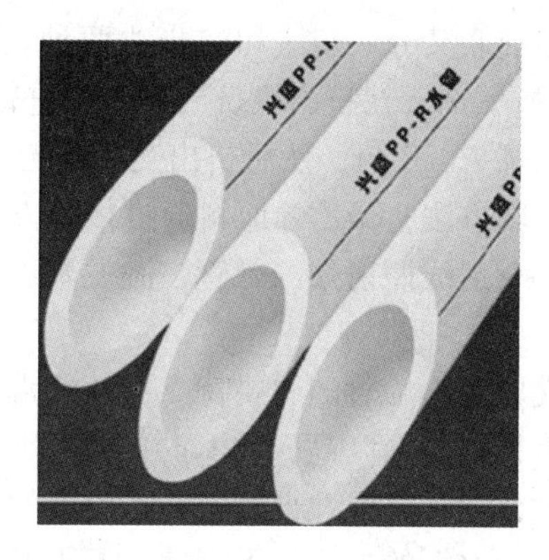

图 4-10　PP-R 管

3. 聚丁烯管（PB）

PB 树脂是用 1 - 丁烯合成得到高分子聚合物，是一种等规度稍低于聚丙烯的等规聚合物。它既有聚乙烯的抗冲击韧性，又有高于聚丙烯的耐应力开裂性和出色的耐蠕变性能，并稍带橡胶的特性，且能长期承受屈服强度 90% 的应力。

聚丁烯管（图 4-11）具有耐热、抗冻、柔软性好、隔温性好、绝缘性能较好、耐腐蚀环保、经济等优点。

4. 高密度聚乙烯管（HDPE）

高密度聚乙烯管（图 4-12）以它的优秀的化学性能、韧性、耐磨性以及低廉的价格和安装费受到管道界的重视，它是仅次于聚氯乙烯，使用量排第二位的塑料管道材料。

图 4-11　PB 管

图 4-12　HDPE 管

高密度聚乙烯管（HDPE）双壁波纹管是一种用料省、刚性高、弯曲性优良，具有波纹状外壁、光滑内壁的管材。双壁管较同规格同强度的普通管可省料 40%，具有高抗冲、高抗压的特性，发展很快。在欧美国家中，HDPE 双壁波纹管，在相当范围内取代了钢管、铸铁管、水泥管、石棉管和普通塑料管，广泛用作排水管、污水管、地下电缆管、农业排灌管。

5. 交联聚乙烯管（PEX）

交联聚乙烯是通过化学方法或物理方法将聚乙烯分子的平面链状结构改变为三维网状结构，使其具有优良的理化性能。交联聚乙烯管制造通常有化学交联和物理交联两种方法，其中化学交联又分一步法和二步法两种。一步法是聚乙烯原料中加入催化剂（硅烷、过氧化物）、抗氧剂，在挤出机挤出过程中进行交联，生产出交联聚乙烯管；二步法是先制造出交联聚乙烯 A、B 料，然后挤出交联聚乙烯管。物理交联方法，通常是用电子射线或钴 60－γ 射线交联方法，聚乙烯原料通过传统方法生产成管材，然后通过电子加速器发出电子射线或钴 60－γ 射线照射聚乙烯管，激发聚乙烯分子链发生改变，产生交联反应，生产出交联聚乙烯管。

交联聚乙烯管的主要特点：使用温度范围宽，可以在－70～95℃下长期使用；质地坚实而且抗内压强度高，20℃时的爆破压力大于 5MPa，95℃时的爆破压力大于 2MPa；不生锈，耐化学品腐蚀性很好；管材内壁的张力低，使表面张力较高的水难以浸润内壁，可以有效地防止水垢的形成；无毒性，不霉变，不滋生细菌；管材内壁光滑，流体流动阻力小，水力学特性优良，在相同的管径下，输送流体的流通量比金属管材大，噪声也较低；管材的热导率远低于金属管材，因此其隔热保温性能优良，用于供热系统时，不需保温，热能损失小；质量轻，搬运方便，安装简便轻松，非专业人员也可以顺利进行安装，安装工作量不到金属管安装量的 1/2。

6. 铝塑复合管

铝塑复合管为五层复合结构（塑料·胶粘剂·铝材·胶粘剂·塑料，如图 4-13 所示）管，即内外层是聚乙烯塑料，中间层是铝材。铝塑复合管将金属管和塑料管的优点融于一体，克服了普通管的多种缺点，在很多领域取代金属管并优于金属管，就管材的性能而言，具有任何一种纯塑料管无法比拟的综合性能，是一种最安全、最理想的煤气、天然气、冷热水兼用的给输管道，凭借于高性能、安装方便快捷、综合造价低等其他传统管材无法比拟的特性而得到用户的普遍青睐。

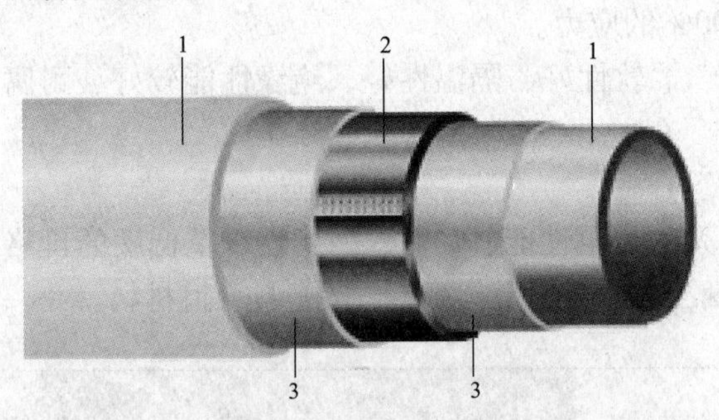

图 4-13　聚乙烯铝塑复合管结构示意图
1—聚乙烯层；2—铝管；3—胶粘层

聚乙烯铝塑复合管的多层复合结构决定了这种管材兼有塑料管与金属管的优异特性。化学性能稳定的交联聚乙烯内外层避免了外界介质的腐蚀，而塑性及强度较好的金属放在中间位置，一方面保护其不受外界物质的侵蚀，另一方面增强了管材的强度、阻隔性及塑性。

普通聚乙烯铝塑复合管主要应用于给水系统、饮料和药液输送系统等领域。交联聚乙烯铝塑复合管主要应用于热水输送系统、暖气输送系统、燃气输送系统等领域。铝塑复合管的缺点是连接密封的可靠性、长久性较差，连接件价格较高。

4.4 建筑膜材

膜建筑因其简洁、优美的曲面造型和卓越的光学、力学、保温、耐火、防水、自洁等性能被誉为 21 世纪的建筑。膜结构工程是集建筑学、结构力学、精细化工、材料科学与计算机科学为一体的高科技工程，在发达国家应用已有 50 余年的历史，发展势头强劲。我国膜结构的理论研究和实践也进展迅猛。

膜结构一改传统建筑材料而使用膜材，其质量只是传统建筑材料的 1/30。而且膜结构可以从根本上克服传统结构在大跨度（无支撑）建筑上实现时所遇到的困难，可创造巨大的无遮挡的可视空间。这种结构形式特别适用于大型体育场馆、入口廊道、小品、公众休闲娱乐广场、展览会场、购物中心等领域。

膜结构从结构方式上大致可分为骨架式［图 4-14（a）］、张拉式［图 4-14（b）］、充气式膜结构［图 4-14（c）］和组合式膜结构［图 4-14（d）］四种形式。按膜材特性又可分为永久性膜结构（膜材使用年限可超过 25 年）、半永久性膜结构（膜材使用年限为 10 ～ 15 年）及临时性膜结构（膜材使用年限为 3 ～ 8 年）。

图 4-14　膜结构示意图

（a）骨架式膜结构；（b）张拉式膜结构；（c）充气式膜结构；（d）组合式膜结构

4.4.1　膜结构特性

膜结构具有许多优异的性能，主要表现在以下几个方面：

1. 声学性能

一般膜结构对于低于 60Hz 的低频几乎是透明的，对有特殊吸声要求的结构可以采用具有特殊装置的膜结构，这种组合比玻璃具有更强的吸声效果。

2. 保温性能

单层膜材料的保温性能与砖墙相同，优于玻璃。同其他材料的建筑一样，膜建筑内部也可以采用其他方式调节其内部温度，如内部加挂保温层、运用空调采暖设备等。

3. 防火性能

如今广泛使用的膜材料能很好地满足防火的需求，具有卓越的阻燃和耐高温性能，达到法国、德国、美国、日本等多国标准。

4. 力学性能

中等强度的 PVC 膜：其厚度仅 0. 61mm，但它的拉伸强度相当于钢材的一半。中等强度的 PTFE 膜：其厚度仅 0. 8mm，但它的拉伸强度已达到钢材的水平。膜材的弹性模量较低，这有利于膜材形成复杂的曲面造型。

5. 光学性能

膜材料可滤除大部分紫外线，防止内部物品褪色。其对自然光的透射率可达25%，透射光在结构内部产生均匀的漫射光，无阴影，无炫光，具有良好的显色性，夜晚在周围环境光和内部照明的共同作用下，膜结构表面发出自然柔和的光辉，令人陶醉。

6. 自洁性能

PTFE膜材和经过特殊表面处理的PVC膜材具有很好的自洁性能，雨水会在其表面聚成水珠流下，使膜材表面得到自然清洗。

4.4.2 常用建筑膜材

建筑膜材种类很多，常用的主要聚四氟乙烯（PTFE）膜材、乙烯-四氟乙烯共聚物（ETFE）膜材、聚氟乙烯（PVC）膜材及加面层的PVC膜材，分述如下：

1. PTFE膜材

PTFE膜材由聚四氟乙烯（PTFE）涂层和玻璃纤维基层复合而成，品质卓越，价格也较高，如图4-15所示。PTFE膜最大的特性就是耐久性、防火性与防污性高。

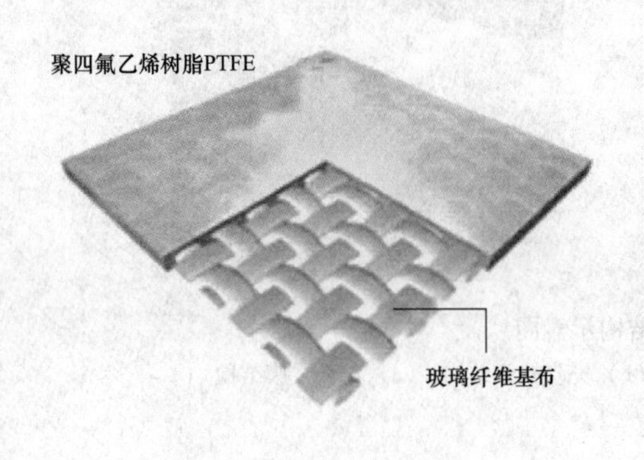

图4-15 PTFE膜示意图

（1）耐久性。涂层材的PTFE对酸、碱等化学物质及紫外线非常安定，不易发生变色或破裂。玻璃纤维在经长期使用后，不会引起强度劣化或张力减低。膜材颜色一般为白色、透光率高，耐久性在25年以上。

（2）防污性。因涂层材为聚四氟乙烯树脂，表面摩擦系数低，所以不易污染，可由雨水洗净。

（3）防火性。PTFE膜符合近所有国家的防火材料试验合格的特性，可替代其他的屋顶材料做同等的使用用途。

（4）透光性。透光率为13%，并且透过膜材料的光线是自然散漫光，不会产生阴影，也不会发生炫光。但PTFE膜与PVC膜比较，材料费与加工费高，且柔软性低，在施工上为避免玻璃纤维被折断，须有专用工具与施工技术。

2. ETFE膜材

ETFE中文名称为乙烯-四氟乙烯共聚物，由ETFE生料加工形成的薄膜，厚度通常为0.05～0.25mm，密度约为1.75g/cm^3。ETFE膜材抗剪切能力强，耐低温冲击性能高，化学性能稳定，透光性极强，防污自洁性好。灰尘及污迹会被雨水冲刷除去，外表的人工清洗一般4年1次。ETFE建筑膜材价格在PTFE建筑膜材与加面层的PVC建筑膜材之间，使用寿命大于20年。

ETFE可用于结构薄板材或使其膨胀成“枕”状。中国国家游泳中心（也称为“水立方”，图4-16）是迄今最大的ETFE项目。其墙壁和房顶将覆以10万多平方米蓝色乙烯-四氟乙烯聚合物枕，厚度正好为1英寸的8‰。乙烯-四氟乙烯聚合物枕将比传统玻璃渗透更多的光和热，同时，减少30%能量成本。

(a)

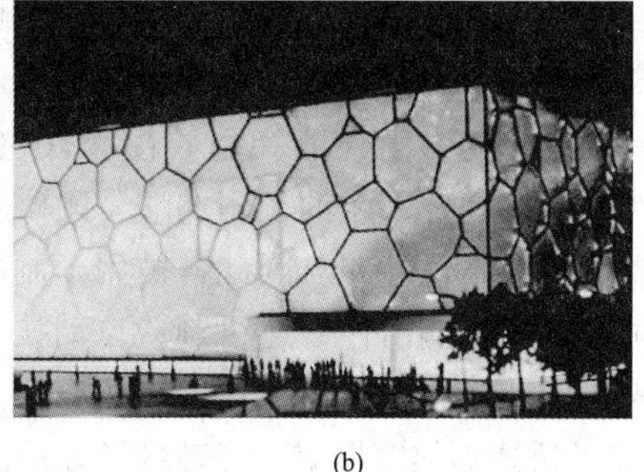
(b)

图 4-16　奥运场馆“水立方”

（a）外膜；（b）夜景

3. PVC 膜材

由聚氯乙烯（PVC）涂层和聚酯纤维基层复合而成。PVC 膜材在材料及加工上都比 PTFE 膜便宜，且具有材质柔软，易施工的优点。但在强度、耐用年限、防火性等性能上较 PTFE 膜差。PVC 膜示意图如图 4-17 所示。一般建筑用的膜材，是在 PVC 涂层材的表面处理上，涂以压克力树脂，以改善防污性。但是，经过数年之后就会变色、污损、劣化。一般 PVC 膜的耐用年限，依使用环境不同在 5 ～ 8 年。

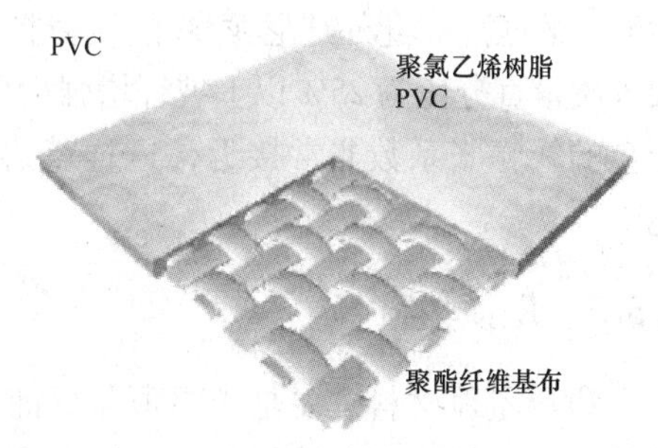

图 4-17　PVC 膜示意图

4. 加面层的 PVC 膜材

由于 PVC 膜材在太阳光下尤其是紫外线照射后，表面老化，增塑剂容易向表层迁移，性能变得不稳定，致使表面易沾污。因此需对其进行面层整理。面层种类目前主要有聚氟乙烯（PVF）、偏氟乙烯（PVDF）以及纳米二氧化钛（Nano-TiO_2）等。加面层的 PVC 建筑膜材品质柔软，易加工，使用寿命在 7 ～ 15 年之间。

4.5　其他塑料制品

随着塑料工业的发展，塑料制品在建筑中的应用越来越广泛，几乎遍及建筑的各个部位。在建筑结构方面，塑料除了用于制作建筑物门窗外，还经常用于各种结构、屋顶、墙壁、栏杆等。

4.5.1　结构塑料

聚四氟乙烯（PTFE）原料多为粉状树脂或浓缩分散液，具有极高的分子量，呈透明或半透明状态。密度 2.1 ～ 2.2g/cm^3，是塑料中最重的一种。除碱金属铬的化合物外，PTFE 几乎不会被其他任何介质腐蚀，能长期耐 -200 ～ 200℃的高低温，且不受氧、臭氧、紫外线的作用，不易老化，不受潮湿、霉菌、虫、鼠等的影响。因此，目前聚四氟乙烯（PTFE）在桥梁、建筑物上用作承重支座已经非常普遍。其广泛用作桥梁、隧道、钢结构屋架、大型化工管道、高架高速公路、大型储槽等地支撑滑块（通常直径为 40 ～ 60mm，厚度为 5mm），允许长期载荷为 3×10^7MPa，短期载荷为 4.5×10^7MPa，位移速率为 1mm/s。

聚甲醛是一种综合性能优良的塑料，力学强度和刚度高，自润滑性和耐磨性好，制品尺寸稳定性好，并具有极其优异的耐疲劳性、耐蠕变性和耐化学药品性。随着聚甲醛加工技术的不断提高，现在聚甲醛可以具有钢材的强度和模量，可用作建筑的支撑材料。

尼龙具有优良的力学性能和耐候性，软化点高，耐热，摩擦系数低，耐磨损，自润滑性、吸震性和消音性好，耐油，耐弱酸，耐碱和一般溶剂，电绝缘性好，有自熄性，无毒，无臭，耐候性好，染色性差。因此，被用于制造窗框缓冲撑挡、门滑轮、窗帘导轨滑轮；利用尼龙的耐磨性和自润滑性，还可制造自动扶梯栏杆、自动门横栏、升降机零件。

近年来，以节能为目的，在双层隔热窗框上，为了和金属铝框隔热，采用玻璃纤维增强尼龙66制造了桥式隔热窗框架。经玻纤增强后的尼龙66在强度、刚性和热变形温度方面都有大幅度提高，如加入质量百分比为25%以上玻纤增强的尼龙66比抗张强度可达1500Pa以上，这与硬铝或合金钢的比抗张强度（1500～1600Pa）相当，真正实现了隔热条与铝合金在力学性能上的匹配。此外纯尼龙66的线膨胀系数是$7\times10^{-5}K^{-1}$，这一数值是铝合金的近3倍，而加入质量百分比为25%以上玻纤增强后尼龙66线膨胀系数可降至$(2.5\sim3)\times10^{-5}K^{-1}$，与铝合金的线膨胀系数非常接近，这样就避免了由于热胀冷缩作用导致隔热条从型材间脱落的危险。

4.5.2 屋顶塑料

塑料屋顶材料主要是指屋顶需要铺设的防水卷材、屋面板和室内装饰天花板等。传统的屋顶材料不仅耐老化性能差，使用寿命短，而且施工周期长，也容易造成工伤事故，严重的还污染环境。因此，20世纪80年代大力开发使用新型高聚物材料。它们具有质轻、耐老化、耐腐蚀、便于施工、不污染环境等优点。

常用的塑料屋顶材料有塑料防水卷材（详见本书第6.2.2节）、塑料屋面板和塑料采光板等。使用最多的树脂有聚氯乙烯（PVC）、聚苯乙烯（PS）、聚乙烯（PE）、聚碳酸（PC）等。

1. 天花板

天花板又称平顶、顶棚等，是指楼板或屋面以下的部分，也是室内重点装饰部分之一。作为顶棚，要求表面光洁或柔和、美观、亮丽，以改善室内的亮度和内部环境。对于某些特殊或高级建筑，对顶棚还有许多其他要求，如保温、隔声、反射（声学建筑）以及特殊视觉效果等。

从形式看，顶棚大部分为水平式，但根据房间的用途不同，也可作成弧形、凹凸形、波浪形和折线形等，以形成丰富多彩的内部空间。

塑料天花板（顶棚）的安装形式通常为悬吊式。悬吊式顶棚在楼板、屋面板与顶棚装饰表面之间有一定的空间，在此空间中，可安装各种管道和设备，如照明、结排水管、空调、水喷淋、烟感器等。另外若空间较大，还可利用空间高度的变化做成立体顶棚，可以充分发挥个人的艺术想象力。

（1）阻燃天花板。阻燃天花板常见的是PVC吸塑阻燃天花板。它是以PVC硬片为原料，通过真空吸塑成形而得到的一种建筑用浮雕装饰材料，表面成立体造型。片材厚度一般为0.3～0.45mm，不发泡。

这种天花板，色彩丰富，具有质轻、防潮、隔热、不易燃、不吸尘、不破裂、易安装等优点。价格低于石膏和泡沫钙塑装饰板。另外，PVC树脂本身的氧指数就在22～24之间，无需添加阻燃剂就能符合有关阻燃的标准要求。

吸塑成形设备简单，占地面积小，工艺容易掌握。另外由于产品较薄，施工后不易产生中间下垂现象，同时 PVC 原材料来源丰富，价格便宜，特别适用于中、低档宾馆、饭店、办公室和民用住宅使用，受到用户广泛青睐。

(2) 发泡天花板。常见的发泡天花板主要有 PE 交联发泡天花板和 PS 泡沫天花板等。

PE 交联发泡天花板是以低密度聚乙烯为主要原料，再添加其他助剂后经混炼、发泡、交联、吸塑成形而制得的一种室内装饰材料。发泡后的片材厚度一般为 6mm。这种天花板图案丰满，色泽好，具有质轻、耐水防潮、保温隔热、吸声及易安装等优点。

该产品一般分为两类，一类是钙塑板，另一类是阻燃板。由于聚乙烯是易燃材料，而且有烧滴现象，通过加入大量碳酸钙，烧滴现象可有较大改善，但仍可燃。加入阻燃剂可以增强阻燃效果，但成本较高。本产品生产设备较简单，工艺控制也不复杂，容易掌握。另外由于该产品较柔软，施工时应注意防止出现中间下垂现象。

PS 泡沫天花板是由发泡 PS 片材经真空吸塑成形的。它重量轻，板材厚度小，仅 0.5mm 左右，价格便宜，外表一般为乳白色，可根据模具不同，制成各种立体花纹图案的产品。与交联 PE 天花板一样也存在可燃性。此类制品主要供宾馆、高级饭店、礼堂和影剧院等公共场所使用。

2. 塑料屋面板

塑料屋面板主要有单层和增强两种类型。

(1) 单层塑料屋面板。最常见的是 PVC 波纹板。硬质 PVC 波纹板有两种基本结构，一种是纵向波纹板，另一种是横向波纹板。国内市场上常见的是纵波板。纵波板宽度可为 900～1300mm。长度在生产上不受限制，但为便于运输，一般最长为 5～6m。纵波板可以做成拱形屋面，中间没有接缝，水密性好，很适宜作小型游泳池的屋瓦而透明聚氯乙烯横波板可以用来吊平顶，上面安装照明装置，形成一个发光平顶，装饰效果非常好。横波板如果较软，还可以卷起来，长度可为 10～30mm，厚度为 1.0～1.5mm。

(2) 增强塑料屋面板。最常见的是玻璃钢波纹板（瓦）。玻璃钢又称玻璃纤维增强塑料。它是以合成树脂为基料，用玻璃纤维及其织物加以增强的复合材料。由于这种材料密度通常在 140～228kg/m^3，仅为普通钢材的 1/5～1/4，而机械强度可达到甚至超过普通碳钢的强度，所以人们常把这种材料称之为玻璃钢。

玻璃钢根据所用树脂类别的不同，可分为热塑性玻璃钢和热固性玻璃钢（FRP）两大类。玻璃钢的问世虽仅有 50 多年的历史，但由于它的性能优异，已被广泛应用到军工、石油化工、交通运输、机电、农业、建筑等各个工业部门。它作为建筑结构材料是其他建筑塑料所无法取代的，建筑工业是玻璃钢的主要应用部门之一。

玻璃钢可以用作建筑物的采光材料、围护材料、装饰装修材料、给排水工程材料、采暖通风材料及土木工程材料等。

3. 采光板

随着我国建筑行业的发展，建筑装饰行业的新技术、新工艺、新材料层出不穷。塑料采光板就是近几年出现的新型建筑装饰采光板，它的出现给建筑师提供了一种新的装饰手段。塑料采光板集透明、质轻、保温、隔声、耐久、防腐、抗冲击为一体，成为近年来建筑装饰业最理想的采光材料之一。

常用的塑料采光板有 PC 采光板、PVC 采光板、高抗冲聚苯乙烯（HIPS）采光板、玻璃钢采光板等。

（1）PC 采光板。PC 采光板是一种综合性能优异的建筑装饰采光板，透光率高、透明性好（透明度和玻璃不相上下）；耐老化；冲击强度高；防结露；质轻，施工安装容易；表面易于清洗；尺寸稳定性好；隔热、隔声，尤其中空板效果好。同时它还具有良好的阻燃性、离火后可以自熄等。它的加工性能也很好，可以钻、锯、切、铆、钉和熟接，还可以弯成各种弧面。但 PC 板也有不足之处，主要是价格较高，因而限制了它的广泛使用，这也是 PC 采光板今后研究的方向之一。

（2）PVC 采光板。PVC 采光板，其透明性不及有机玻璃，仅 75%～85%，可以称为半透明板，采光作用也很好，而且光线柔和。各项物性都较好，尤其具有良好的阻燃性。

（3）HIPS 采光板。HIPS 采光板采光效果良好，尤其具有很好的抗冲击性能。

（4）玻璃钢采光板。玻璃钢采光板常用来作屋面天窗，由于其具有优异的抗冲击性能，作为工业建筑的屋面天窗没有破碎的危险，是屋面天窗的理想材料。它一般为矩形单层油壁拱形结构。

塑料采光板目前已广泛应用于建筑、市政工程设施、广告牌、办公和居室隔断、工业防护罩、高架路面隔声屏、采光顶棚等。目前上海地区的高架公路两旁已大批采用此种板材作隔声屏，达到了良好的效果。如中国西部最大的体育馆一重庆体育馆（图 4-18）在屋顶采光方面首次采用了 GE 塑料的 Lexan 易洁板材。高透光性和突出的耐候性等独特性能使这种材料能够长期暴露于日光和恶劣天气下。

图 4-18　重庆体育馆

习　题

1. 塑料的组成有哪些？其作用如何？常用建筑塑料制品有哪些？
2. 什么是工程塑料？工程塑料门窗与其他材料制作的门窗相比有何优点？
3. 塑料管材有哪些品种和类型？
4. 塑料管材有何优缺点？可应用于哪些范围？
5. 塑料门窗有哪些种类？各用于什么场合？

第5章
Chapter 5

新型建筑装饰材料

【本章知识构架】

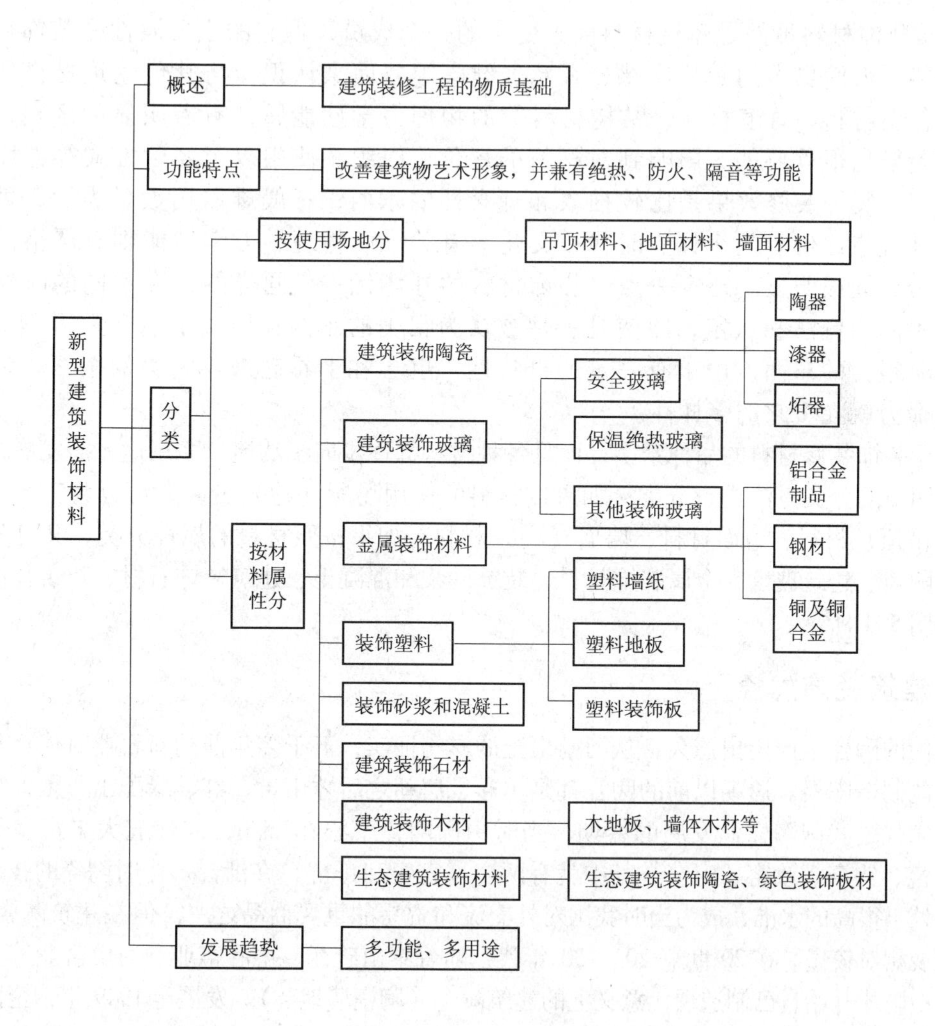

5.1 概述

有建筑就有建筑的装饰装修，从早期的用石灰粉刷墙壁，用油漆涂刷柱子，至当今的新型高档次装饰装修，已历经了几千年的发展。近年来建筑业的蓬勃发展，人民生活水平的不断提高，有力地带动了建筑装饰材料产业的发展，并且，也为建筑装饰业提供了更多、更好、更实用的装饰材料。

建筑装饰材料，一般是指内外墙面、地面、顶棚的饰面材料，用它作为主体结构的面材能大大地改善建筑物的艺术形象，使人们得到舒适和美的享受。装饰材料常兼有绝热、防火、防潮、吸声、隔声等功能，起保护主体结构、延长建筑物寿命的作用，因此，它是房屋建筑中不可缺少的一类材料。有的宾馆、影剧院、高级住宅用于装修上的费用达建筑费的30%，甚至更高。

建筑装饰材料虽然是建筑材料大家庭中的一个成员，但它的主要属性是装饰功能或美学功能，人们更多的是从质感、观感、健康等方面来认识。与其他建筑材料如防水材料、保温材料、管道材料、结构材料等的物理力学性能属性有着明显的区别，这种区别和差异是很重要的，影响到对材料的评价、组织、使用以至经营方式等方面的问题。例如，装饰装修效果是比较抽象和理念性的东西，一般难以用数量表示，可比性较弱，并且与评价者的个体、时代、文化等有关，而物理、力学性能则有严格的量化表述，可比性很明显。还有一点，装饰材料的好坏优劣，同样的人在不同的时期可以有完全不同的看法和认定，即使是一种被认为很美的东西，用久了也会觉得不美，一些并不是很美的东西，由于有一定的奇特性，也会胜于看起来比它美的东西，装饰材料的生命力就在于它的多样性。

由于装饰装修材料的品种繁多，而且各种材料都逐步向多功能、多用途方面发展，很难按十分明晰的分类方法进行分类。如果按材料的使用场所（地）分类，可分为三大类，即天花（吊顶）材料、地面材料、墙面（柱）材料；如果按照材料的属性分类，又可分为建筑装饰陶瓷、建筑玻璃、金属装饰材料、装饰砂浆和混凝土、建筑装饰石材、建筑装饰木材等，如图5-1所示。

5.2 建筑装饰陶瓷

我国的陶瓷生产历史悠久，从河南出土的彩陶证实，五千多年前的新石器时代，我们的祖先已能制造陶器。唐朝以前的陶瓷都是单彩，唐朝之后才由黄、红、绿配出彩釉，统称唐三彩。宋代是我国陶瓷业发展的盛期，当时中国陶瓷中心在浙江，宋代五大名窑，包括官窑、哥窑、钧窑、汝窑、定窑，其中就有两窑（官窑和哥窑）在浙江。当时陶瓷的技术工艺水平已处于很高的水准，成为当时我国对外交流和贸易的重要商品之一。但在建筑陶瓷方面，我国发展相对较慢。在20世纪20～30年代，随着泰山砖瓦、德胜窑业、西山窑业等企业的建立，中国才开始自己制造现代意义上的建筑陶瓷（陶瓷墙地砖）。发展至1949年，全国陶瓷墙地砖年产量仅2310m^2。1980年全国年产量为1261万m^2，至2002年全国年产量占世界总产量59亿m^2的35.6%，至2003年全国产量已达32.5亿m^2，远远超过意大利和西班牙。随着我国城市化进程加快，中小城镇建设的快速发展，农村住房的改善，人民生活水平的提高，对高品质建筑装饰陶瓷的需求还会不断增加。

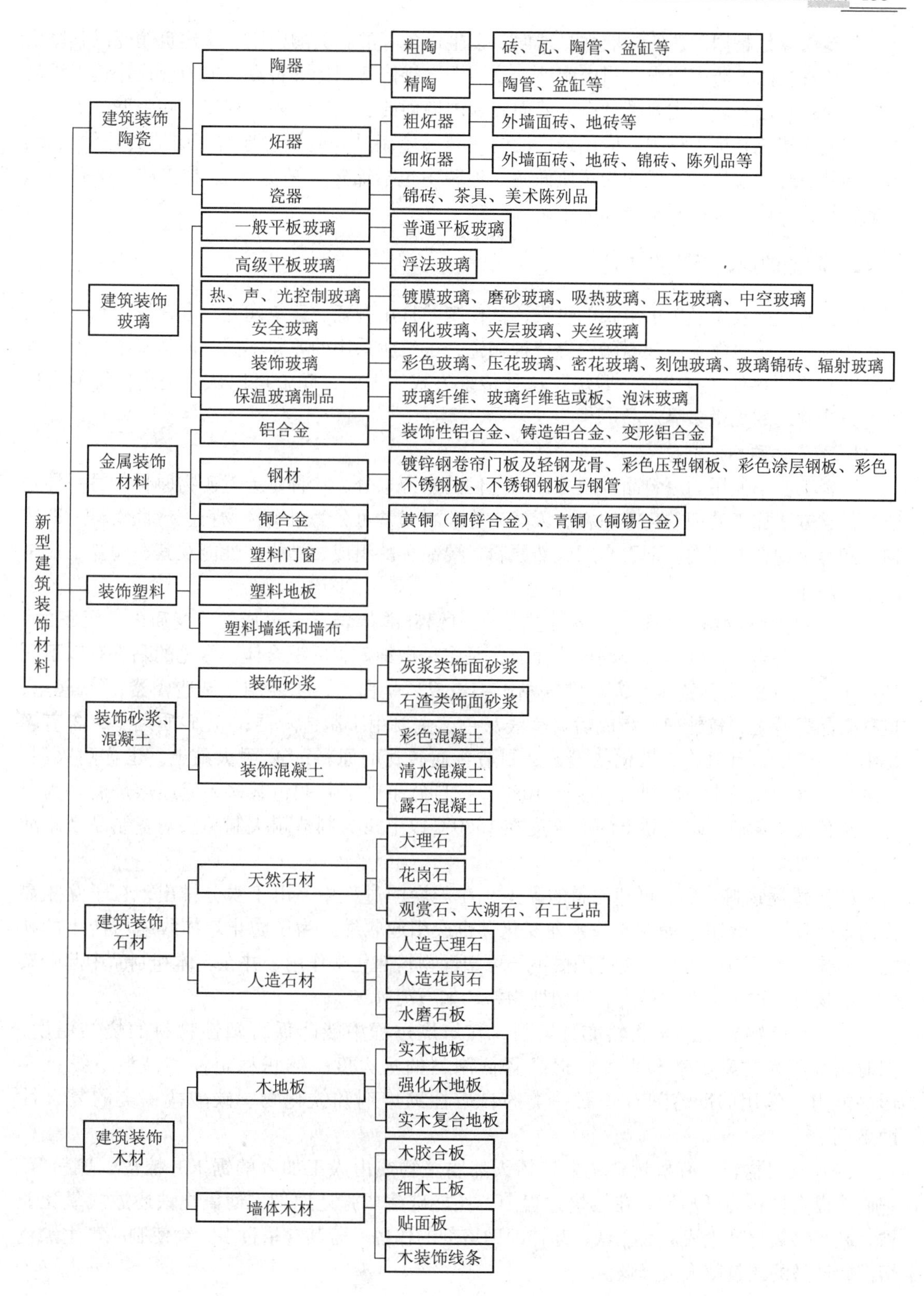

图 5-1　新型建筑装饰材料的分类

建筑陶瓷是指用于建筑物墙面、地面及卫生设备等的各类陶瓷制品。建筑陶瓷以其坚固耐久、色彩艳丽、防火防水、耐磨耐蚀、易清洗，维修费用低等特点，成为现代建筑工程的主要装修材料之一。其主要品种有外墙面砖、内墙面砖、地砖、陶瓷锦砖、陶瓷壁画等。

在现代建筑装饰工程中，应用最广泛的建筑陶瓷制品是陶瓷墙地砖。墙地砖是釉面砖、地砖和外墙砖的总称，一般均为炻质面砖。地砖中包括锦砖（马赛克）、梯沿砖、铺路砖和大地砖等，外墙砖包括彩釉砖和无釉砖。

5.2.1 陶瓷的原料及生产工艺

陶瓷的生产发展经历了漫长的过程，从传统的日用陶瓷、建筑陶瓷、电瓷发展到今天的氧化物陶瓷、压电陶瓷、金属陶瓷等特种陶瓷，虽然所采用的原料不同，但其基本生产过程都遵循着“原料处理→成形→煅烧”这种传统方式，因此，陶瓷可以认为是用传统的陶瓷生产方法制成的无机多晶产品。

1. 陶瓷的原料

陶瓷工业中使用的原料品种很多，从它们的来源来分，一种是天然矿物原料，另一种是通过化学方法加工处理的化工原料。天然矿物原料通常可分为可塑性物料、瘠性物料、助熔物料和有机物料等四类。下面介绍天然原料主要品种的组成、结构、性能及其在陶瓷工业中的主要用途。

（1）可塑性物料——黏土。黏土主要是由铝硅酸盐岩石（火成的、变质的、沉积的）如长石岩、斑岩、片麻岩等长期风化而成，是多种微细矿物的混合体。常见的黏土有以下几种：① 高岭土，也称瓷土，为高纯度黏土，烧成后呈白色，主要用于制造瓷器；② 陶土，也称微晶高岭土，较纯净，烧成后略呈浅灰色，主要用于制造陶器；③ 砂质黏土，含有多量细砂、尘土、有机物、铁化物等，是制造普通砖瓦的原料；④ 耐火黏土，也称耐火泥，此种黏土含杂质较少，熔剂大多少于10%，在自然条件下其颜色甚多，但经熔烧后多为白色、灰色或淡黄色。耐火黏土的耐火度在1580℃以上，为制造耐火制品、陶瓷制品及耐酸制品的主要原料。

（2）瘠性物料。揉成可塑泥料的黏土，在干燥的过程中，由于水分排出，粒子互相靠拢而发生收缩。烧制过程中的一系列变化，也会引起收缩。为了防止坯体收缩所产生的缺陷，常掺有无可塑性而在焙烧范围内不与可塑性物料起化学作用、并在坯体和制品中起骨架作用的物料，称为瘠性物料或非可塑性物料，如石英等。

（3）助熔物料。助熔物料亦称熔剂，在焙烧过程中能降低可塑性物料的烧结温度，同时增加制品的密实性和强度，但会降低制品的耐火度、体积稳定性和高温下抵抗变形的能力。常用的助熔剂有长石一类的自熔性助熔剂和铁化物、碳酸盐一类的复合性助熔剂。

（4）有机物料。有机物料主要包括天然腐殖物或由人工加入的锯末、糠皮、煤粉等，它们能提高物料的可塑性。在焙烧过程中，还能碳化成强还原剂，使氧化铁还原成氧化亚铁，并与二氧化硅生成硅酸亚铁，起辅助助熔剂的作用。若其含量过多，会使制品产生黑色熔洞，产品的质量就大大降低。

2. 陶瓷的生产工艺流程

陶瓷的生产工艺主要有坯体成形、施釉和烧成等工序。施釉制品是根据焙烧的次数可分为一次烧成和二次烧成两种工艺。一次烧成是坯体干燥后立即施釉，坯体与釉同时烧成。二次烧成是坯体干燥后，先素烧，然后再施釉入窑釉烧。

在大量的建筑陶瓷中，应用最为广泛的是陶瓷墙地砖。下面以陶瓷墙地砖作为代表来简单介绍其生产工艺流程。

与其他建筑陶瓷一样，墙地砖是以无机非金属材料为主要原料，经准确配比、混合加工后，按一定的工艺方法成形并经最后烧制而成的。由于墙地砖产品的外形均为规则的薄板状，因而大多采用半干压法成形，故适于自动化流水作业线生产，陶瓷墙地砖典型生产流程如图 5-2 所示。

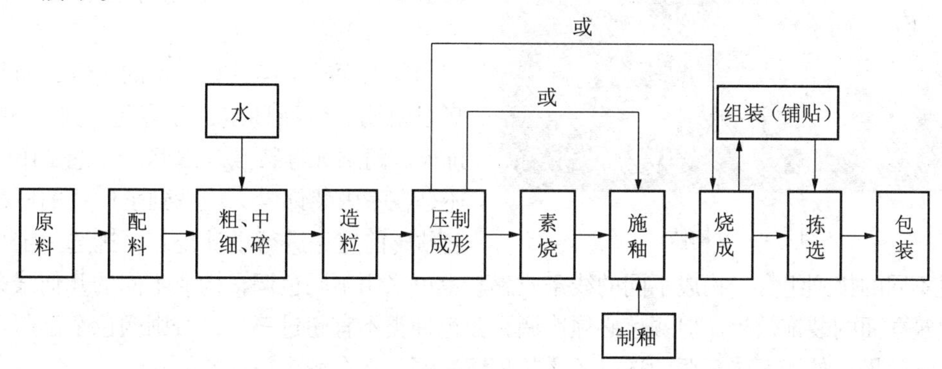

图 5-2　陶瓷墙地砖典型生产流程

5.2.2　常用建筑装饰陶瓷

1. 外墙面砖

外墙面砖是以陶土为原料，经压制成形后于 1000℃左右的高温烧结而成。其规格与性能，见表 5-1。

表 5-1　外墙面砖的种类、规格、性能和用途

种类		一般规格[（长/mm）×（宽/mm）×（高/mm）]	性能	用途
名称	说明			
表面无釉外墙贴面砖（墙面转）	有白、浅黄、深黄、红、绿等色	200 × 100 × 12、150 × 75 × 12、75 × 75 ×8、108 ×108 ×8	质地坚固，吸水率不大于8%，色调柔和，耐水抗冻，经久耐用	用于建筑物外墙，作保护装饰及墙面之用
表面有釉外墙贴面砖（彩釉砖）	有粉红、蓝、绿、金砂釉黄、白等色			
线砖	表面有突起线纹，有釉，并有黄、绿等色			
外墙立体贴面砖（立体彩釉砖）	表面有釉，做成各种立体图案			

外墙面砖的特点是：质地密实、釉面光亮、耐磨、防水、耐腐和抗冻性好，给人以光亮晶莹、清洁大方的美感。外墙面砖是一种应用比较普遍的外墙贴面装饰用品。

外墙砖是用于建筑物外墙的炻质或瓷质建筑装饰砖，有带釉和不带釉两种，如图 5-3 所示。

图 5-3　外墙砖

墙面砖的颜色，通常是利用原料中含有的天然矿物进行自然着色，也有在泥塑中加入各种金属氧化物等进行人工着色。但不论哪种着色方法，由于是制成坯后经过高温烧结而成的，其颜色不仅耐久，而且色彩范围也很宽。可烧制成白色、绿色、红色、浅黄及深黄等颜色。

外墙面砖不仅具有丰富的色彩，而且具有坚固耐用、色泽稳定，并容易清洗、耐磨损、抗火、耐腐蚀等特点。因此，无论是用于室外还是在室内装饰中，均得到了广泛的应用。外墙贴砖前应先进行设计规划，挑选一定规格面砖通过不同的排列组合，构成不同的线条质感。也可采用不同色调，构成不同的几何线条，以增加建筑立面的装饰效果。但颜色必须协调，颜色种类不宜超过三种，否则颜色杂乱起不到应有的装饰效果。外墙面砖色调的选择还应与环境协调，符合城市规划的要求。

墙面砖在镶贴于饰物的表面后，有个起壳脱落的问题。这种起壳和脱落大体有两种情况：一是由于砂浆的粘结力不够或砂浆的薄厚不匀，造成收缩不一而导致墙面砖自身脱落；二是由于盐析结晶的破坏作用，使基层面的粘结性变差而导致墙面砖与底面的砂浆一起脱落。此时，当外墙面的上部受到这种作用时，由于在裂缝起壳会积聚水分，水结冰后体积膨胀，使裂缝和起壳的范围不断扩大，就会发生大片脱落现象。

解决起壳脱落的措施，首先是控制好施工中的各个环节，提高施工镶贴的质量。例如，将基层面清洗干净，以保证砂浆和基层的粘结力。其次是采用优质的胶粘剂，提高粘结强度，使其抗拉粘结强度不小于 1MPa。最后是严格控制墙面砖的吸水率。当其吸水率控制在 8% 以下时，则可有效地避免墙面砖的脱落。

2. 釉面砖

釉面砖又称瓷砖、瓷片或釉面陶土砖，由于其主要用于建筑物内墙饰面，故又称内墙面砖。用釉面砖装饰建筑物内墙，可使建筑物具有独特的卫生、易清洗和清新美观的效果。

釉面砖的产品有白色的、彩色的，以及带有各种装饰花纹、图案、瓷画瓷字等品种。一般说来，釉面砖由于其材质、色彩、造型及装饰工艺等方面的特点，在装饰效果上具有色彩丰富多变、图案清晰明快、质地光亮洁净并有立体感的优点。因此，在永久性建筑物的内外墙面装饰中得到了众多的选用，如图 5-4 所示。釉面砖主要

图 5-4　釉面砖

种类及特点见表 5–2。

表 5–2　釉面砖主要种类及特点

种　类		代号	特　点
白色釉面砖		F、J	色纯白，釉面光亮，清洁大方
彩色釉面砖	有光彩色釉面砖	YG	釉面光亮晶莹，色彩丰富雅致
	无光彩色釉面砖	SHG	釉面半无光，不晃眼，色泽一致，柔和
装饰釉面砖	花釉砖	HY	系在同一砖上施以多种彩釉，经高温烧成。色釉互相渗透，花纹千姿百态，有良好的装饰效果
	结晶釉砖	JJ	晶花辉映，纹理多姿
	斑纹釉砖	BW	斑纹釉面，丰富多彩
	理石釉砖	LSH	具有天然大理石花纹，颜色丰富，美观大方
图案砖	白地图案砖	BT	系在白色釉面砖上装饰各种图案，经高温烧成。纹样清晰，色彩明朗，清洁优美
	色地图案砖	YGT DYGT SHGT	系在有光（YG）或无光（SHG）彩色釉面砖上，装饰各种图案，经高温烧成。产生浮雕、光、绒毛、彩漆等效果
字画釉面砖	瓷砖画	—	以各种釉砖拼成各种瓷砖画，或根据已有画稿烧制成釉面砖，拼装成各种瓷砖画，清晰优美，永不褪色
	色釉瓷砖字	—	以各种色釉、瓷土烧制而成，色彩丰富，光亮美观，永不褪色

釉面砖正面有釉，背面有凹凸纹，以增加贴牢度。规格主要有正方形或长方形。根据所用釉料和生产工艺不同，有白色釉面砖、彩色釉面砖、印花釉面砖及图案釉面砖等多种，其中以白色釉面砖应用最广，用量最大。彩色釉面砖以浅色居多，釉面砖表面所施釉料品种很多，有白色釉、彩色釉、光亮釉、珠光釉、结晶釉等。为了配合建筑物内部阴阳转角处的装贴及工作台面装贴的要求，还有各种配件砖，如阴角、阳角、压顶条、腰线砖等。

釉面砖是以难熔黏土为主要原料，再加入一定量非可塑性掺料和助熔剂，共同研磨成浆体，经榨泥、烘干成为含有一定水分的坯料后，通过模具压制成薄片坯体，再在压制成形的坯体上施釉后，经过高温（1100 ～ 1250℃）烧结而成。因而对釉料的选用要求甚高。首先是釉料的成熟温度接近于坯体的烧成温度，使釉料熔化铺展后形成的釉层，能与坯体牢固地结合。其次是选用的釉料，在高温熔化后具有适当的黏度和表面张力，要求釉的热膨胀系数接近或略小于坯体的热膨胀系数，以使釉层不易发生剥离的现象。这样，在冷却之后才能形成质地坚硬，不易磨损，表面平滑、光亮的优质釉面层。

釉面砖色泽柔和典雅，朴实大方，热稳定性好，防火、防潮、耐酸碱。主要用作厨房、浴室、卫生间、实验室、精密仪器车间及医院等室内墙面、台面的饰面材料，其效果是既清洁卫生，又美观耐用。

室内墙面陶质釉面砖常用的规格有 100mm × 100mm、150mm × 150mm、150mm × 200mm、200mm × 200mm、200mm × 300mm、250mm × 400mm 等，厚度在 5 ～ 8mm，随着陶

质釉面砖生产技术和产品质量不断提高，规格逐渐大型化，已由过去常用的150mm×150mm向250mm×400mm发展。另外，在表面色彩图案方面，也由过去单一的单色向多块组合风景图案发展。已不仅仅满足简单的使用功能，而是更注重装饰美化。

釉面砖贴前必须浸水2h以上，然后取出晾干至无明水时，才可进行铺贴施工，否则，干砖粘贴后会吸走水泥浆中的水分，影响水泥的正常水化、凝结硬化，降低粘结强度，从而造成空鼓、脱落等现象。

为了确保釉面砖装饰面的耐久性，对釉面砖规定了抗折强度、耐冲击强度、热稳定性及吸水率等技术性能，见表5-3。

表5-3　　釉面砖的技术性能

项　目	说　明	单 位	指 标
密度	—	g/cm^3	2.3～2.4
吸水率	—	%	<18
抗折强度	—	MPa	2.0～4.0
冲击强度	用30g钢球从30cm高处落下三次	—	不碎
热稳定性	由140℃至常温剧变次数	次	≥3
硬度	—	HB	85～87
白度	—	%	>78

3. 地砖

地砖包括铺路砖、铺地砖和陶瓷锦砖等。

（1）铺路砖。铺路砖有时也简称为地砖，是以可塑性的难熔黏土为主要原料，塑压法或半压法成形，焙烧至完全烧结，但表面没有玻璃化的陶瓷制品。铺路砖形式规格各异，一般较厚，常与烧结普通砖厚度相同。

铺路砖不上釉，但坯料中常含有天然矿物自然着色或加入各种金属氧化物进行人工着色，常为暗红色，砖面均匀粗糙或削成凹凸花纹，以防行人滑倒。

铺路砖具有较高的机械强度和化学稳定性，高级制品如广场砖、梯沿砖等，其强度接近天然花岗石、闪长岩类岩石的强度，吸水率小于3%。低级铺路砖的抗压强度也大于40MPa，特级铺路砖抗压强度达250MPa，莫氏硬度为4～7，耐酸度为95%～99%。

铺路砖适用于砌筑承受大负荷的基础、墙、柱、拱顶，化学工业中用作耐酸材料，最广泛的用途是作铺路材料，直接铺砌在砂或混凝土路基上。广场砖仿天然花岗石铺砌于广场路面，如图5-5所示。

（2）铺地砖。铺地砖的原料和生产与铺路砖基本相同。铺地砖规格多样，有正方形、矩形、六角形等，按其表面状况可分为单色、彩色、光面和压有各种花纹等，规格尺寸常见的有150mm × 150mm、100mm × 200mm、200mm × 300mm、300mm × 300mm、300mm × 400mm，厚度8～20mm等。铺地砖质坚、耐磨、抗折强度高，主要用于铺筑公共建筑、工厂、实验室等处的地面、台阶，如图5-6所示。

（3）陶瓷锦砖。陶瓷锦砖俗称陶瓷马赛克，是由各种颜色、多种几何形状的小块瓷片（长边一般不大于50mm）铺贴在牛皮纸上，形成色彩丰富、图案繁多的装饰砖，故又称为纸皮砖（石），如图5-7所示。

图 5-5　铺路砖应用

图 5-6　铺地砖的施工现场

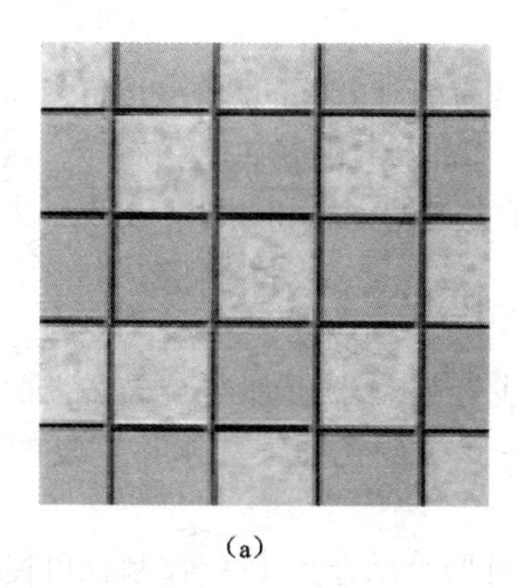

(a)

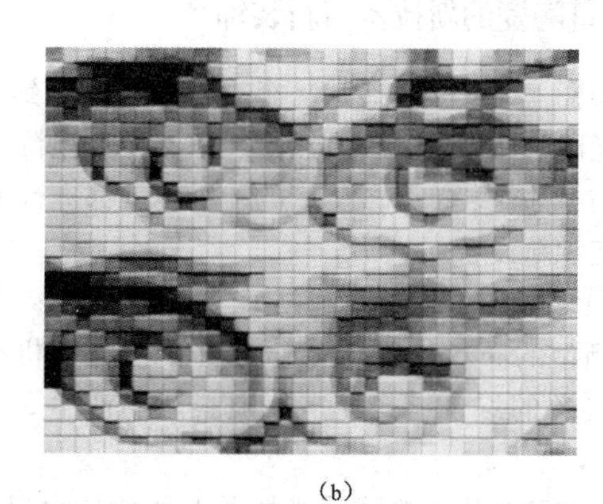

(b)

图 5-7　陶瓷锦砖及其镶嵌画效果

(a) 陶瓷锦砖；(b) 陶瓷锦砖镶嵌画

陶瓷锦砖是用优质瓷土磨细制成泥浆，经脱水干燥后，半干压法成形入窑焙烧而成。为了减少地面的光滑度，我国主要生产无釉陶瓷锦砖。

陶瓷锦砖的基本特点是质地坚实、有较高的抗压强度，色泽美观、图案多样，而且耐酸、耐碱、耐磨、耐水、耐压、耐冲击、耐候。

陶瓷锦砖在室内装饰中，可用于浴厕、厨房、阳台、客厅、起居室等处的地面，也可用于墙面。但由于其尺寸太小，施工不便，目前已经很少用于室内地面了。

4. 琉璃制品

琉璃制品是一种带釉陶瓷，是我国陶瓷宝库中的古老珍品。它以难熔黏土为原料，模塑成各种坯体后，经干燥、素烧、施釉，再釉烧而成。琉璃制品质地致密，表面光滑，不易剥釉，不易褪色，色彩绚丽，造型古朴，富有我国传统的民族特色。

图 5-8　某宫殿的琉璃瓦

琉璃制品主要有琉璃瓦以及琉璃花窗、栏杆等各种装饰件，还有陈设用的各种工艺品，如琉璃桌、绣墩、花盆、花瓶等。其中琉璃瓦是我国古建筑的一种高级屋面材料，图 5-8 是某宫殿的琉璃瓦一角。目前，屋面用琉璃瓦仍被作为高档装饰。琉璃瓦品种繁多，常见的有筒瓦（盖瓦）、板瓦（底瓦）、滴水（铺在搪口处的一块板瓦，前端下边连着舌形板）、沟头（铺在榴中处的一块筒瓦，有圆盖盖瓦）、挡沟（有正挡和斜挡之分）、脊（有正脊和翘脊之分）、吻（有正吻和台角吻之分），其他还有用于琉璃瓦屋面起装饰作用的各种兽形琉璃饰件。琉璃瓦的色彩艳丽，常用的有金黄、翠绿、宝蓝等色。

建筑琉璃制品由于价格高，自重大，一般用于有民族特色的建筑和纪念性建筑中，另外在园林建筑中，常用于建造亭、台、楼、阁的屋面。

建筑琉璃制品的质量要求包括尺寸偏差，外观质量和物理性能。尺寸偏差和外观质量要求见 JC/T 765—2006。

5.2.3 建筑陶瓷的新技术与新装饰

建筑陶瓷，尤其是地砖，从小规格的马赛克到目前的（900mm × 2700mm × 3mm）大规格超薄抛光砖；从单色、仿天然石、斑点、大颗粒、渗花砖，到仿古、仿石砖；从普通上釉砖到丰富的个性化装饰手段生产的上釉砖，都进行了大量的创新和改革，出现了大量的新技术、新工艺和新设备。

1. 新技术

（1）新型的布料技术。多管布料和在压砖机线性喂料器上加装旋转隔板式混料器，可以用不同色的混合粉料使一次喂料产品产生 3 ～ 6 个颜色图案和永不重复的斑点、纹饰类型。

多管布料和在压砖机线性喂料器上加装二次喂料器，用专用 PLC 控制，可使瓷质砖产品花色品种更加丰富。二次喂入的粉料可以是常规的 0.1 ～ 0.8mm 喷雾干燥粉料和再造粒的 1 ～ 6mm 的大颗粒料，也可以是喷雾料再经细磨至小于 63 ～ 140μm 粉料，将坯体着色装饰效果发挥到极致。

（2）二次加压成形技术。压砖机的大型化使压砖机的压力及生产效率大大提高，并且使大规格半干压砖的生产成为可能。大规格砖的压制是在两台压机上完成的。第一台是小吨位压机，用于生产具有一定强度的半成品砖坯，以备后续的装饰工艺需要。此压砖机模具中可分布各种色料，采用的是多种布料方案，产生各种层面和条纹。第二台大吨位压砖机压出符合指标的砖坯，以进行后续的切割、干燥和烧成。两台压砖机间的装饰线采用特殊的辊筒实施半干法施釉技术，辊筒上打孔以保证按需求装饰砖坯指定的区域，可在同一辊筒内喂入几种色料的混合物以获得产品和谐天然的装饰效果。

（3）干法着色技术。基料和色料进入混料器，经搅拌，短时间可混合均匀。间歇着色系统用于一次喂料产品；持续着色系统用于多次喂料产品，是均匀着色的理想设备。干法着色的优点是生产灵活、颜色稳定、操作简便、设备体积小和占地面积小，且操作费用低、投资少，但颜色的均匀性稍差于湿法工艺。

（4）照相技术。根据印刷中色彩测试原理，将色彩转移到干膜底片上，再传送到陶瓷表面，形成各种大小的装饰瓷砖以及马赛克拼图。烧成中聚合物分解，固定了色彩，完成后色彩鲜明、牢固，能经受磨损和大气中水和溶剂的侵蚀。使用该技术仅需一台电脑，一台扫描仪，全干式作业，无需任何化学助剂，不会对环境造成污染。

（5）塑性挤压成形陶瓷墙地砖工艺。有许多国家一直在使用塑性挤压成形墙地砖，除了劈裂砖、琉璃瓦外，日本早于 20 世纪 80 年代就开发出塑性挤压成形瓷质釉面外墙砖的工艺。此工艺投资小、能耗低、无粉尘污染、工作环境相对较好。目前，国内这种工艺也被看好，它可成形人行道渗透砖、清水砖、多孔空心砖、真空棚板、陶瓷辊棒、蜂窝陶瓷等产品。

（6）连续式球磨机。国外陶瓷企业已广泛使用连续式球磨机，产品结构已系列化，如SACMI公司最小的连续磨MEC41型有效容积为36.6m^3，磨瓷质砖料时产量可达3.8t/h，最大型号的可达14.5t/h。其优点表现在：① 泥浆浓度高，使喷雾干燥能耗下降15%左右；② 占地面积减少近50%。

（7）胶滚印花机。胶滚印刷是利用激光刻蚀硅胶滚筒，造成各种有花纹的孔洞排列；当滚筒转动时，印刷釉浆被刮板压入孔洞内，与刚施过釉的瓷砖坯以一定转动速度接触，孔内的釉浆会被转印在坯釉上，形成各种图案。胶滚印刷在生产线上成功与否，其关键是：① 色釉料粉要细；② 色釉浆料黏度要稳定。

2. 建筑陶瓷的新型装饰

丝网印刷技术是目前瓷砖工业最常用的装饰技术，此外还有如下几种装饰技术：

（1）三度烧成技法。在已经高温瓷化的釉面上，将色料闪光膏、金膏或干粒利用手绘、丝网印刷或者贴转写纸等方法涂装在瓷化的釉面上，再入窑以较低温度（一般在800～1000℃）烧成，即为三度烧成法。这里所说的闪光液用于低温烤花，它是一种树脂酸盐，网印或涂刷于已玻化的釉面上，经烘烧后，有机物分解烧尽，留下一层金属薄膜，约0.1mm厚，平如镜面，可产生全反射效果，不同金属会发生不同颜色的闪光，甚是炫目。

（2）胶滚印刷技术。胶滚印刷中需要特别注意印刷釉、色料以及色釉浆料的黏度。因为胶辊上的孔洞极细，只有0.1mm，因此印花釉与色料要选用颗粒较细的，一定要磨至全部通过325目筛，但不能磨得过细（不得小于1μm），过细的颗粒会改变釉浆的黏度，影响印刷效果。

稳定的釉浆黏度来自优质印油。对印油质量的测试可参照以下方法：将印刷釉90g，色料10g与印油110g用快速研磨机研磨10min，倒入烧杯中，不要加盖，在液面处做一记号，静置5d后观察，液面无下降和无沉淀的印油，即为优质印油。

（3）渗花印刷技术。以水溶性发色金属盐类制成的渗花色浆，用网版方式直接印刷在石英砖坯上，水溶性色料渗入坯体内，经高温烧成后，表面再经过抛光工序则会抛成类似石材的渗花砖，或者叫做抛光石英砖。也可以采用多管布料机或二次布料机，按照储存于电脑的图案数据进行着色，把已染色的坯土色料和底层坯土有机结合，入窑烧成后，再经抛光工序制成石英砖，其色彩绚丽，可与天然花岗石媲美。

墙地砖的装饰技术层出不穷，相信将来的墙地砖色彩会更加斑斓多姿，品质会更加优良。

5.2.4 建筑陶瓷的新制品及发展趋势

随着人们对装饰要求的不断提高和陶瓷生产技术的进步，当前出现了越来越多的新型墙地砖，在建筑装饰中起到了举足轻重的作用，下面分别简单介绍。

1. 劈离砖

劈离砖是将一定配比的原料，经粉碎、炼泥、真空挤压成形、干燥、高温烧结而成。由于成形时为双砖背联坯体，烧成后再劈离成两块砖，故称劈离砖。劈离砖背面凹槽纹与砂浆形成楔形结合，可保证铺贴砖时粘结牢固（图5-9）。劈离砖适用于各类建筑物的外墙装饰，也适用于车站、会议室、餐厅等室内地面装饰。厚砖还适用于广场、公园、停车场、人行道等露天地面铺设。

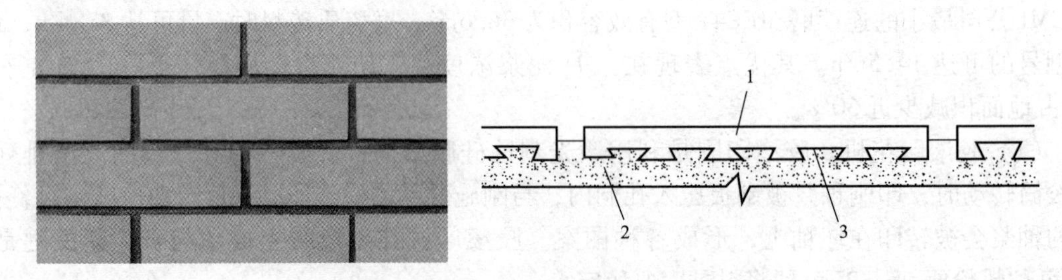

图5-9 劈离砖及其与砂浆结合的示意图

1—劈离砖；2—砂浆；3—背面凹槽

2. 彩胎砖

彩胎砖是一种本色无釉质饰面砖，如图5-10（a）所示，它采用彩色颗粒土原料混合配料，压制成多彩坯体后，经一次烧成呈多彩细花纹的表面，富有天然花岗石的纹点，有红、绿、黄、紫、灰、棕等多种基色，多为浅色调，纹点细腻，质朴高雅。这种砖的耐磨性极好，特别适用于人流密度大的商场剧院、宾馆、酒楼等公共场所铺地装饰，也可用于住宅厅堂墙地面装饰。

3. 玻化砖

玻化砖是一种优质的墙地砖，如图5-10（b）所示，采用彩色颗粒土混合制成的原料，经压制使坯体无釉而煅烧成的材料。玻化砖具有仿天然木材、石材等各种肌理纹样的饰面式样。玻化砖的规格有300mm×300mm、400mm×400mm、500mm×500mm、600mm×600mm、800mm×800mm、800mm×1200mm等。玻化砖厚度为8～15mm。玻化砖规格可根据工程要求定制生产。玻化砖有无光和抛光两种形式，具有耐磨、高强度、抗冻的特点，常常应用于各类建筑物的墙地面。

4. 麻面砖

麻面砖，如图5-10（c）所示，采用仿天然岩石色彩的配料，压制成表面凹凸不平的麻面坯体后，一次烧成的炻质面砖。砖的表面酷似经人工修凿过的天然岩石面，纹理自然，粗犷雅朴，有白、黄、红、灰、黑等多种色调。常见规格有100mm×100mm，厚度为10mm，主要运用于广场、人行道的地面铺设，充分利用广场砖颜色多种、搭配自由的特点，创造出优美的装饰效果。

5. 陶瓷艺术砖

陶瓷艺术砖采用优质黏土、瘠性原料及无机矿化剂为原料，经成形、干燥、高温焙烧而成，砖表面具有各种图案浮雕，艺术夸张性强，组合空间自由度大，可运用点、线、面等几何组合原理，配以适量同规格彩釉砖或釉面砖，可组合成各种抽象的或具体的图案壁画，给人以强烈的艺术感受。陶瓷艺术砖具有吸水率小、强度高、抗风化、耐腐蚀、质感强等优点，用于宾馆会议厅、艺术展览馆、酒楼、公园及公共场所的墙壁装饰，如图5-10（d）所示。

6. 金属釉面砖

金属釉面砖运用金属釉料等特种原料烧制而成，产品具有光泽耐久、质地坚韧、网纹淳朴、赋予墙面装饰静态的美，还有良好的热稳定性、耐酸碱性、易于清洁，装饰效果好等性能，如图5-10（e）所示。

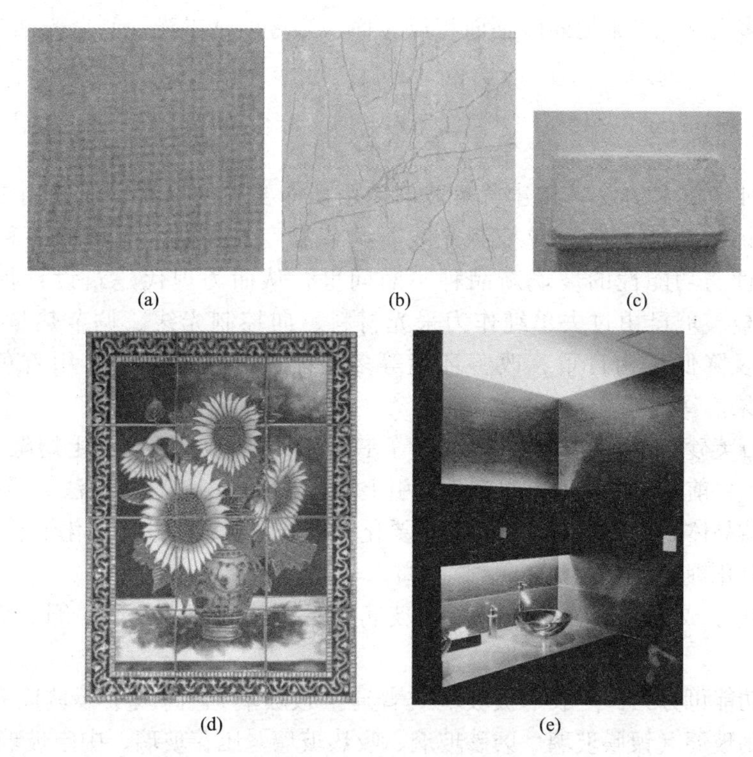

图5-10　典型的建筑陶瓷新制品

（a）彩胎砖；（b）玻化砖；（c）麻面砖；

（d）陶瓷艺术砖；（e）金属釉面砖

7. 金属光泽釉面砖

金属光泽釉面砖是采用钛的化合物，以真空离子溅射法将釉面砖表面处理成金黄、银白、蓝、黑等多种色彩，光泽灿烂辉煌，给人以坚固豪华的感觉。这种面砖抗风化、耐腐蚀，经久长新，适用于商店柱面和门面的装饰。

8. 黑天装饰板

黑天装饰板具有比黑色花岗石更黑、更硬、更亮的特点，可用于宾馆饭店等内外墙面及地面装饰，也可用做单位铭牌和仪器平台等。

建筑陶瓷是发展迅猛的建筑装饰新品种，随着现代建筑的发展，对建筑陶瓷提出了更高要求。今后国际市场陶瓷面砖的发展趋势如下：

（1）色彩趋深化。虽然目前流行的白色、米色、灰色和土色仍有一定的市场，但桃红、深蓝及墨绿等深色将后来居上，将成为未来的流行色。

（2）形状多样化。陶瓷面砖将改变原来单纯的正方形，圆形、十字形、长方形、椭圆形、六角形和五角形等形状的销量将逐渐增大。

（3）规格大型化。为方便施工、减少缝隙、增加美感，40cm以上的大规格瓷砖将越来越受用户的欢迎，小块瓷砖将被逐渐取代，现在的地砖尺寸主要有50cm、60cm和80cm等。

（4）观感高雅化。随着人们艺术修养和欣赏能力的提高，高格调、雅致、质感好的瓷砖正成为国内外市场的新主流。

（5）釉面多元化。未来地面砖釉面将以雾面、半雾面、半光面、全光面为多，壁画将以亮面为主。

5.3 建筑装饰玻璃

随着现代科学技术的发展和建筑对玻璃使用功能要求的提高，建筑用玻璃已不仅仅满足采光和装饰的功能，而且向控制光线、调节温度、保温、隔声等各种特殊方向发展，兼具装饰性与功能性的玻璃新品种不断问世，从而为现代建筑设计提供了更大的选择性。如平板玻璃已由过去单纯作为采光材料，向控制光线、调节热量、节约能源、控制噪声，以及降低结构自重，改善环境等多功能方向发展，同时用着色，磨光等方法提高装饰效果。

玻璃是以石英砂、钠碱、石灰石和长石等在1550～1660℃的高温上熔融，并经拉引成形、退火而成。目前常见的成形方法有垂直引上法、水平拉引法、延压法、浮法等。玻璃是属于无定形非结晶体的均质同向材料，其主要化学成分为二氧化硅、氧化钠、氧化钙、氧化镁，有时还有氧化钾等。

玻璃按其化学成分可分为钠玻璃、钾玻璃、铝镁玻璃、铅玻璃、硼硅玻璃和石英玻璃等。

玻璃按其功能可分为：一般平板玻璃（普通平板玻璃），高级平板玻璃（浮法玻璃），热、声、光控制玻璃（镀膜玻璃、磨砂玻璃、吸热玻璃、压花玻璃、中空玻璃等），安全玻璃（钢化玻璃、夹层玻璃、夹丝玻璃），装饰玻璃（彩色玻璃、压花玻璃、密花玻璃、刻蚀玻璃、玻璃锦砖、辐射玻璃等）和保温玻璃制品（玻璃纤维、玻璃纤维毡或板、泡沫玻璃）等。

本节主要介绍安全玻璃、保温绝热玻璃等几种常用的新型建筑装饰玻璃。

5.3.1 安全玻璃

随着高层建筑的发展和建筑玻璃的大型化，建筑玻璃造成人身伤害和安全事故概率增大，在使用建筑玻璃的任何场合都有可能发生直接灾害或间接灾害。这些都归于玻璃是一种脆性材料，当外力超过一定值即破碎成具有尖锐棱角的碎片，破坏时几乎没有塑性变形。另外，由于玻璃在成形过程中内部产生了不均匀的内应力，也加剧了玻璃的脆性。为提高建筑玻璃的安全性、减小玻璃的脆性、提高其强度，通常采用的方法有：用退火法消去内应力；用物理钢化（淬火）回火、化学钢化法使玻璃中形成可缓解外力作用的均匀的预应力；消除玻璃表面缺陷；采用夹层和夹丝等方法。使用上述方法改进后的玻璃称为安全玻璃。安全玻璃的主要功能是力学强度较大，抗冲击的能力较好，被击碎时，碎块不会飞溅伤人，并兼有防火功能。常用安全玻璃有钢化玻璃、夹层玻璃和夹丝玻璃等。

1. 钢化玻璃

钢化玻璃也称强化玻璃，是将普通玻璃加热到接近软化的温度，然后骤冷或采用离子交换法处理，使强度、抗冲击性、耐急冷急热性大幅度提高的玻璃。当被冲碎时，碎成圆粒形无尖角的小球，不会伤人，因而具有一定的使用安全性（图 5-11）。钢化玻璃被广泛地应用于高层建筑的门窗、玻璃幕墙、玻璃隔断；商店的门窗；汽车、火车、船舶的挡风玻璃和工业设备的观察玻璃等。但应特别注意，钢化玻璃在使用过程中严禁溅上焊接的火花。

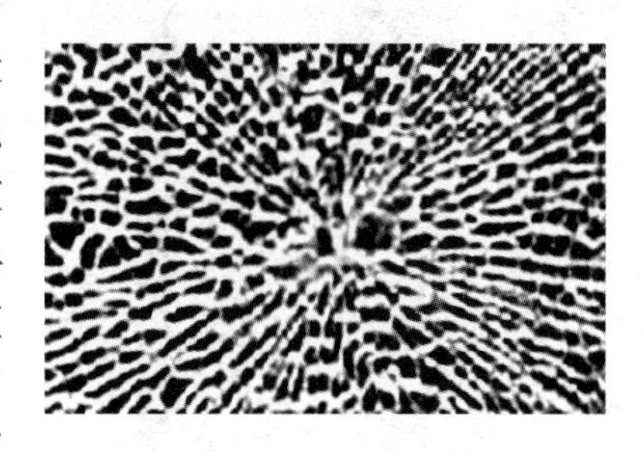

图 5-11　冲碎后的钢化玻璃

从钢化后形状可分为平面钢化玻璃和弯钢化玻璃。前者主要用于建筑业的门窗和幕墙，后者主要用于汽车车窗等。

从钢化范围上可分为全钢化、半钢化和区域钢化玻璃。全钢化玻璃主要用于暖房、温室的玻璃窗，区域钢化玻璃主要用于汽车等交通工具的挡风。从所用玻璃原片上看常用的有普通钢化玻璃、磨光钢化玻璃和钢化吸热玻璃等。

2. 夹层玻璃

夹层玻璃是在两片或多片各类平板玻璃之间粘夹了柔软而强韧的中间透明膜而构成的，具有较高的强度，受到破坏时产生辐射状或同心圆形裂纹而不会穿透，碎片不易脱落。夹层玻璃可用普通平板、磨光、浮法、钢化或吸热玻璃作原片，夹层材料常用的有聚乙烯醇缩丁醛（PVD）、聚氨酯、聚酯、丙烯酸酯类聚合物、聚醋酸乙烯酯及其共聚物等，如图 5-12 所示。

夹层玻璃有平夹层和弯夹层两类产品，前者称为普通型，后者称为异型。根据所用夹层材料不同，夹层玻璃生产可分为直接合片法和预聚法。直接合片法是将夹层材料直接夹入玻璃来生产夹层玻璃的方法，其产品质量好，生产效率高，但工艺设备复杂，成本较高；预聚法是将聚合物单体经引发聚合得到预聚体，根据预聚体转化率的高低将其浇注或灌入两片玻璃所形成的模腔内，然后再继续聚合形成夹层玻璃。其产品的耐老化性、生产效率不及直接合片法。

夹层玻璃主要用作汽车和飞机的挡风玻璃，防弹玻璃，以及有特殊安全要求的建筑物门、窗、隔墙、工业厂房的天窗等。

3. 夹丝玻璃

夹丝玻璃，如图 5-13 所示，也称防弹玻璃或钢丝玻璃，是一种安全型复合玻璃。夹丝玻璃一般采用压延法生产，当熔融的玻璃液通过两个压延辊的间隙成形时，同时送入经过预热处理的金属或金属网，使之压在玻璃内制成夹丝玻璃。夹丝玻璃表面可以是压花的或磨光的，颜色可以是透明的或彩色的。与普通平板玻璃相比夹丝玻璃具有优良的耐冲击性能和耐热性能，在外力作用下或温度急剧变化时即使破裂，由于中间的增强金属丝（或金属网）的作用，也不会产生碎片伤人，起到安全和抗震的作用。特别是发生火灾时，夹丝玻璃即使炸裂，但仍能保持原来的形状，从而起到隔绝火源的作用，所以又称为防火玻璃。

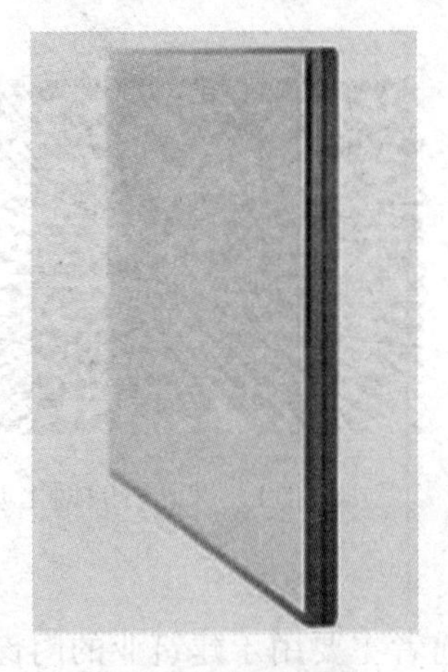

图 5-12　夹层玻璃

图 5-13　夹丝玻璃

夹丝玻璃要求金属丝（网）的热膨胀系数与玻璃的接近，不易与玻璃起化学反应，有较高的机械强度和一定的磁性，表面清洁无油污。

夹丝玻璃的厚度一般为 5mm 以上，品种有压花夹丝、磨光夹丝和彩色夹丝玻璃等，形状有干板夹丝、波瓦夹丝、槽形夹丝等。

夹丝玻璃适用于高层建筑、公共建筑、厂房、仓库、机车、船舶等的门窗用玻璃，也适用于有安全、防盗、防火、振动较大等要求的门窗用玻璃。

5.3.2　保温绝热玻璃

这类玻璃包括吸热玻璃、热反射玻璃、中空玻璃等，它们既具有良好的装饰效果，同时也具有特殊的保温绝热功能，是值得重视的一类新型玻璃，除用于一般门、窗之外，常作为幕墙玻璃。

1. 吸热玻璃

吸热玻璃是一种可以控制阳光的玻璃，既能吸收大量红外线辐射，又能保持良好光透过率的平板玻璃。常用颜色有蓝色、灰色、茶色和青铜色。

吸热玻璃的制造一般有两种方法：一种是在普通玻璃中加入一定量有吸热性能的着色剂，如氧化亚铁、氧化镍等；另一种是在玻璃表面上喷涂吸热或着色的氧化物薄膜，如氧化铝、氧化锑等。

吸热玻璃具有以下特性：

（1）吸收太阳光谱中的辐射热，产生冷房效应，节约冷气消耗。

（2）吸收太阳光谱中的可见光能，对可见光的透射率也明显降低，可以让刺眼的阳光变得柔和、舒适，起到了良好的防炫作用。

（3）吸收太阳光谱中的紫外光能，减轻了紫外线对人体和室内物品的损坏。

吸热玻璃适用于既需要采光，又需要隔热的地区，尤其是炎热地区以及需设置空调、避免眩光的大型公共建筑的门窗、幕墙、商品陈列、计算机房及火车、汽车、轮船的挡风玻璃等。

2. 热反射玻璃

热反射玻璃是指对太阳辐射能具有较高反射能力，而又保持良好透光率的平板玻璃。由于高反射能力是通过在玻璃表面镀敷一层极薄的金属或金属氧化物膜来实现的，所以也称镀膜玻璃。它具有良好的遮光性和隔热性。

区分热反射玻璃与吸热玻璃，可以根据玻璃对太阳辐射能的吸收系数和反射系数来进行。当吸收系数大于反射系数时称吸热玻璃，反之为热反射玻璃。改变镀膜层成分或结构，可形成既有反射功能也有吸热功能，这种玻璃又常称为遮阳玻璃或阳光控制玻璃。

热反射膜镀膜玻璃具有优良的综合使用性能，并能极大节约用于室内空调的能耗。

热反射玻璃主要包括四大类：热反射膜镀膜玻璃（又称阳光控制玻璃或遮阳玻璃）、低辐射膜镀膜玻璃（又称吸热玻璃）、镜面膜镀膜玻璃（又称镜面玻璃）和导电膜镀膜玻璃（又称防霜玻璃）。

热反射玻璃的性能特点如下：

（1）对太阳辐射热有较高的反射能力。反射率可达 25% ～ 40%，而普通平板玻璃的辐射热反射率为 7%。

（2）遮光系数小，遮光性能好。以太阳光通过 3mm 透明玻璃射入室内的能量作为 1，在同样条件下，得出太阳光通过各种玻璃流入室内的相对量，叫玻璃的遮光系数。遮光系数越小，通过玻璃进入室内的辐射热越少，冷房效应越好。如 8mm 厚透明浮法玻璃的遮光系数为 0. 93，同样厚度热反射玻璃为 0. 60 ～0. 75，热反射双层中空玻璃为 0. 24 ～0. 49。

（3）具有单向透视的特性。通常单面镀膜的热反射玻璃，膜层多装在室内一侧，它在迎光的一面具有镜子的特性，而在背光的一面却像平常门、窗玻璃那样透明。

（4）对可见光的透过率小，6mm 热反射玻璃比同厚度的浮法玻璃减少了 75%，比吸热玻璃也减少了 60%。

热反射玻璃由于它兼具优良的隔热性能（反射率高达 40%）和装饰性能（可具有金、银、灰、茶等深浅不同的各种颜色），故在建筑上得到更多使用，特别是作为高层建筑的幕墙、门、窗等尤为相宜，为建筑物所在城市增添现代化景色，也可作为中空玻璃、夹层玻璃、钢化玻璃的玻璃原片。

3. 中空玻璃

中空玻璃是一种节能型复合玻璃，由两层（或多层）玻璃中间用隔离框（由铝、钢或塑料等型材制成）将玻璃相互隔离开，四周边采用胶结、焊接或熔接的方法加以密封，从而使内部空间形成干燥的空气层或充入惰性气体形成密闭的气室，如图 5-14 所示。

中空玻璃的主要特点是热导率小、隔热和隔声性能好，这是由于其中间有密闭的空气（或惰性气体）层，而空气（或惰性气体）的热、声绝缘性能较好的原因所致。

制造中空玻璃的玻璃原片可根据其不同的使用功能要求来选用浮法玻璃、钢化玻璃、夹层玻璃、压花玻璃、吸热玻璃、热反射玻璃等。

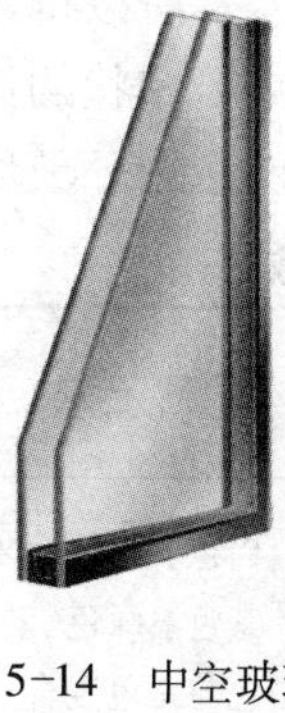

图 5-14　中空玻璃

中空玻璃按其组成的玻璃原片的层数可分为三种：双层玻璃原片中空玻璃、三层玻璃原片中空玻璃和四层玻璃原片中空玻璃。中空玻璃按其使用功能又可分为普通中空玻璃、附热中空玻璃、遮阳中空玻璃和散光中空玻璃等。

中空玻璃的特性主要体现在以下三个方面：

（1）光学特性。由于中空玻璃可选用不同光学性能的玻璃原片组合而成，因此它的光学性能可在很大范围内变化，从而满足建筑设计的不同要求。

（2）隔热性能。由于空心铝合金框内的干燥剂通过隔框上方的缝隙，使玻璃空腔内的空气（或其他气体）长期保持在高干燥度的状态，所以隔热性能很好，尤其在寒冷地区使用时，还有防霜露的作用

（3）隔声性能。中空玻璃具有良好的隔声性能。一般可使噪声下降 30 ～ 40dB，对交通噪声可降低 31 ～ 38dB。

中空玻璃构件（中空玻璃窗）的特性是保温绝热，减少噪声，一般可节能 16.6%，噪声可从 80dB 降至 30dB。中空玻璃窗还可以避免冬季窗户结霜，并能保持室内一定的湿度。

由于中空玻璃具有诸多优良性能，所以应用范围极为广泛。无色透明的中空玻璃一般可用于普通住宅、空调房间、空调列车、商用冰柜等。有色中空玻璃，主要用于有一定建筑艺术要求的建筑物，如影剧院、展览馆、银行等。特种中空玻璃，是根据设计要求的一定环境条件而使用。例如，防阳光中空玻璃、热反射中空玻璃多用在热带地区的建筑物，低辐射中空玻璃则多用在寒冷地区太阳能利用等方面，夹层中空玻璃则用于防盗橱窗。钢化中空玻璃、夹丝中空玻璃，则以安全为主要使用目的，多用于玻璃幕墙、采光顶棚处。

5.3.3 其他建筑玻璃

1. 玻璃锦砖

玻璃锦砖又称玻璃马赛克。是将用熔融法（即压延法）或烧结法生产的边长不超过 45mm 的各种颜色、形状的玻璃质小块预先铺贴在纸上而构成的（图 5-15）。

图 5-15 玻璃马赛克

玻璃马赛克呈乳浊或半乳浊状光泽，因而色泽柔和、颜色绚丽、典雅，而且花色品种极多（有 30 多种颜色），永不褪色，还可增加视觉厚度，从而烘托出一种辉煌和豪华气氛。表面光滑、不吸水，所以抗污性好，具有雨水自涤，历久常新的特点。单块产品断面呈楔形，背面有锯齿状或阶梯状的沟纹，以使粘贴时吃灰深，粘结牢而不易脱落。可供廊柱、门厅墙面及店门装饰时选用。玻璃锦砖的品种、规格和性能如表 5-4 所示。

表 5-4 玻璃锦砖的品种、规格和性能

品种、色别	规格［（长/mm）×（宽/mm）］	抗压强度/MPa	抗拉强度/MPa	耐火性（%）	热膨胀系数（$\times10^{-7}$）
白色、茶色、紫色、绿色、白色与紫色混合、橙色与白色混合、黄色、红色	25×50 50×50 50×105	9.8 ～ 10.5	0.85 ～ 0.89	0.08 ～ 0.85	85 ～ 89

玻璃马赛克品种日新月异，新出现的有磨砂玻璃马赛克、幻彩玻璃马赛克、金线玻璃马赛克和玻璃彩砂石等。

2. 玻璃空心砖

玻璃空心砖，如图 5-16 所示，是用两块压铸成的凹型玻璃熔结成整体的砖，中间充以干燥空气，经退火，最后涂饰侧面而成。空心砖的玻璃可以是光面的，也可以在内部或外部压铸成带有各种花纹图案甚至是色彩，以提高其装饰效果。

图 5-16　玻璃空心砖

玻璃空心砖具有强度高、隔热、保温、隔声、耐水、透光、美观和耐久等特点。

玻璃空心砖用来砌筑透光的墙壁，建筑物非承重内外隔墙、门厅、通道、淋浴隔断。特别适用于高级建筑、体育馆、图书馆，用作控制透光、眩光等场合。

3. 釉面玻璃

釉面玻璃是一种饰面玻璃，它是在玻璃表面涂敷一层彩色易溶性色釉，在熔炉中加热至釉料熔融，使釉层与玻璃牢固结合在一起，再经退火或钢化等不同热处理而制成的产品。玻璃基板可采用普通平板玻璃、压延玻璃、磨光玻璃或玻璃砖等。目前生产釉面玻璃规格为 3. 2m × 1. 2m，玻璃厚度为 5 ～ 15mm。

釉面玻璃具有良好的化学稳定性和装饰性。它可用于食品工业、化学工业、商业、公共食堂等室内饰面层，还可用作教学、行政和交通建筑的主要房间、门厅和楼梯的饰面层，尤其适用于建筑物和构筑物立面的外面层，如图 5-17 所示。

4. 微晶玻璃

被科学家称作为 21 世纪新型装饰材料的微晶玻璃，是一种多晶陶瓷新型材料。它兼有玻璃和陶瓷的优点，具有常规材料难以达到的物理性能。

微晶玻璃近似于硬化后不脆不碎的凝胶，是一种新的透明或不透明的无机材料，即所谓的结晶玻璃、玻璃陶瓷或高温陶瓷，如图 5-18 所示。

图 5-17　釉面丝网印刷玻璃

图 5-18　微晶玻璃片

微晶玻璃采用一种不同于陶瓷的制造工艺，与普通玻璃相近，但特性与玻璃却迥然不同。因为当玻璃中充满微小晶体后（每立方厘米约十亿晶粒），玻璃固有的性质发生变化，即由非晶形变为具有金属内部晶体结构的玻璃结晶材料。

近来，微晶玻璃家族增加了几个新品种，如仿石材微晶玻璃和矿渣微晶玻璃。

仿石材微晶玻璃是一种内部结构像花岗石那样的颗粒状组织的微晶玻璃，在遇到强力冲击引起破裂时，其破裂规律也和花岗石一样，只形成三岔裂纹，裂口迟钝不伤手。而一般的玻璃则会出现蛛网粉碎状，成为不安全因素。

矿渣微晶玻璃是以各种工业尾矿、灰渣、炉渣等为原料生产的，在我国有取之不尽、用之不竭的丰富原料，因此自问世以来备受关注，生产工艺流程如图 5-19 所示。它同样具有机械强度高、表面硬度大及优良的化学稳定性，适合于用作高档次的地铁、大楼、机场、车站、宾馆、大饭店等建筑物的装饰材料。

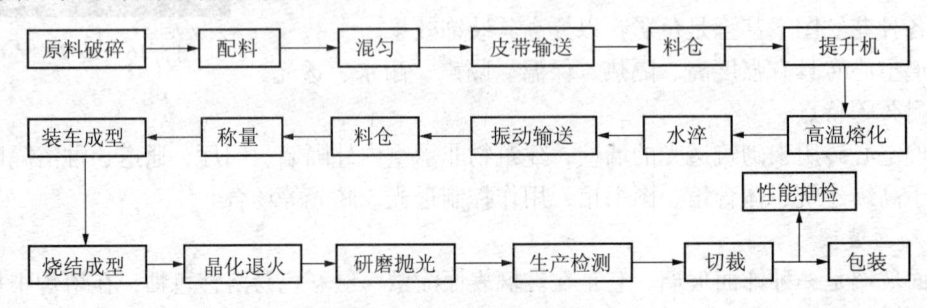

图 5-19　矿渣微晶玻璃的生产工艺流程

玻璃制品日新月异，其他的制品还有冰裂玻璃、聚晶玻璃、釉烧玻璃砖、玻璃自由石等，如图 5-20 所示。

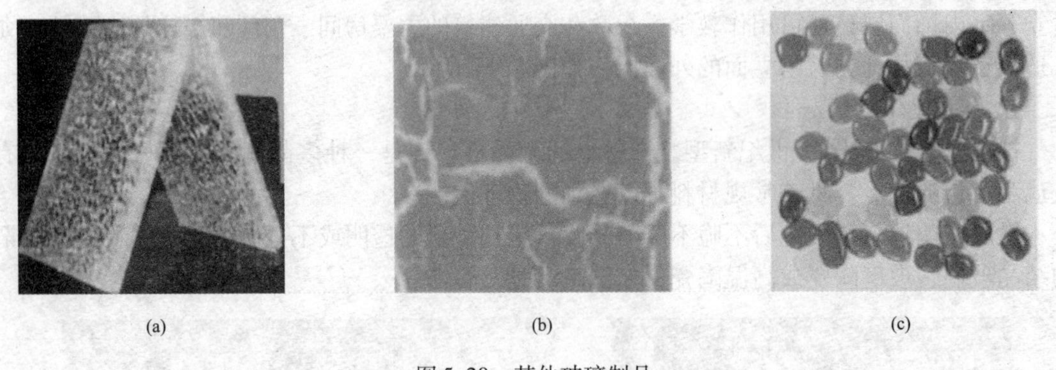

(a)　(b)　(c)

图 5-20　其他玻璃制品

（a）冰裂玻璃；（b）聚晶玻璃；（c）玻璃自由石

5. 异形玻璃

异形玻璃是近 20 年来新发展起来的一种新型建筑材料，它是用硅酸盐玻璃，通过压延法、浇注法和滚压法等生产工艺制成，呈大型长条玻璃构件。

异形玻璃有无色的和有色的、配筋的和不配筋的、表面带花纹的和不带花纹的、加丝的和不加丝的以及涂层的等多种。就其外形分主要有槽形、波形、箱形、肋形、三角形、Z 形和 V 形等品种。异形玻璃具有良好的透光、隔热、隔声和机械强度高等优良性能。主要用作建筑物外部竖向非承重维护结构，也可用作内隔墙、天窗、透光材料、阳台和走廊的围护屏蔽以及月台、遮雨棚等。

6. 仿石玻璃

采用玻璃原料可制成仿石玻璃制品。仿大理石玻璃的颜色、耐酸和抗压强度等均已超过天然大理石，可以代替天然大理石作装饰材料和地坪。仿花岗石玻璃是将废玻璃经过一定的加工后，烧成具有花岗石般花纹和性质的板材。产品的表面花纹、光泽、硬度和耐酸、耐碱等指标与天然花岗石相近，与水泥浆的粘结力超过天然花岗石。

7. 玻璃贴面砖

它是以规定尺寸的平板玻璃为主要基材，在玻璃的一面喷涂釉液，再在喷涂液表面均匀地撒上一层玻璃碎屑，以形成毛面，然后经500～550℃热处理，使三者牢固结合在一起而制成的。可用作外墙的饰面材料。

5.4 金属装饰材料

金属材料是指一种或两种以上金属元素或金属与某些非金属元素组成的合金的总称。在建筑装饰工程中，应用最多的金属材料是铝合金、铜及铜合金、钢材、钛锰合金等装饰材料。

金属材料和其他建筑材料相比具有很多不可比拟的优点：① 较高的强度和塑性，能承受较大的载荷和变形，使用性能优异；② 独特的光泽、颜色及质感，作为装饰材料有庄重华贵的装饰效果，装饰性能优异；③ 良好的耐磨、耐蚀、抗冻、抗渗等性能，使用耐久性好；④ 良好的可加工性和铸造性，可根据设计要求熔铸成各种制品或轧制成各种型材，制造出形态多样、精度高的制品，足以满足装饰方面的要求；⑤ 能较好地满足消防方面的要求。所以，金属作为一种广泛应用的装饰材料必将具有永久的生命力。但金属材料也有诸如易锈蚀、切割加工困难、保温性不好等缺点，使用时应加以注意。

5.4.1 铝合金及其制品

铝属于有色轻金属，密度为2.7g/cm^3，是钢的1/3。铝的熔点低，为660℃。铝有良好的导热性、导电性和热反射性，并易于加工和焊接。

纯铝材质软、强度低，不适于建筑工程使用，因此常在纯铝中加入适量的镁、铜、硅、锰、锌等合金元素，从而制得各种铝合金，强度大幅度提高。铝合金既保持质量轻的特点，又具有更优良的物理力学性能，除用于装修外，还能用于建筑结构。

1. 铝合金型材的生产及表面处理

（1）铝合金型材的生产。建筑铝合金型材的生产方法可分为挤压和轧制两大类。挤压又可分为正挤压、反挤压和正反联合挤压。由于建筑铝合金型材的品种规格繁多，断面形状复杂，尺寸和表面要求严格，因此绝大多数采用挤压方法，仅在生产批量较大、尺寸和表面要求较低的中、小规格的棒材和断面形状简单的型材时，才采用轧制方法。

生产建筑铝合金型材主要采用正挤压法，即在挤压过程中，挤压件固定不动，铸锭在挤压轴压力作用下，沿挤压筒内壁移动，压出金属的流动方向与挤压轴的运动方向相同。正挤压法可生产各种挤压制品，灵活性大；在设备结构、工具装配和生产操作等方面也都较其他方法简单。主要缺点是挤压力高，增加了制品组织和性能的不均匀性，几何废料较多。

反挤压法的主要特点是挤压过程中，铸锭与挤压筒之间无相对运动，从而改变了在挤压筒中金属流动的力学条件，降低了变形的不均匀性，降低了所需挤压力，挤压速度高，金属流动均匀，制品的组织和性能均匀，可减少甚至消除粗晶环缺陷，生成几何废料少。缺点是需要采用长行程挤压筒的挤压机，制品的表面质量欠佳，所能挤压制品的规格尺寸有限。

挤压法可生产断面变化、形状复杂的型材和管材，如阶段变断面型材、带异形筋条的壁板型材、空心型材和变断面管材等。挤压法灵活性很大，只需要更换挤压工具，即可生产出形状、尺寸不同的制品，更换时间较短。

铝合金型材挤压技术在汽车、船舶、铁路、航空、航天等工业领域以及建筑等民用领域越来越显示出其重要地位。目前，国际上铝合金型材挤压技术发展迅速，世界各发达国家已装备了各种形式、各种结构、不同吨位的铝型材挤压机，铝型材挤压机正在向大型化、复杂化、精密化、多品种、多规格、多用途方向发展，挤压生产也日趋连续化、自动化和专业化。我国的铝合金型材挤压技术也紧跟国际的发展态势，在原有比较成熟的实心圆坯挤压、空心圆坯挤压、扁筒挤压、宽展挤压等工艺的基础上，又引进和研制了一些先进的特殊结构的挤压机，而且开发了多种类型的挤压结构的模具以及新的挤压工艺，并能挤压出各种外形复杂的制品。

（2）铝合金表面处理。铝材表面自然氧化膜薄而软，耐腐蚀性较差，在腐蚀性较强的条件下，不能起到有效的防护作用。为了提高铝材的抗蚀性能，常用人工方法提高其氧化膜厚度，在此基础上再进行着色处理，提高装饰效果，这被称为铝合金表面处理，主要包括表面处理前的预处理、阳极氧化、表面着色和封孔处理。

1）表面预处理。表面处理前进行预处理，对制品表面进行必要的清洗，使其裸露出纯净的基体，以形成与基体结合牢固、色泽和厚度均匀的人工氧化膜层，获得使用与装饰效果俱佳的表面。表面处理前的预处理主要包括除油、腐蚀、中和（出光）及其中间的水洗等工序，氧化着色后则需要进行封孔处理。

2）阳极氧化处理。阳极氧化处理的目的是通过控制氧化条件及工艺参数，在预处理后的铝材表面形成比自然氧化膜（$<0.1\mu m$）厚得多的氧化膜层（$5\sim20\mu m$）。建筑铝型材常用直流电硫酸阳极氧化法。经阳极氧化处理后的铝型材，通过封孔处理，获得了耐腐蚀的保护膜，保持了铝材的银白色，是建筑装饰工程中常用的铝材。

3）表面着色处理。经中和水洗或阳极氧化后的铝型材，可以进行表面着色处理。着色方法有：自然着色法、电解着色法和化学着色法（浸渍着色）等。常用的是自然着色法（美国和西欧普及）和电解着色法（日本和加拿大普及）。

铝材在待定的电解液和电解条件下，进行阳极氧化的同时产生着色的方法叫自然着色法。电解着色法是对在常规硫酸液中生成的氧化膜进一步进行电解，使电解液中所含金属盐的金属阳离子沉积到氧化膜孔底而着色的方法。我国引进的铝型材氧化着色生产线几乎都是采用亚锡盐的着色工艺方法。

4）封孔处理。铝和铝合金经阳极氧化、着色后的膜层为多孔状，具有很强的吸附能力。因此，在使用之前应采取一定方法，将多孔膜层加以封闭，使之丧失吸附能力，从而提高氧化膜的防污染和耐蚀性，这样的处理过程称为封孔处理。建筑铝材常用的封孔方法有：水合封孔、无机盐溶液封孔和透明有机涂层封孔。

2. 铝合金的分类

铝合金按加工的方法分为铸造铝合金和变形铝合金两大类，以及近年发展起来的装饰性铝合金。建筑用铝合金主要为变形铝合金。

（1）变形铝合金。变形铝合金是通过冲压、弯曲、轧、挤压等工艺使其组织、形状发生变化的铝合金。变形铝合金分为两大类，第一类是热处理非强化型，第二类是可热处理强化型。所谓热处理非强化型，是指不能用淬火的方法提高强度，如铝－锰合金、铝－镁合金

（我国统称防锈铝）。它一般是通过冷加工（辗压、拉拔）过程而强化的。前者广泛用于民用五金、罩壳以及建筑中用作受力不大的门窗和铝合金幕墙板；后者主要用于建筑物的外墙饰面和屋面板材。可热处理强化型铝合金是指可通过热处理的办法提高强度，常用的硬铝合金、超硬铝合金、锻铝合金和特殊铝合金等，都属于这类合金。硬铝合金主要用于制造各种尺寸的半成品如薄膜、管材、线材、型材、触压件等。超硬铝合金主要用于制造要求质量轻但承载力大的重要构件，如飞机大梁、起落架等。建筑装饰用铝合金主要是锻铝合金，其中的 LD31 具有中等强度，冲击韧性高，热塑性极好，可以挤压成结构复杂、薄壁、中空的各种型材或锻造成结构复杂的锻件。LD31 的焊接性能和耐蚀性优良，加工后表面十分光洁，并且容易着色，是 Al-Mg-Si 系合金中应用最为广泛的合金品种，主要用于制造铝合金门窗型材、货架、柜台、金属幕墙板等。

（2）铸造铝合金。铸造铝合金按主要合金元素的不同，可分为四类：铝硅合金、铝铜合金、铝镁合金和铝锌合金。

（3）装饰性铝合金。装饰性铝合金是以铝为基体而加入其他元素所构成的新型合金。它除了应具备必要的机械加工性能外，也有特殊的装饰性能和装饰效果。不仅可代替现在常用的铝合金，还可取代镀铬的锌、钢或铁件，免除镀铬加工时对环境的污染。

这种合金的成分：Al 为 90%～95%；Zn 为 2%～3%；Mg 为 3%～5%；Cr 为 0.1%～0.3%；RE（稀土元素）为 0.05%～0.3%；余量杂质为 Si 小于 0.3%，Fe 小于 0.8%。

这种合金除用压铸成形外，也可制成板、棒、管及异型材等。成品的表面经机械抛光并清洗后，可涂有机保护膜，或进行氧化处理。

3. 常用的铝合金建筑装饰制品

（1）铝合金门窗。在现代建筑中采用铝合金门、窗，尽管其造价比普通钢门、窗高 3～4 倍，但由于其长期维修费用低，性能好，可节约能源，特别是富有装饰性，所以世界各地应用日益广泛。

经表面处理后的型材，经下料、打孔、铣槽、攻丝、制窗（门）等加工工艺，制成门、窗框构件，然后与连接件、密封件以及开闭五金件一起组合装配成门、窗，如图 5-21 所示。

铝合金门、窗的优点：

1）质轻。铝合金门、窗用材省，耗用铝型材平均只有 8～12kg/m^2，质量较钢、木门窗轻 50% 左右。

2）密封性能好。气密性、水密性、隔声性和隔热性都显著提高。

3）色调美观，表面光洁，外观美丽。

4）耐腐蚀，使用维修方便。

5）刚度大，经久耐用。

6）便于进行工业化生产。

（2）微波自动门。微波自动门是近年来发展的一种新型金属门。其传感系统采用国际流行的微波感应方式，当人或其他活动目标进入传感器的感应范围时，门扇自动开启，离开感应范围，门扇自动关闭。门扇运行有快慢两种，速度可自动变换，使起动、运行、停止等动作达到最佳协调状态，同时可确保门扇之间柔性合缝。当门意外夹人或门体被异物卡阻时，自控的电路有自动停机功能，安全可靠。微波自动门的机械运行机构无自锁作用，可在断电状态下作手动移门，轻便灵活。铝合金自动门主要有白色和古铜色两种，适用于宾馆、大厦、机场、医院、计算机房、车库等设施的启闭，如图 5-22 所示。

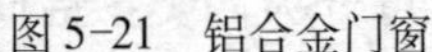

图 5-21　铝合金门窗

图 5-22　铝合金自动门

（3）铝合金装饰板。铝合金装饰板是以纯铝或铝合金为原料，经辊压冷加工而成的饰面板材，广泛应用于内外墙、柱面、地面、屋面、顶棚等部位的装饰。铝合金装饰板主要包括铝合金花纹板、铝合金波纹板、铝合金压型板、铝合金冲孔板。

1）铝合金花纹板。铝合金花纹板是采用防锈铝合金坯料，用特殊的花纹轧辊轧制而成的，花纹美观大方，筋高适中，不易磨损、防滑性好，防腐蚀性能强，便于冲洗（图 5-23）。通过表面处理可以得到各种美丽的颜色。花纹板板材平整，裁剪尺寸精确，便于安装，广泛应用在现代建筑的墙面装饰以及楼梯踏板等处。

2）铝合金波纹板。铝合金波纹板是优良的建筑装饰材料之一，如图 5-24 所示。它的花纹精巧别致，色泽美观大方，除具有普通铝板共有的优点外，刚度提高了 20%，抗污垢、抗划伤、抗擦伤能力均有提高，尤其是增加了立体图案和美丽的色彩，更使建筑物生辉。

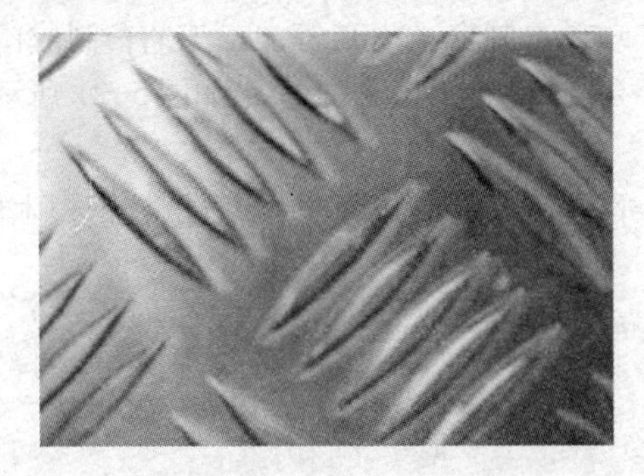

图 5-23　铝合金花纹板

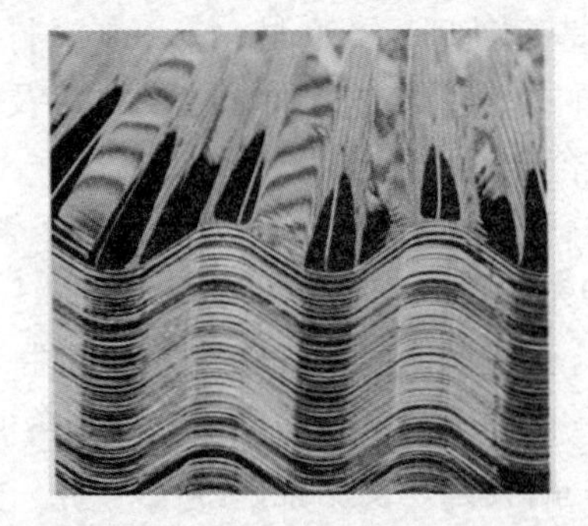

图 5-24　铝合金波纹板

3）铝合金压型板。铝及铝合金压型板，如图 5-25 所示，是目前世界上被广泛应用的一种新型建筑装修材料。它具有质量轻、外形美观、耐久、耐腐蚀、安装容易，施工进度快等优点。通过表面处理可得到各种色彩的压型板，主要用于屋面和墙面。

4）铝合金冲孔板。铝及铝合金冲孔平板系用各种铝合金平板经机械冲孔而成，易于进一步机械加工成各种规格形状和尺寸，以适用于各种场合。它的孔形根据需要有圆孔、方孔、长圆孔、长方形、三角孔、大小组合孔等。这是近年来开发的一种降低噪声并兼有装饰作用的新产品。

铝合金冲孔板材质轻、耐高温、耐高压、耐腐蚀、防火、防潮、防震、化学稳定性好。造型美观、立体感强，装饰效果好，组装简单。可用于宾馆、饭店、剧场、影院、播音室等公共建筑和中、高级民用建筑改善音质条件，也可用于各类车间厂房、机房、人防地下房室等作为降噪措施。

（4）铝合金吊顶龙骨材料。铝合金吊顶龙骨具有不锈、质轻、美观、防火、抗震、安装方便等特点，适用于室内吊顶装饰。吊顶龙骨可与板材组成450mm×450mm，500mm×500mm，600mm×600mm的方格，不需要大幅面的吊顶板材，可灵活选用小规格吊顶材料。铝合金材料经过电氧化处理，光亮、不锈、色调柔和，吊顶龙骨呈方格状外露、美观大方，如图5-26所示。

图5-25　铝合金压型板

图5-26　铝合金吊顶龙骨

（5）铝箔。铝箔是用纯铝或铝合金加工成0.0063～0.2mm的薄片制品，具有良好的防潮、绝热性能。铝箔作为多功能保温隔热材料和防潮材料广泛用于建筑业，也是现代建筑的重要的装饰材料之一。建筑上常用铝箔牛皮纸、铝箔布、铝箔泡沫塑料板、铝箔波形板等。

（6）铝粉。在建筑工程中铝粉（俗称“银粉”）常用于制备各种装饰涂料和金属防锈涂料，也用于土方工程中的发热剂和加气混凝土中的发气剂。

（7）铝塑复合板。铝塑复合板又称铝塑板，是以塑料为芯材，外贴铝板的三层复合板，并在表面施加装饰性或保护涂层。

铝塑装饰板具有质轻、比强度高、耐气候性和耐腐蚀性优良、施工方便、易于清洁保养等特点。由于芯板采用优质聚乙烯塑料制成，故同时具备良好的隔热、防震功能。铝塑装饰板外形平整美观，可用作建筑物的幕墙饰面材料和立柱、电梯、内墙等处，亦可用作顶棚、拱肩板、挑口板和广告牌等处的装饰。

另外，铝合金还能够压制五金零件，如把手、链锁，以及标志、商标、提把、提攀、嵌条、包角等装饰制品，既美观大方又经久耐用。

5.4.2　钢材

在普通钢材基体中添加多种元素或在基体表面上进行艺术处理，可使普通钢材成为一种金属感强、美观大方的装饰材料。在现代建筑装饰中，越来越受到关注。如柱子外包不锈钢，楼梯扶手采用不锈钢管等。目前，建筑装饰工程中常用的钢材制品，主要有不锈钢钢板与钢管、彩色不锈钢板、彩色涂层钢板、彩色压型钢板、镀锌钢卷帘门板及轻钢龙骨等。

1. 建筑装饰用不锈钢及其制品

不锈钢是以铬元素为主加元素的合金钢，钢中的铬含量越高，钢的抗腐蚀性越好。除铬外，不锈钢还含有镍、锰、钛、硅等元素，这些元素将影响不锈钢的强度、塑性、韧性和耐蚀性等技术性能。

不锈钢的耐腐蚀原理是由于铬的性质比铁活泼，在不锈钢中铬首先与环境中的氧化合，生成一层与钢基体牢固结合的致密的氧化膜层（称为钝化膜），它能使合金钢得到保护，不致锈蚀。

不锈钢按其化学成分不同，可分为铬不锈钢、铬镍不锈钢和高锰低铬不锈钢等。常用的不锈钢有 40 多个品种，其中建筑装饰用的不锈钢，主要是 0Cr13、1Cr17Ti、0Cr18Ni9、1Cr18Ni9Ti 等几种。不锈钢牌号用一位数字表示平均含碳量，以千分之几计，小于千分之一的用“0”表示，后面是主要合金元素符号及其平均含量，如 2Cr13Mn9Ni4 表示含碳量为 0.2%，平均含铬、锰、镍依次为 13%、9%、4%。建筑装饰所用的不锈钢制品主要是薄钢板，其中厚度小于 2mm 的薄钢板用得最多。

不锈钢装饰是近几年来较流行的一种建筑装饰方法。短短几年中，已超出旅游宾馆和大型百货商店的范畴，出现在许多中小型商店，并且已从小型不锈钢五金装饰件和不锈钢建筑雕塑的范畴，扩展到用于普通建筑装饰工程之中，如不锈钢用于柱面、栏杆、扶手装饰等。

不锈钢包柱就是将不锈钢板进行技术和艺术处理后广泛用于建筑柱面的一种装饰。由于不锈钢的高反射性及金属质地的强烈时代感，与周围环境中的各种色彩、景物交相辉映，对空间效应起到了强化、点缀和烘托的作用，成为现代高档建筑柱面装饰的流行材料之一。

不锈钢装饰制品除板材外，还有管材、型材，如各种弯头规格的不锈钢楼梯扶手，不锈钢自动门、转门、拉手、五金与晶莹剔透的玻璃，使建筑达到了尽善尽美的境地。不锈钢龙骨是近几年才开始应用的，其刚度高于铝合金龙骨，因而具有更强的抗风压性和安全性，并且光洁、明亮，因而主要用于高层建筑的玻璃幕墙中。

2. 彩色不锈钢板

彩色不锈钢板是在普通不锈钢板上进行技术性和艺术性的加工成为具有各种绚丽色彩的不锈钢装饰板，能满足各种装饰的要求。

目前，不锈钢着彩色的方法有四种：表面氧化法（INCO 法）、有机物覆盖法、沉积有色金属法和电解着色法。较为实用的是表面氧化法和电解着色法，其中以 INCO 着色法为代表的低温氧化法，由于工艺简单、成本低而得到广泛的重视和应用。用 INCO 法可获得紫红、宝石蓝、金黄、草绿、银白、咖啡色等 20 余种色彩鲜艳的彩色不锈钢。

彩色不锈钢板具有很强的抗腐蚀性、较高的机械性能、彩色面层经久不褪色、色泽随光照角度不同会产生色调变幻等特点，而且色彩能耐较高的温度，耐烟雾腐蚀性能超过普通不锈钢，耐磨和耐刻划性能相当于箔层涂金的性能。其可加工性很好，当弯曲时，彩色层不会损坏。

彩色不锈钢板的用途很广泛，可用于厅堂墙板、天花板、电梯厢板、车厢板、建筑装潢、广告招牌等装饰之用，采用彩色不锈钢板装饰墙面，不仅坚固耐用，美观新颖，而且具有浓厚的时代气息。

3. 彩色涂层钢板

彩色涂层钢板又称有机涂层钢板，是以冷轧钢板或镀锌钢板的卷板为基板，经过刷磨、去油、磷化、钝化等表面处理后，在基板的表面形成一层极薄的磷化钝化膜。该膜层对增强基材耐腐蚀性和提高漆膜对基材的附着力具有重要作用。经过表面处理的基板通过辊涂或层压，基板的两面被覆以一定厚度的涂层，再通过烘烤炉加热使涂层固化。一般经涂覆并烘干两次，即获得彩色涂层钢板。

彩色涂层钢板的涂层色彩和表面纹理丰富多彩。涂层除必须具有良好的防腐蚀能力，以及与基板良好的粘结力外，还必须具有较好的防水蒸气渗透性，避免产生腐蚀斑点。常用的涂层材料有聚氯乙烯、环氧树脂、聚丙烯酸脂、酚醛树脂等。常见产品有：PVC 涂层钢板、彩色涂层压型钢板、彩板组角门窗、彩钢复合板等。

彩色涂层钢板不仅可用做建筑外墙板、屋面板、护壁板等，而且还可用做防水汽渗透板、排气管道、通风管道、耐腐蚀管道、电气设备罩等。其中塑料复合钢板是一种多用装饰钢材，是在 Q235、Q255 钢板上，覆以厚 0.2 ～ 0.4mm 的软质或半软质聚氯乙烯膜而制成，被广泛用于交通运输或生活用品方面，如汽车外壳、家具等。

彩色涂层压型钢板是将彩色涂层钢板辊压加工成 V 形、梯形、水波纹等形状的轻型围护结构材料如图 5-27 所示，可用作工业与民用建筑的屋盖、墙板及墙壁贴面等。用彩色涂层压型钢板与 H 型钢、冷弯型材等各种断面型材配合建造的钢结构房屋，已发展成为一种完整而成熟的建筑体系，它使结构的质量大大减轻。某些以彩色涂层压型钢板为围护结构的全钢结构的用钢量，已接近或低于钢筋混凝土结构的用钢量。

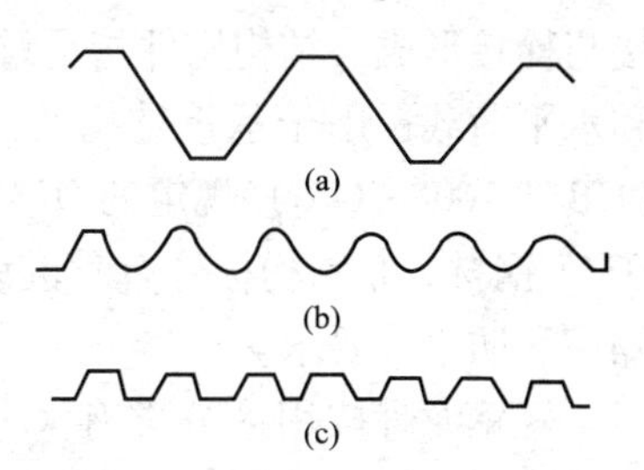

图 5-27　压型钢板形式
(a) W550 板型；(b) V155 板型；(c) KP-1 板型

利用彩色涂层钢板生产组角门窗，完全摒弃了能耗高、技术复杂的焊接工艺，全部采用插接件组角自攻螺钉连接。将切成 45°或 90°断面的型材，在冲床上利用多工位复合模具进行冲孔、冲口等多工位加工，接着组装零附件，然后在自动组装成框机上连同玻璃一起组装成框，在成品组装工作台上组装成成品。彩板组角门窗密封性能好，耐腐蚀性强，并具有良好装饰性，适用于中、高级宾馆、展览馆等建筑中。

彩钢复合板是以彩色压型钢板为面板，轻质保温材料为芯材，经施胶、热压、固化复合而成的轻质板材。彩钢复合板的面板可用彩色涂层压型钢板、彩色镀锌钢板、彩色镀铝钢板、彩色镀铝合金钢板或不锈钢板等。其中以彩色涂层压型钢板应用最为广泛。彩钢复合板质量轻（为混凝土屋面质量的 1/30 ～ 1/20）、保温隔热［其热导率值 0.035W/（m·K)］、隔声、立面美观、耐腐蚀，可快速装配化施工（无湿作业，不需二次装修）并可增加有效使用面积。该板较厚的芯材对金属面板起着稳定和防止受压变形的作用，面板在板材受弯时承受压应力，可提高复合板的弯曲刚度，所以彩钢复合板为一种高效结构材料。彩钢复合板是一种集承重、保温、防水、装修于一体的新型围护结构材料。适用于工业厂房的大跨度结构屋面、公共建筑的屋面、墙面和建筑装修以及组合式冷序、移动式房屋等，使用寿命在 20 ～ 30 年，不脱漆，结构造型别致，色泽艳丽，无需装饰。

2005 ～ 2010 年期间，我国彩涂钢板的生产总量将由 480 万 t 增至 800 万 t，其中用于建筑业占 85%，家电产品为 3%，其他产品占 12%。可见我国彩涂板产量不少，但是大部分产品都是通用型的，质量一般、品种单一，主要用于建筑领域，汽车、家电等高档产品依靠进口。进口量几乎占国内彩涂板市场的1/2。这就要求我们将关注重点放在开辟新的应用领域，能够采用新技术生产具有不同使用特性和花色品种的有机涂层钢板。

4. 轻钢龙骨

轻钢龙骨是以镀锌钢带或薄钢板由特制轧机以多道工序轧制而成的，具有强度大、通用性强、耐火性好、安装简易等优点，可装配各种类型的石膏板、钙塑板、吸声板等。用于墙体隔断和吊顶的龙骨支架，美观大方。

轻钢龙骨结构体系是一种经济、适用、高效的新型结构体系。随着国民经济的发展和钢产量的提高，轻型钢结构住宅的发展受到前所未有的关注和重视。发展经济、实用、美观的轻型钢结构住宅，对带动建筑材料、冶金、化工和机械等相关产业的发展，提高建筑业的技术水平和人民的居住功能水准，实现住宅的产业化、标准化，促进城市建设的发展有着重要的意义。

新型轻钢龙骨结构住宅建筑是一种冷弯薄壁结构体系，由结构构件与非结构构件通过焊接与栓接形成。结构构件指承重构件如梁、柱、墙和楼板，主要由它们承受、传递竖向荷载和水平荷载；用于承重结构的冷弯薄壁型钢、轻型热轧型钢和钢板，采用《碳素结构钢》（GB/T 700—2006）规定的Q235和《低合金高强度结构钢》（GB/T 1591—2008）规定的Q345钢材。非结构构件有时也承担一部分荷载，参与结构工作，但其主要功能是满足保温、隔声、防火等要求。

轻钢龙骨按用途分类有大龙骨、中龙骨、小龙骨三种。按系列分类有UC38（轻型）、UC50（中型）、UC80（重型）三个系列。轻型系列不能承受上人荷载；中型系列可承受偶然上人荷载；重型系列能承受上人检修的集中荷载。

5.4.3 铜及铜合金装饰材料

铜属于有色重金属，密度为8.92g/cm^3。纯铜由于表面氧化生成的氧化铜薄膜呈紫红色，故常称紫铜。纯铜具有较高的导电性、导热性、耐蚀性及良好的延展性、塑性，可辗压成极薄的板（紫铜片），拉成很细的丝（铜线材），它既是一种古老的建筑材料，又是一种良好的导电材料。

在现代建筑装饰中，铜材仍是一种集古朴和华贵于一身的高级装饰材料，可用于宾馆、饭店、机关等建筑中的楼梯扶手、栏杆、防滑条。有的西方建筑用铜包柱，可使建筑物光彩照人、美观雅致、光亮耐久，并烘托出华丽、高雅的氛围。除此之外，还可用于制作外墙板、执手、把手、门锁、纱窗。在卫生器具、五金配件方面，铜材也有着广泛的应用。

纯铜由于强度不高，不宜制作结构材料，而且纯铜的价格贵，工程中更广泛使用的是铜合金（即在铜中掺入锌、锡等元素形成的铜合金）。铜合金既保持了铜的良好塑性和高抗蚀性，又改善了纯铜的强度、硬度等机械性能。铜合金的种类很多。根据传统的分类方法，铜合金可分为黄铜（铜锌合金）、青铜、白铜（铜镍合金）和紫铜（有氧化铜薄膜的纯铜）四类。根据铜合金使用时的状态或成形方法，又可将其分为铸造铜合金和变形铜合金。常用的铜合金有黄铜、青铜等。

铸造铜合金与变形铜合金的区别如下：

① 铸造合金通常无论是热加工还是冷加工，都较难以塑性成形。

② 虽然某些合金元素，如铅、锡、铁和铝，既可以添加到变形合金，也可以添加到铸造合金，但是一般在铸造合金中的添加量多于变形合金中的添加量。添加到铸造合金的元素是为了改善金属液的流动性、铸造组织或强度。某些元素添加到变形合金中，可能会导致加工性能变差。

③ 铸造合金中的杂质含量要高一些。

④ 铸造合金中电导率要低于变形合金。

1. 黄铜

以铜、锌为主要合金元素的铜合金称为黄铜。黄铜分为普通黄铜和特殊黄铜，铜中只加入锌元素时，称为普通黄铜。普通黄铜不仅有良好的力学性能、耐腐蚀性能和工艺性能，而且价格也比纯铜便宜。为了进一步改善普通黄铜的力学性能和提高耐腐蚀性能，可再加入铅、锰、锡、铝等合金元素而配成特殊黄铜。

如加入铅可改善普通黄铜的切削加工性和提高其耐磨性，加入铝可提高强度、硬度、耐腐蚀性能等。普通黄铜的牌号用“H”（“黄”字的汉语拼音字首）加数字来表示，数字代表平均含铜量，含锌量不标出，如 H62；特殊黄铜则在“H”之后标注主加元素的化学符号，并在其后表明铜及合金元素含量的百分数，如 HPb59-1；如果是铸造黄铜，牌号中还应加“Z”字，如 ZHA167-2.5。

2. 青铜

以铜和锡作为主要成分的合金称为青铜，也称为锡青铜。青铜具有良好的强度、硬度、耐蚀性和铸造性。青铜的牌号以字母“Q”（“青”字的汉语拼音字首）表示，后面第一个是主加元素符号，之后是除了铜以外的各元素的百分含量，如 QSn4-3。如果是铸造的青铜，牌号中还应加“Z”字，如 ZQA19-4 等。

铜合金经挤制或压制可形成不同横断面形状的型材，有空心型材和实心型材。铜合金型材也具有铝合金型材类似的优点，可用于门窗的制作。以铜合金型材做骨架，以吸热玻璃、热反射玻璃、中空玻璃等为立面形成的玻璃幕墙，一改传统外墙的单一面貌，可使建筑物乃至城市生辉。另外，利用铜合金板材制成铜合金压型板应用于建筑物外墙装饰，同样使建筑物金碧辉煌、光亮耐久。

铜合金装饰制品的另一特点是其具有金色感，常替代稀有的、价值昂贵的金在建筑装饰中作为点缀使用。

现代建筑装饰中，显耀的厅门配以铜质的把手、门锁、执手，变幻莫测的螺旋式楼梯扶手栏杆选用铜质管材，踏步上附有铜质防滑条，浴缸龙头、坐便器开关、淋浴器配件，各种厨具、家具采用的制作精致、色泽光亮的铜合金，这些无疑会在原有豪华、高贵的氛围中增添了装饰的艺术性，使其装饰效果得以淋漓尽致的发挥。

铜合金的另一应用是铜粉（俗称“金粉”），是一种由铜合金制成的金色颜料。主要成分为铜及少量的锌、铝、锡等金属。常用于调制装饰涂料，可代替“贴金”。

5.5　装饰塑料

装饰塑料是指用于室内装饰装修工程的各种塑料及其制品。目前，用于建筑装饰的塑料制品很多，几乎遍及室内装饰的各个部位，最常见的有塑料墙纸和墙布、塑料地板、塑料门窗（详见本书第 4.2 节）等。

5.5.1 塑料墙纸

塑料墙纸又称塑料壁纸，是由基底材料（纸、麻、棉布、丝织物、玻璃纤维）涂以各种塑料，再经过印花、压花或发泡处理等多种工艺而制成的一种墙面装饰材料。塑料墙纸强度较好，耐水可洗，装饰效果好，施工方便，成本低，性能优越。目前广泛用作内墙、天花板等的贴面材料。

1. 塑料墙纸的特点

（1）装饰效果好。由于塑料墙纸表面可进行印花、压花及发泡处理，能仿天然石纹、木纹及锦缎，达到以假乱真的地步，并通过精心设计，印制适合各种环境的花纹图案，几乎不受限制。色彩也可任意调配，做到自然流畅，清淡高雅。

（2）性能优越。根据需要可加工成具有难燃、隔热、吸声、防霉，且不容易结露，不怕水洗，不易受机械损伤的产品。

（3）适合大规模生产。塑料墙纸的加工性能良好，可进行工业化连续生产。

（4）粘贴施工方便。纸基的塑料墙纸，用普通107胶粘剂或乳白胶即可粘贴，且透气性好。

（5）使用寿命长、易维修保养。塑料墙纸表面可擦洗，对酸碱有较强的抵抗能力。

2. 塑料墙纸的分类

随着工艺技术的改进，塑料墙纸的新品种层出不穷。目前，在国内外市场上，大致可分为普通塑料墙纸、发泡塑料墙纸和特种塑料墙纸三类。

（1）普通塑料墙纸。普通塑料墙纸是以80～100g/m^{2}的纸作基材，涂塑100g/m^{2}左右的聚氯乙烯糊，经印花、压花而成。这类墙纸又分单色压花，印花压花和有光、平光印花几种，花色品种多，适用面广，价格也低，是民用住宅和公共建筑墙面装饰应用最普遍的一种墙纸。

（2）发泡塑料墙纸。发泡塑料墙纸是以100g/m^{2}的纸作基材，涂塑300～100g/m^{2}掺有发泡剂的PVC糊，印花后再加热发泡而成。这类墙纸有高发泡印花，中发泡印花，低发泡印花压花等几个品种。高发泡墙纸的发泡倍数大，表面呈富有弹性的凹凸花纹，是一种装饰兼吸声的多功能墙纸，常用于歌剧院、会议室、住房的天花板装饰。低发泡印花墙纸，是在掺有适量发泡剂的PVC涂层的表面印有图案或花纹，通过采用含有抑制发泡作用的油墨，使表面形成具有不同色彩的凹凸花纹图案，又叫化学浮雕。这种墙纸的图案逼真，立体感强，装饰效果好，并有一定的弹性，适用于室内墙裙客厅和内走廊装饰。

还有一种仿砖、石面的深浮雕型墙纸，其凹凸高度可达25mm，采用座模压制而成，只适用于室内墙面装饰。

（3）特种塑料墙纸。特种塑料墙纸，是指具有耐水、防火和特殊装饰效果的墙纸品种。耐水墙纸是用玻璃纤维毡作基材，在PVC涂塑材料中，配以具有耐水性的胶粘剂，以适应卫生间、浴室等墙面的装饰要求。防火墙纸是用100～200g/m^{2}的石棉纸作基材，并在PVC涂塑材料中掺有阻燃剂，使墙纸具有一定的阻燃防火功能，适用于防火要求很高的建筑。所谓特殊装饰效果的彩色砂粒墙纸，是在基材上散布彩色砂粒，再涂胶粘剂，使表面呈砂粘毛面，可用于门厅、柱头、走廊等局部装饰。

以上是塑料墙纸的基本分类，另外还有植绒墙纸、无底塑料墙纸和预涂胶塑料墙纸等，如图5-28所示。

5.5.2　塑料地板

塑料地板，如图 5-29 所示，是发展最早、最快的建筑装修塑料制品，其装饰效果好，色彩图案不受限制，仿真效果好，施工维护方便。20 世纪 70 年代，塑料地板就在西欧及美、日等发达国家得到广泛应用。我国进入 20 世纪 80 年代后，塑料地板也投入了批量生产。

图 5-28　塑料墙纸

图 5-29　塑料地板

1. 塑料地板的特点

（1）色泽选择性强。塑料地板品种极多，只要改变印花辊即可生产出不同花纹图案的地板。根据室内设施、用途或设计要求，可自选地板颜色，也可采用两种以上颜色，组合各种图案。

（2）轻质耐磨。塑料地板砖的密度仅为 1.8 ～ 2g/cm^3，每平方米质量为 3kg 左右，比大理石、水磨石、陶瓷地砖等装修材料轻得多。塑料地板的耐磨性也很好，在正常情况下使用寿命可达 10 年以上，是高层建筑、火车、轮船地面较为理想的装修材料。

（3）使用性能好。具有耐磨、耐污染、耐腐蚀，可自熄等特点，发泡塑料地板还具有优良的弹性，脚感舒适，清洗更换也很方便。塑料地板砖表面光洁、平整、步行有弹性感而且不打滑，塑料地板砖遇潮湿或接触稀酸碱不受腐蚀，遇明火后自熄性好，不助燃。

（4）造价低，施工方便。塑料地板从低级的单层再生聚乙烯塑料地板到高级发泡印花塑料卷材地板，价格差异较大，可满足不同层次的需求。同时，对高级装饰而言，比大理石地面、地毯等便宜。塑料地板砖属于低档产品，造价大大低于大理石、水磨石和木地板，易于在各类场所使用，无论新旧建筑，地面平整后涂以专用胶粘剂，再将地板砖粘贴于地面，一般不需要保护即可使用。

2. 塑料地板的分类

按所用树脂可分为聚氯乙烯塑料地板、聚丙烯树脂塑料地板和氯化聚乙烯树脂塑料地板三大类。目前，绝大部分塑料地板属于第一类。

按地板外形分有塑料块状地板和塑料卷材地板。块状地板便于运输和铺贴，内部含有大量填料，具有价格低廉、耐烟头灼烧、耐污染、耐磨性好、损坏后易于调换等特点；卷材地板生产效率高、成本低、整体性强、装饰效果好，且保温、隔声、弹性好、步感舒适。

按生产工艺可分为压延法、热压法和注射法。我国塑料地板的生产大部分采用压延法。

按材料可分为硬质片材、半硬质片材和软质的卷材。硬质地板所用填料多，不加增塑剂；软质地板则掺用较多的增塑剂，填料较少。

按地板结构来分，有单层塑料地板和复合塑料地板之分。

3. 常用 PVC 塑料地板的特点与应用

（1）PVC 石棉地砖。PVC 石棉地砖是生产最早，使用最普遍的塑性地板材料，由 PVC 塑料或 PVC 与氯－酯共聚树脂混合料加石棉与碳酸钙填料制成，它可以采用热压法或压延法生产，尺寸一般为 303mm × 303mm，厚度 2mm，外形有方形、三角形和梯形等。

PVC 石棉地砖除 PVC 地板的共同优点即易清扫、耐磨、易施工外，其特点是成本低、耐燃性好，尤其耐烟头，踩灭烟头不会破坏其表面，故应用比较广泛。

（2）PVC 地砖。由于石棉纤维生产地砖时有损健康，故近年开始生产只用碳酸钙填料的地砖即 PVC 地砖。由于不用石棉，故必须采用特殊的技术来保证它的尺寸稳定性及其他性能，仍能达到 PVC 石棉地砖的标准。

PVC 地砖生产工艺与 PVC 石棉地砖基本相同。我国目前生产的大多是不含石棉的 PVC 地砖。

（3）压花印花 PVC 地砖。PVC 地砖一般是素色的，或仅以拉花处理。可在压延机后设压花印花装置。生产的图案可以是无规则的，也可以是有规则的。

由于图案是在压花时印上去的，故是凹下去的，在使用中不易磨损。

（4）碎粒花纹地砖。碎粒花纹地砖是一种花纹透底型地砖，花纹不会因磨损而消失。它生产所用的原料与 PVC 石棉地砖相同，工艺则不一样。首先将原料辊炼后破碎成无规则形状的各色碎粒，将不同颜色的碎粒混合，然后将混合料压延成片，进行上蜡、抛光后冲切成地砖，这样，表面便具有特殊的花纹。

（5）PVC 软质卷材地板。软质 PVC 卷材地板一般用压延法生产。其中填料较少，增塑剂较 PVC 地砖多。一般采用四辊压延机厂塑化的 PVC，经压延后表面平整光洁，冷却后切边卷取即为产品。卷材的规格各国不一，我国也有各种规格。软质 PVC 卷材地板材质较软，有一定弹性，脚感舒适，但表面耐烟头性不及 PVC 地砖。

（6）印花发泡塑料地板。多为一种半硬质的塑料地板。主要原料也是用 PVC 树脂，不同的是除表面层印花装饰处理外，中间层为加有 2% 的 AC 发泡剂的 PVC 糊，在压延加热时形成 PVC 泡沫层，以提高地板的弹性和隔声、隔热性，基层用石棉纸、无纺布或玻璃纤维布等。为增加表面印花图案的立体效果，采用化学压花，它是在某一种颜料的印刷印墨中加入一种发泡抑制剂，印刷后向可发性 PVC 糊内渗透，这样，在发泡时，由于抑制作用，使一部分不发泡而凹下去，而发泡的凸出来，使图案或花形富有立体感。为增加地板表面的耐磨性，在印刷层上还涂上一层不含颜料、填料的透明 PVC 糊。

（7）覆膜彩印 PVC 地板。为改善塑料地板的防滑性能，在表面彩印层上涂覆透明 PVC 糊层后再进行压花处理，形成覆膜彩印 PVC 地板。

（8）抗静电 PVC 地板。在生产配料时，选用适当的填料，并掺用抗静电剂及其他附加剂使地板具有抗静电功能，适用于邮电、实验室、计算机房、精密仪表控制车间等的地面铺设。

（9）防尘地板。是以 PVC 树脂为基料，非金属无机材料为填料，内掺吸湿防尘添加剂制成。铺地后具有防尘作用，适用于纺织车间和要求空气净化的防尘仪表车间等。

5.5.3　塑料装饰板

塑料装饰板是以树脂材料为基材或为浸渍材料，经一定工艺制成的具有装饰功能的板材。

（1）塑料贴面装饰板。塑料贴面装饰板又称塑料贴面板，是以酚酞树脂的纸质压层为胎基，表面用三聚氰胺树脂浸渍过的印花纸为面层，经热压制成并可覆盖于各种基材上的一种装饰贴面材料。

塑料贴面板的图案，色彩丰富明亮，耐湿、耐磨、耐燃烧，耐一定酸、碱、油脂及乙醇等溶剂的侵蚀，平滑光亮，极易清洗。其粘贴在板材的表面，较木材耐久，装饰效果好，是节约优质木材的好材料。

（2）覆塑装饰板。覆塑装饰板是以塑料贴面板或塑料薄膜为面层，以胶合板、纤维板、刨花板等板材为基层，采用胶粘剂热压而成的一种装饰板材。用胶合板作为基层的覆塑装饰板成为覆塑胶合板，用中密度纤维板作为基层的覆塑装饰板称为覆塑中密度纤维板，用刨花板作为基层的覆塑装饰板称为覆塑刨花板。

覆塑装饰板既有基层板的厚度、刚度，又具有塑料贴面板和薄膜的光洁，质感强、美观、装饰效果好，还具有耐磨、耐烫、不变形、不开裂、易于清洗等优点。

（3）有机玻璃板材。有机玻璃板材俗称有机玻璃，是一种具有极好透光率的热塑性材料，是以甲基丙烯酸甲酯为主要基料，加入引发剂、增塑剂等聚合而成的。

有机玻璃的透光性极好，可透过光线的99%，能透过紫外线的73.5%；机械强度较高；耐热性抗寒性及耐候性都较好；耐腐蚀性及电绝缘性良好；在一定条件下，尺寸稳定、容易加工。有机玻璃的缺点是质地较脆、易溶于有机溶剂、表面硬度不大、易擦毛等。

有机玻璃在建筑上主要用于室内高级装饰材料及特殊的吸顶灯具或室内隔断及透明防护材料等。

（4）PVC 塑料装饰板。PVC 塑料装饰板是以 PVC 为基材，添加填料、稳定剂、色料等经捏合、混炼、拉片、切粒、挤出或压延而成的一种装饰板材。其特点是表面光滑、色泽鲜艳、防水、耐腐蚀、不变形、易清洗、可钉、可锯、可刨。

（5）PVC 透明塑料板。PVC 透明塑料板是以 PVC 为基料，添加增塑剂、防老剂，经挤压成形的一种透明装饰板材。其特点是力学性能良好、热稳定、耐候、耐化学腐蚀、难燃，可切、可剪、可锯加工等。PVC 透明塑料板可部分代替有机玻璃制作广告牌、灯箱、展览台、橱窗、透明屋面、防震玻璃、室内装饰及浴室隔墙等，而且价格低于有机玻璃。

5.6　装饰砂浆和混凝土

在装饰工程中，常用白水泥、彩色水泥配成水泥色浆或装饰砂浆，或制成装饰混凝土，用于建筑物室内外表面装饰，以材料本身的质感、色彩美化建筑，有时也可以用各种大理石、花岗石碎屑作为骨料配制成水刷石、水磨石等来做建筑物的饰面。

5.6.1　白水泥

凡以适当成分的生料烧至部分熔融，所得以硅酸钙为主要成分，含有少量的氧化铁的白色硅酸盐水泥熟料，再加入适量的石膏，磨细制成的水硬性胶凝材料，称为白色硅酸盐水泥，简称为白水泥。

1. 生产工艺

白水泥与普通硅酸盐水泥的生产方法基本相同，生产过程也可以概括为“两磨一烧”。使普通水泥着色的主要化学成分是氧化铁，因此，白水泥与普通水泥生产制造上的主要区别在于氧化铁的含量。水泥中氧化铁含量与水泥颜色的关系见表5-5。由表5-5可知，当含量在3%～4%时，熟料呈暗灰色；在0.45%～0.7%时，带淡绿色；而降到0.35%～0.4%及以下后，略带淡绿，接近白色。所以，生产白水泥的关键主要是降低氧化铁含量，白水泥中氧化铁的含量只有普通水泥的1/10左右。此外，锰、铬、钛等氧化物也会导致白度降低，故其含量也需要控制。白色水泥原料应选用纯的石灰石、白垩土或方解石，黏土可选用高岭土、叶蜡石或含铁量低的砂质黏土。生料的制备和熟料的粉末均应在没有铁污染的条件下进行。其磨机的衬板一般采用花岗石、陶瓷或耐磨钢制成，并以硅质卵石或陶瓷质研磨体。燃料最好用无灰分的天然气或重油；若用煤粉，其煤灰含量要求低于10%，且煤灰中的Fe_2O_3含量要低。为了保证水泥的白度，所用石膏的白度必须比熟料白度高，一般采用优质的纤维石膏。

表5-5　水泥中氧化铁含量与水泥颜色的关系

氧化铁含量（%）	3～4	0.45～0.7	0.35～0.4及以下
颜色	暗灰色	淡绿色	略带淡绿，接近白色

2. 技术性质

白水泥的技术性质主要包括强度、白度、细度、凝结时间、体积安定性等。

根据3d和28d的强度，将白水泥划分为32.5、42.5、52.5、62.5四个强度等级。

白度是白水泥一项重要的技术性能指标，是衡量白水泥质量高低的关键指标。根据白度不同，白水泥可以分为特级、一级、二级、三级共四个等级，相应的白度分别为不低于86%、84%、80%和75%。白水泥的白度用白度计来测定。具体操作是将白水泥样品装入标准压样器中，压成表面平整的白板，置于白度仪中，测其对红、蓝、绿三种原色光的反射率，以此反射率与氧化镁标准（规定白度为100）反射率相比的百分率表示。例如，在这种条件下所测样品的反射率与氧化镁标准反射率相比的百分率是88%，则该样品的白度为88度。

细度是指水泥颗粒的粗细程度。细度的大小直接影响水泥的凝结硬化速度及强度。白水泥的细度要求在公称直径为0.080mm方孔筛上的筛余量不得超过10%，否则为不合格。

水泥的凝结时间有初凝与终凝之分。初凝不宜过快，以便有足够的时间在初凝之前完成混凝土各工序的施工操作；终凝也不宜过迟，以便在混凝土振捣完成后，尽早完成凝结并开始硬化，以利于下一步施工工序的进行。白水泥的初凝时间不得早于45min，终凝时间不得迟于12h。

体积安定性是指水泥在凝结硬化过程中体积变化的均匀性。水泥熟料中如果含有较多的游离氧化钙、氧化镁和三氧化硫就会在凝结硬化时发生不均匀的体积变化，出现龟裂、弯曲、松脆或崩溃等不安定现象。国家标准规定，水泥安定性必须合格，且水泥熟料中氧化镁的含量不得超过4.5%，水泥中三氧化硫的含量不得超过3.5%。

3. 白水泥的应用

白水泥具有强度高、色泽洁白等特点，在建筑工程中常用来配制彩色水泥浆，用于建筑物内外墙、顶棚及柱子的粉刷，还可用于贴面装饰材料的勾缝处理；配制各种彩色水泥砂浆、彩色混凝土等具有较好的装饰效果。白水泥勾缝如图 5-30 所示。

图 5-30　白水泥勾缝

4. 其他品种的白水泥

（1）白色硫酸盐水泥。白色硫酸盐水泥是以石灰石和铝硅矿石（如焦宝石）为主要原料，加入适量白云石和少量的萤石作助溶剂，以焦炭为燃料，将块状矿石在高炉中烧至完全熔融，经水淬后得到淡蓝色熔渣，烘干后加入适量煅烧石膏和少量生石灰共同磨细，这种水泥掺加的煅烧石膏按 SO_3 计可达 10%，即制成白色硫酸盐水泥。该水泥的强度等级可达 42.5 ～ 52.5 级，白度达 75 ～ 80 度，且水泥体积安定性良好，水泥的水化产物主要为三硫型水化硫铝酸钙及部分水化硅酸钙凝胶。水泥的凝结、硬化均较快，早期强度高，后期强度稳步增长，抗碳化能力强，表面不起砂，不足之处是低温下水化速度有所下降。

（2）白色钢渣水泥。白色钢渣水泥是将白色电炉还原渣与适量煅烧石膏共同粉磨而成的，也可加入适量白色粒化高炉矿渣共同磨细而成。钢渣组分中含有较多的硅酸三钙和硅酸二钙，能自行水化，石膏起硫酸盐激发剂的作用，在碱性环境中，与钢渣中的铝酸盐反应生成水化硫酸铝钙。这种白色钢渣水泥具有早强快凝特性，7d 强度即可达 28d 强度的 90% 左右，其优点是成本低廉，强度能稳定增长，耐腐蚀性良好。

5.6.2　彩色水泥

彩色水泥起初是在白水泥中掺加耐碱性矿物原料而制得的，如赫石、铅丹、铬绿、群青、普鲁士红等。在配制红色、黑色等深颜色水泥时，可在普通硅酸盐中直接加矿物颜料，而不一定是白水泥。随着彩色水泥的发展，国外已开始直接生产彩色水泥，如在白水泥生料中加入少量金属氧化物着色剂，经煅烧制成彩色水泥熟料，然后磨细成彩色水泥，或在白水泥熟料中加入有机或无机颜料共同磨细制成彩色水泥。凡以白色硅酸盐水泥熟料、优质白色石膏及矿物颜料、外加剂（防水剂、保水剂、增塑剂、促进剂等）共同研磨而成，或者在白水泥生料中加入金属氧化物的着色剂直接烧成的一种水硬性彩色胶凝材料，称为彩色硅酸盐水泥，简称彩色水泥。

1. 彩色水泥的生产方法

彩色水泥根据其着色的方法不同，有染色法和直接烧成法两种生产方式。

染色法是将硅酸盐水泥熟料、适量的石膏和着色物质混掺在一起共同磨细而成彩色水泥。所用着色剂要求对光和大气的耐候性好，不溶于水，并能耐碱，对水泥石不起破坏作用，也不会使水泥的强度显著下降。颜色较浓，不含杂质；加入量较少，价格比较便宜。常用的着色剂有氧化铁系（铁红，铁黄，铁黑）、二氧化锰（黑色、褐色）、氧化铬（绿色）、酞菁蓝、群青蓝、立索尔宝红、炭黑等。目前，这是国内、外生产彩色水泥应用最广泛的方法。

直接烧成法是在白水泥生料中加入少量色料而直接煅烧而成彩色水泥熟料，再加入适量的石膏共同磨细制成彩色水泥。常用的着色剂为金属氧化物或氢氧化物。例如，加入氧化铬（Cr_2O_3）或氢氧化铬［$Cr(OH)_3$］，可生产出绿色水泥；加入氧化钴（Co_2O_3），在还原气氛中烧成浅蓝色，可生产出浅蓝色水泥，在氧化气氛中烧成玫瑰红色，可生产出玫瑰红色水泥；加入氧化锰（Mn_2O_3）在还原气氛中烧成浅蓝色，可生产出浅蓝色水泥，在氧化气氛中烧成浅紫色，可生产出浅紫色水泥；加入氧化镍（Ni_2O_3），可生产出浅黄色至红褐色水泥。彩色水泥熟料颜色的深浅随着着色剂的掺量而改变。该方法的缺点是着色剂的加入量很少，不易精确控制和均匀混合，窑内气氛变化会造成颜色不均。另外，有些彩色熟料磨制成的彩色水泥（如加入Cr_2O_3的绿色水泥熟料制成的绿色水泥），在使用过程中，因彩色熟料矿物的水化而导致制品彩色变淡。

2. 彩色水泥的颜料品种

采用无机矿物颜料能较好地满足彩色水泥对颜料的要求，常用的颜料品种中以氧化铁使用较多。彩色水泥的凝结时间一般比白水泥短，其程度随颜料的品质和掺量而异。水泥胶砂强度一般因颜料掺入而降低，掺炭黑时尤为明显。不过优质炭黑着色力很强，掺量很少即可达到颜色要求，所以一般问题不大。彩色水泥的颜料品种有：氧化钛白（TiO_2），铁丹红（Fe_2O_3），合成氧化铁黄（$Fe_2O_3 \cdot H_2O$），氧化铬绿（Cr_2O_3），群青（$2Al_2Na_2S_{12}O \cdot Na_2SO_4$）、钴青（$CoO \cdot nAl_2O_3$）等。

3. 彩色水泥浆的配制和养护

彩色水泥浆的配制须分头道浆和二道浆两道。头道浆水灰比按0.75、二道浆水灰比按0.65配制。刷浆前先将基层用水分充分润湿，先刷头道浆，待其有足够强度后再刷二道浆。浆面初凝后，立即开始洒水养护，至少养护3d。为保证不发生脱粉及被雨水冲掉，还可以在色浆中加入1%～2%的无水氯化钙和7%的皮胶液，以加速凝固，增强粘结力。

5.6.3 装饰砂浆

装饰砂浆是一种具有装饰效果的墙面抹灰的总称，其中以聚合物改性水泥基干混砂浆制得的装饰用砂浆应用最为广泛，在欧洲广泛替代涂料、瓷砖，用作建筑外墙装饰的材料，具有返璞归真的三维外观，装饰效果自然独特，透气抗裂，效果持久。装饰砂浆一直受欢迎的原因是它的涂层相对较厚（可达2～3mm），且可加工成各种风格的纹理表面，这让建筑设计师有很大的选择余地。同时，使用水泥作为主要胶粘剂，使装饰砂浆的价格在大宗用途的材料中极具竞争力。

一般抹面砂浆虽然也有一定的装饰作用，但其装饰效果有时不能满足设计要求。用白水泥和彩色水泥配制的装饰砂浆，是专门用于建筑物室内外的表面装饰以增加建筑物外观美为主的砂浆。装饰砂浆是在抹面的同时，经各种艺术处理而获得特殊的表现形式，以满足艺术审美需要的一种表面装饰。装饰砂浆施工现场如图5-31所示。

建筑装饰工程中所用的装饰砂浆，主要由胶凝材料、骨料和颜料组成。

装饰砂浆所用的胶凝材料，与普通抹面砂浆基本相同，多采用硅酸盐系列水泥。但是，根据装饰砂浆的艺术和色彩要求，更多地采用白水泥和彩色水泥。

装饰砂浆所用的细骨料，除普通砂外，还常使用石英砂、彩釉砂和着色砂，以及石渣、石屑、砾石、彩色瓷粒、玻璃珠等。

图 5-31　装饰砂浆施工现场

在普通砂浆中掺入颜料可以制成彩色砂浆，用于室外抹灰工程，如假大理石、假面砖、喷涂、弹涂和彩色砂浆抹面，这些室外饰面长期暴露于空气之中，会受到风吹、日晒、雨淋及温度变化等的反复作用。因此，选择合适的颜料，是保证饰面的质量、避免褪色和变色、延长使用年限的关键。选择颜料品种要考虑其质量、价格、砂浆品种、建筑物所处环境、装修档次和设计要求等因素。例如，建筑物处于受酸侵蚀的环境中时，要选用耐酸性好的颜料；受日光曝晒的部位，要选用耐光性好的颜料；对于碱度较高的砂浆，要选用耐碱性好的颜料；设计要求色泽鲜艳的部位，可选用红、绿、黄、紫等色泽鲜艳的颜料等。

装饰砂浆的底层灰和中层灰与普通砂浆基本相同，主要是装饰的面层，要选用具有一定颜色的胶凝材料、骨料、颜料以及采用某些特殊的操作工艺，使其表面呈现出不同的色彩、线条与花纹等装饰效果。

根据装饰砂浆的饰面效果，装饰砂浆可分为灰浆类饰面砂浆和石渣类饰面砂浆两大类。

灰浆类饰面是通过水泥砂浆的着色或水泥砂浆表面形态的艺术加工，获得一定色彩、线条、纹理质感，达到设计的建筑装饰效果。这种以水泥、石灰及其砂浆为主形成的饰面装饰做法的优点是：材料来源广泛，施工方便，造价低廉；通过不同的工艺，可形成不同的装饰效果，如搓毛、拉毛、喷毛以及仿面砖、仿毛石等饰面。石渣类饰面是在水泥浆中掺入各种彩色石渣做骨料，制得水泥石渣浆抹于墙体基层表面，然后通过水洗、斧剁、水磨等施工工艺，清除掉表面水泥浆皮，露出石渣的颜色和质感。

以上两者均属于外墙饰面，它们的主要区别在于：石渣类饰面主要靠石渣的颜色、颗粒形状达到装饰目的；灰浆类饰面则主要靠渗入颜料，以及砂浆本身所能形成的质感来达到装饰目的。比较而言，灰浆类饰面的装饰质量及耐污染性均比较差，石渣类饰面的色泽比较明亮，质感相对比较丰富，且不易污染和褪色，但其价格较高，施工困难。

5.6.4　装饰混凝土

装饰混凝土是指用于建筑装饰的混凝土，是在普通混凝土的基础上，逐渐发展起来的一种饰面混凝土。即人们在建筑物的墙面、地面或屋面上做些适当处理，使混凝土表面具有一定色彩、线条、质感或花饰的饰面，产生一定的装饰效果，具有艺术感。该混凝土又被称为“建筑艺术混凝土”或“视觉混凝土”。装饰混凝土在国外已获得广泛的应用，如纽约肯尼迪机场和巴黎戴高乐机场的候机楼内外墙饰面采用了现浇本色装饰混凝土。我国从 20 世纪 70 年代开始研制和开发装饰混凝土，在北京、上海、天津等地建成了大批装饰混凝土建筑，取得良好的技术经济效果。拉萨火车站站房外的装修就采用了彩色装饰混凝土，使拉萨火车站站房主体显出浓郁的民族建筑风格。

装饰混凝土充分利用混凝土塑性成形及材料构成特点，在墙体、构件成形时，采取一定的工艺，使其表面具有装饰性的线型、纹理质感，并改善其色彩效果，在某种程度上满足装饰的要求。它可简化施工工序，缩短施工周期，而其装饰效果和耐久性更为人们普遍称道。

图5-32是公园一角的装饰混凝土效果图。同时，装饰混凝土的原材料来源广，造价低廉，经济效果显著。所以，装饰混凝土有着广阔的发展前景。

图5-32　公园一角的装饰混凝土效果图

1. 混凝土的装饰手段

使混凝土获得装饰效果的手段很多，可以简单概括为以下三个方面：

（1）线形、质感和板缝。混凝土是塑性成形材料，几乎可以加工成任意形状，但也受模具、加工条件的限制和经济上的制约。尺寸较大的构件要求规格挺拔的线形，如窗套、翼肋、大的分隔线等，一般采用钢模板成形；纹理质感则可以通过提高模板、衬板、表面加工或露明粗细骨料等方法形成。

（2）色彩。彩色混凝土的基本色调主要取决于所用水泥的颜色。由于白水泥和彩色水泥制作的装饰混凝土价格高，因此，清水混凝土的颜色大都可以采用混凝土本身、或在混凝土内部掺入矿物颜料、或在表面干撒矿物颜料、或在混凝土表面喷刷各种涂料的方法来实现装饰混凝土对色彩的要求。

采用露石混凝土，其色彩随着表面剥离的深浅和水泥、砂或石渣品种而异。表面剥离程度浅，表面比较平整，水泥和细骨料的颜色起主要作用；随着剥离程度加深，粗骨料颜色的影响加大。在露石混凝土的表面上，由于表面光影及多种材料颜色、质感的综合作用，色彩比较活泼。

（3）造型与图案。利用混凝土的可塑性特点，给予混凝土制品以一定的造型，或使混凝土表面带有几何图案及立体浮雕花饰，是近几年发展起来的混凝土装饰手段。在满足功能的前提下，将混凝土制品设计成一定的造型，既美观耐久，又经济实用。在混凝土模板内，按设计布置一定花纹和图案的衬板，待混凝土硬化拆模后，便可使混凝土表面形成立体装饰图案，装饰效果良好。

一定造型的混凝土制品，可以广泛应用于城市雕塑、园林设施、道路、桥梁等，既美观耐久，又经济实用。

2. 装饰混凝土的种类

装饰混凝土主要有彩色混凝土、清水混凝土、露石混凝土、上釉混凝土和发光混凝土等。

（1）彩色混凝土。彩色混凝土是通过使用特种水泥和颜料或选择彩色骨料，在一定的工艺条件下制得的混凝土。国外多用白水泥或彩色水泥来制作装饰混凝土，但我国白水泥产量少且价格高，彩色水泥无固定供应，目前解决我国装饰混凝土色调单一的有效而实用的途径是在装饰混凝土表面喷涂色调广泛、经久耐用的涂料。

彩色混凝土施工简单，成品具有仿古和仿天然石材的特性，比天然石材价格低，具有天然石材所没有的透水性，具有良好的除尘性和降噪性，防油、防滑，成品维护简单。彩色混凝土改变了混凝土单一的颜色，让城市的建筑更富有艺术韵味，拥有了多彩的城市道路、亮丽的工业地坪、光彩夺目的建筑外观，增加了城市的色彩。

一般来说，整体着色的彩色混凝土应用较少，而在普通混凝土或硅酸盐混凝土基材表面加做彩色饰面层，即采用干撒彩色硬化剂混凝土着色方法应用较多。利用这种方法制成面层着色的彩色混凝土路面砖，在艺术形象上可以与天然大理石相媲美，现已有相当广泛的应用。不同颜色的水泥混凝土花砖，按设计图案铺设，外形美观，色彩鲜艳，成本低廉，施工方便，用于园林、街心花园、庭院和人行便道，可获得十分理想的装饰效果。

彩色混凝土在使用中会出现“白霜”，其原因是由于混凝土中的氢氧化钙及少量硫酸钠，随混凝土内水分蒸发而被带向并沉淀在混凝土表面，以后又与空气中二氧化碳作用变成白色的碳酸钙和碳酸钠晶体，这就是“白霜”。“白霜”遮盖了混凝土的色彩，严重降低其装饰效果。防止“白霜”常用的措施是：混凝土采用低水灰比，机械振捣，提高密实度；采用蒸汽养护可有效防止初期“白霜”的形成；硬化的混凝土表面喷涂聚烃硅氧系憎水剂、丙烯酸系树脂等处理；尽量避免使用深色的彩色混凝土。

（2）清水混凝土。清水混凝土是利用混凝土结构构件本身造型的竖线条或几何外形取得简单、大方而明快的立面效果，从而获得装饰性，或在成形时利用模板等在构件表面上做出凹凸花纹，使立面感更加丰富而取得艺术装饰。由于这类装饰混凝土构件基本保持了原有的外观质地，因此称为清水混凝土，或称为普通混凝土表面塑性装饰。

其成形工艺有以下三种：

1）正打成形工艺。正打成形工艺多用在大板建筑的墙板预制，它是在混凝土墙板浇筑完毕，水泥初凝前后，在混凝土表面进行压印，使之形成各种线条和花饰。根据其表面的加工工艺方法不同，可分为压印和挠刮两种方式。

压印工艺一般有凸纹和凹纹两种做法。凸纹可用镂花图案模具在刚浇筑成形的壁板表面印出。模具用较柔软、能反复使用的材料，如橡胶板或软塑料板等。模具的厚度可根据其对花纹凸出程度的要求决定，一般以不超过 10mm 为宜。凹纹是用钢筋焊接成设计图形，在新浇混凝土壁板表面压出的。钢筋直径一般以 5 ～ 10mm 为宜。当然也可用硬质塑料、玻璃钢等其他材料制作。挠刮工艺在新浇注混凝土壁板上，用硬毛刷等工具挠刮形成一定毛面质感。

正压打印、挠刮工艺制作简单，施工方便，但壁面形成的凹凸程度小，层次少，质感不丰富。

2）反打正压成形。反打正压成形即在浇筑混凝土的底面模板上做出凹槽，或在底模上加垫具有一定花纹、图案的衬模，拆模后使混凝土表面具有线型或立体装饰图案。

当要求有色彩时，则应在衬板上先铺注一层彩色混凝土混合料，然后在其上浇筑普通混凝土。反打工艺应强调两点：一是模板要有合理的脱模锥度，以防脱模时碰坏图形棱角；二是要选用性能良好的脱模剂，以防在制品表面残留污渍，影响建立立面的装饰效果。

3）立模工艺。前述正打、反打工艺均属预制条件下的成形工艺。立模工艺即在现浇筑混凝土墙面时做饰面处理，利用墙板升模工艺，在外模内侧安置衬板，脱模时是模板先平移，离开新浇筑混凝土墙面再提升。这样随着模板爬升形成直条纹理的装饰混凝土，其外立面也十分引人注目，这种施工工艺使饰面效果更佳逼真。立模生产也可用于成组立模预制工艺。

清水装饰混凝土除现浇结构造型外，目前常用于大板建筑的墙体饰面，它是靠成形、模制工艺手法，使混凝土外表面产生具有设计要求的线型、图案、凹凸层次等。

（3）露石混凝土。露石混凝土即外表面暴露骨料的混凝土。它可以是外露混凝土自身的砂石，也可以是后铺的一层水泥石碴或水泥粗石子。露石混凝土饰面在国外应用得较多，国内近年也在采用。其基本做法是将未完全硬化的混凝土表面剔除水泥浆体，使表层骨料有一定程度的显露，而不再外涂其他材料。它是依靠骨料的色泽、粒形、排列、质感等来实现装饰效果，达到自然与艺术的结合。

露石的实施方法，可在水泥硬化前与硬化后进行，按制作工艺分为水洗法、缓凝法、酸洗法、水磨法、抛丸法、埋砂法、凿剁法、火焰喷射法和劈裂法等。

1）水洗法。水洗法用于正打工艺，它是在水泥混凝土达终凝前，采用具有一定压力的射流水冲刷混凝土表面石子表面的水泥浆，使混凝土表面露出石子的自然色彩。

2）缓凝法。缓凝法用于反打或立模工艺，它是先施缓凝剂在模板上，然后浇筑混凝土，借助于缓凝剂使混凝土表面层水泥浆不硬化，以便待脱模后用水冲刷，露出骨料。缓凝法露骨料工艺实际上仍是水洗法。

3）酸洗法。酸洗法是采用化学作用去掉混凝土表层水泥浆，使骨料外露。一般在混凝土浇筑 24h 后进行酸洗。酸洗液通常选用一定浓度的盐酸，但因其对混凝土有一定的破坏作用，故此方法应用较少。

4）水磨法。水磨法也即制作水磨石的方法，所不同的是水磨露骨料工艺一般不抹水泥浆石渣浆，而是将抹平的混凝土表面磨至露出骨料。水磨时间一般认为应在混凝土强度达到 12 ～ 20MPa 时进行为宜。

5）抛丸法。抛丸法是将混凝土制品以 1.5 ～ 2m/min 速度抛出铁丸，室内抛丸法以 65 ～80m/s 的线速度抛出铁丸，利用铁丸冲击力将混凝土表面的水泥浆皮剥离，露出骨料。因此方法同时将骨料表皮凿毛，故其效果如花锤剁斧，自然逼真。

露石混凝土饰面的关键在于石子的选择，在使用彩色石子时，配色要协调完美，这样才能获得良好的装饰效果。

（4）上釉混凝土。这种混凝土主要原料是矾土水泥、石英砂和磨得很细的玻璃（硅铅玻璃、硅碱玻璃、硅碱铅玻璃、碱硅硼铅玻璃和硼硅碱玻璃）及釉。其中，掺加磨细玻璃的作用是改善釉及混凝土表面的粘结力，提高焙烧后混凝土性能。其基本做法是将矾土水泥、石英砂、磨细玻璃粉及水按一定比例在快速搅拌机中搅拌，然后成形，放在潮湿条件中养护数天、涂釉，然后在 800 ～ 1000℃高温下焙烧。该材料具有表面美观、耐火、抗冻和高强等特点。

（5）发光混凝土。发光混凝土最早由联邦德国第尔公司研制成功，称为第维持。机理是在混凝土表面配有发磷光或发强烈荧光的薄层，薄层具有很高的耐磨性，遇污不染，在极冷和极热气候及冰雪的侵蚀下不受任何影响。

日本清水研究所于 1983 年也研制出一种新型发光混凝土。它是用 5% ～ 30% 的发光物质（带硫化锌的颜料）、白水泥、骨料、非常透明的大理石粉末、陶瓷粉末、玻璃粉末配制而成。为提高强度，掺入尿烷系树脂或乙烯烃系树脂等外加剂。这种混凝土与阳光、灯光甚至红外线接触几分钟就会吸光。然后使其在暗处发光 15min ～ 1 h。光的颜色有红、篮、绿、黄和象牙色。该混凝土用途广泛，如用于标识楼梯、标识门、标识交通线、室内照明等。

此外，美国国家建筑博物馆研制出了一种新型装饰混凝土—透明混凝土，这种透明混凝土可以浇筑成各种形状的制品。当人站在这种混凝土墙壁的前面，而光从他的后面投射到墙上时，他的影子就可以清晰地在墙的另一侧看到。据悉，这种透明墙本身具有很高的欣赏价值，如果应用在旅馆或是饭店会更有吸引力。而且这种透明材料与普通混凝土同样结实牢固，还可以应用在室内火灾逃生等特殊用途上。

5.7　建筑装饰石材

石材具有美观的天然色彩和纹理，优异的物理力学性能，超长的耐久性，是其他材料所难以替代的。石材广泛应用于建筑及其他工业领域，现已成为重要的高级建筑装饰材料之一。

建筑装饰石材包括天然石材和人造石材两大类。天然石材是指从天然岩石中开采出来，并经过简单加工的块材或板材的总称。这种石材不仅具有较高的强度、硬度、耐磨性、耐久性等性能，而且经过表面加工处理后可以获得优良的装饰性。人造石材是通过人工制造，使材料具有如天然石材一样或相似装饰性的一种材料。这种材料无论是在加工生产、使用范围方面，还是在装饰效果、价格性能方面，都显示出极大的优越性，是一种具有发展前途的装饰材料。

5.7.1　石材的来源与特点

石材来自岩石，岩石按生成条件可分为火成岩、沉积岩和变质岩三大类。

（1）火成岩。火成岩是地壳内部岩浆冷却凝固而成的岩石，是组成地壳的主要岩石，按地壳质量计，火成岩占 89%。由于岩浆冷却条件不同，所形成的岩石具有不同的结构性质。根据岩浆的冷却条件，火成岩可分为深成岩、喷出岩和火山岩三类。

1）深成岩。深成岩是岩浆在地壳深处凝成的岩石。由于冷却过程缓慢且较均匀，同时覆盖层的压力又相当大，因此有利于组成岩石矿物的结晶，形成较明显的晶粒，不通过其他胶结物质而结成紧密的大块。深成岩的抗压强度高，吸水率小，表观密度大及导热性高；由于气孔率小，因此可以磨光，但深成岩较坚硬因而难以加工。建筑中常用的深成岩有花岗石、正长岩和橄榄岩等。

2）喷出岩。喷出岩是岩浆在喷出地表时，经受了急剧降低的压力和快速冷却而形成的。在这种条件的影响下，岩浆来不及完全形成结晶体，而且也不可能完全形成粗大的结晶体。所以，喷出岩常呈非晶体的玻璃质结构、细小结构的隐晶质结构，以及当岩浆上升时即已形成的粗大晶体嵌入在上述两种结构中的斑状结构。这种结构的岩石易于风化。

当喷出岩形成很厚时，其结构与性质接近深成岩；当形成较薄的岩层时，由于冷却很快，多数形成玻璃质结构及多孔结构。工程中常用的喷出岩有辉绿岩、玄武岩和安山岩等。

3）火山岩。火山爆发时岩浆喷入空气中，由于冷却极快，压力急剧降低，落下时形成的具有松散多孔，表观密度小的玻璃质物质称为散粒火山岩；当散粒火山岩堆积在一起，受到覆盖层压力作用及岩石中的天然胶结物质的胶结，即形成胶结的火山岩，如浮石。

（2）沉积岩。沉积岩是露出地表的各种岩石（包括火成岩、变质岩和早期形成的沉积岩），在外力作用下，经风化、搬运、沉积、成岩四个阶段，在地表及地下不太深的地方形成的岩石。其主要特征是呈层状、外观多层理和含有动植物化石。沉积岩中所含的矿产极为丰富，有煤、石油、锰、铁、铝、磷、石灰石和盐岩等。

沉积岩仅占地壳质量的5%，但其分布极广，约占地壳表面积的75%，因此，它是一种重要的岩石。建筑中常用的沉积岩有石灰岩、砂岩和碎屑石等。

（3）变质岩。变质岩是地壳中原有的岩石（包括火成岩、沉积岩和早期形成的变质岩），由于岩浆活动和构成运动的影响，原有的岩石变质（再结晶，使矿物成分、结构等发生改变）而形成的新岩石。一般来说，由火成岩变质成的称为正变质岩，由沉积岩变质而成的称为副变质岩。按地壳质量计，变质岩约占6%。建筑中常用的变质岩有大理岩、石英岩和片麻岩等。

5.7.2 建筑石材的技术性质

天然石材由于造岩矿物成分和结构的不同，其物理学性质和外观色彩均有很大的差异。因此，即使是同一类岩石，它们的性质也可能有很大差别。

天然石材根据表观密度大小可分以下几种：

轻质石材：表观密度≤1800kg/m^3，多用作墙体材料。

重质石材：表观密度>1800 kg/m^3，可用于基础、桥涵、挡土墙及道路等。

石材的表观密度是反映其致密性和孔隙率的指标。石材的性质主要有吸水性、耐水性、抗冻性和抗压强度。对于同种石材，表观密度越大则越致密，空隙越少则抗压强度越高，吸水率越小则耐久性越好。

（1）吸水性。石材吸水性的大小用吸水率表示，其大小主要与石材的化学成分、孔隙率大小、空隙特征等因素有关。孔隙率越大，则其吸水率越大；孔隙率相同时，开口孔数量越多则吸水率越大。致密性的岩石，如深层岩中的花岗石，吸水率一般小于0.5%；而多孔性的岩石，随着空隙率和空隙结构特征的变化，其吸水率变化很大。如沉积岩中致密的石灰岩，吸水率可小于1%；而贝壳形石灰岩，其吸水率可达15%。

石材的吸水率对其强度与耐水性有很大的影响。石材吸水后，会降低颗粒之间的粘结力，从而使强度降低。

（2）耐水性。石材的耐水性以软化系数表示可分为高、中、低三个等级。软化系数大于0.90的石材为高耐水性石材，软化系数为0.70～0.90为中耐水性石材，软化系数0.60～0.70为低耐水性石材。一般软化系数小于0.80的石材，不允许用于重要建筑中。对于重要的与水接触的建筑或装饰工程，应选用耐水性较好（软化系数大于0.85）的石材。

（3）抗冻性。石材的抗冻性指其抵抗冻融循环破坏的能力。其值是根据石材在水饱和状态下按规范要求所能经受的冻融循环次数表示。一般有F10、F15、F25、F100、F200。能经受的冻融循环次数越多，则抗冻性就越好。石材抗冻性与吸水性有密切的关系，吸水率大的石材其抗冻性也差；吸水率小于0.5%的石材，认为是抗冻的，可不进行抗冻实验。

（4）抗压强度。石材的抗压强度是以边长为50mm的立方体试件，用标准试验方法测得的抗压强度作为评定石材强度等级的标准。根据《砌体结构设计规范》（GB 50003—2011）的规定，天然石材的强度等级为MU100、MU80、MU60、MU50、MU40、MU30、MU20、MU15、MU10共九个等级。

5.7.3 装饰石材的一般加工

由采石场采出的天然石材荒料，或大型工厂生产出的大块人造石基料，需要按用户要求加工成各类板材或特殊形状的产品。石材的加工一般有锯切加工和表面加工。

（1）锯切加工。锯切是将天然石材荒料或大块人造石基料用锯石机锯成板材。锯切设备主要有框架锯（排锯）、盘式锯、钢丝绳锯等。锯切花岗石等坚硬石材或较大规格石料时，常用框架锯；锯切中等硬度以下的小规格石料时，则可以采用盘式钜。

框架锯的锯石原理是：把加水的铁砂或硅砂浇入锯条下部，受到一定压力的锯条（带形扁钢条）带着铁砂在石块上做往复运动，产生摩擦而锯切石块。圆盘锯由框架、锯片固定架及起落装置和锯片等组成。大型锯片直径为1.25～2.50m，可加工1.0～1.2m高的石料。锯片为硬质合金或金刚石刃，后者使用较广泛。锯片的切石机理是：锯齿对岩石冲击摩擦，将结晶矿物破碎成小碎块而实现切割。

（2）表面加工。锯切的板材表面质量不高，需进行表面加工。表面加工要求有各种形式：研磨、抛光、烧毛和琢面等。

研磨工序一般分为粗磨、细磨、半细磨、精磨、抛光五道工序。研磨设备有摇臂式手扶研磨机和桥式自动研磨剂。前者通常用于小件加工，后者用于加工1m^{2}以上的板材。磨料多用碳化硅加结合剂（树脂和高铝水泥等），或者用60～1000目的金刚砂。

抛光是石材研磨加工的最后一道工序。进行这道工序后，将使石材表面具有最大的反射光线的能力以及良好的光滑度，而且使石材固有的花纹和色泽最大限度地显示出来。国内石材加工采用的抛光方法有如下几类：

1）毛毡-草酸抛光法。适于抛光汉白玉、雪花白、螺丝转、芝麻白、艾叶青、桃红等石材。

2）毛毡-氧化铝抛光法。适于抛光晚霞、墨玉、紫豆瓣、杭灰、东北红等石材。这些石材硬度较第一类抛光法高。

3）白刚玉磨石抛光法。适于抛光金玉、丹东绿、济南青、白虎涧等石材。这些石材用前两类抛光法不易抛光。

烧毛加工是将锯切后的花岗石板材，利用火焰喷射器进行表面烧毛，使其恢复天然表面。烧毛后的石板先用钢丝刷刷掉岩石碎片，再用玻璃渣和水的混合液高压喷吹，或者用带尼龙纤维团的手动研磨机研磨，以使表面色彩和触感都满足要求。

琢面加工是用琢石机加工、由排锯锯切的石材表面的方法。经过琢面加工后的大理石、花岗石板材一般采用细粒金刚石小圆盘锯切割成一定规格的成品。

5.7.4 饰面石材分类

用作建筑饰面石材的各种岩石，除需满足加工和装饰的需要之外，还因各种岩石的物理力学性能各异而用于不同的场合，根据适用范围将其分为：

（1）基体不承受任何机械载荷——墙面。这种石材主要用作建筑物的内墙和外墙的饰面材料。

外墙：要求石材耐风雨侵蚀的能力强，经久耐用，大多用火成岩、变质岩。

内墙：可使用耐风雨性能差一些的石材，如大理石、石灰岩、石膏岩等。

（2）承受一些不大的载荷——地板、台阶、装饰桥梁的柱子。这类石材主要用于地板、台阶、装饰桥梁的柱子。要求这类石材具有较高的物理力学性能和较好的耐风雨性能。如耐磨性较好的花岗石、辉绿岩常用于地板、台阶等。

（3）用于纪念性建筑物。这类石材要求装饰性能好，耐风雨性能及其他物理力学性能也符合要求。有时要求特大尺寸，如人民英雄纪念碑碑身就是由一块重达100t的花岗石雕琢而成。各种岩石的用途见表5-6。

表5-6　各种岩石的用途

用途	石材类型	岩石种类
墙体	墙体料石及大型墙砌块，凿平的料石	介质灰岩、火山凝灰岩等
外墙装饰、纪念性建筑物、大型建筑构件	装饰用板材、块材及定型件	各种花岗石、辉长岩、玄武岩、火山凝灰岩、大理岩、致密灰岩、砂岩、石英岩等
内墙装饰	装饰用板材及定型件	大理岩、大理石化灰岩、蛇纹岩、石膏岩等
台阶、外部平台、女儿墙、围墙	装饰用板材，用于平台、柱及围墙的板材	各种花岗石、正长岩、闪长岩、辉长岩、玄武岩、砂岩等

5.7.5　天然装饰石材

天然装饰石材（即大理石和花岗石）是由天然石材加工而成的。装饰石材作为一种建筑装饰材料具有色彩亮丽，光泽度好等特点。在城市的各种建筑中，都可见到石材装饰所创造的壮丽景观，同时石材装饰逐步进入到普通家庭，可见石材工业是一个很有发展空间的工业。

1. *岩石的组成*

我国目前已探明自然界的石材品种有1000多种，它们被广泛用于建筑、装饰装修、雕刻、工艺品领域。其中已成规模的品种有400多种大理石、200多种花岗石、30多种板石。

组成岩石的矿物称造岩矿物。矿物是指在地质作用中所形成的具有一定化学成分和一定结构特征的单质或化合物。已发现的矿物有300多种，土木工程中常见的造岩矿物有石英、长石、云母、方解石、白云石、石膏、角闪石、辉石、橄榄石等。由一种矿物组成的岩石叫单矿岩，如白色大理石（由方解石或白云石组成）。大部分岩石是由几种矿物组成的，叫多矿岩，如花岗石（由长石、石英、云母组成）。

2. *花岗石*

花岗石是火成岩中分布最广的一种岩石，属于深成岩。花岗石是一种所有成分皆为结晶体的岩石，按结晶颗粒大小的不同，可分为细粒、中粒、粗粒及斑状等多种。

（1）花岗石的矿物成分及性质。花岗石是应用历史最久、用途最广、用量最多的岩石，也是地壳中最常见的岩石。主要化学成分为SiO_2，含量在65%以上，属于酸性石材。

1）矿物成分。花岗石主要由长石、石英和少量云母组成，有时还含有少量的角闪石、辉长石、石英和少量云母。花岗石的品质决定于矿物成分和结构，其颜色和光泽与长石、云母及暗色矿物有关，通常有灰色、黄色及红色。优质花岗石晶粒细且均匀，构造紧密，石英含量大，云母含量小，不含有害的黄铁矿等杂质，长石光泽明亮，没有风化现象。

2）性质特点。

① 表观密度大，为 2600 ～ 2800kg/m^3。

② 结构致密、抗压强度高。一般抗压强度可达 120 ～ 250MPa。

③ 孔隙率和吸水率很小，孔隙率一般为 0.3% ～ 0.7% ，吸水率在 1% 以下。

④ 化学稳定性好。不易风化变质，耐酸性很强。

⑤ 装饰性好。磨光花岗石板材表面平整光滑，色彩斑斓，质感坚实，华丽庄重。

⑥ 耐久性很好。细粒花岗石使用年限可达 500 ～ 1000 年之久，粗粒花岗石可达 100 ～ 200 年。

⑦ 耐火性差。因其含大量石英，石英在 573℃ 和 870℃ 的高温下均会发生晶态转变，产生体积膨胀，故火灾时花岗石会产生开裂破坏。

（2）天然花岗石。建筑工程上所指的花岗石是广义的，除指花岗石外，还泛指具有装饰功能，并可以磨平、抛光的各种岩浆类岩石。可以称为花岗石的有各种花岗岩、正长岩、辉绿岩、闪长岩、辉长岩、玄武岩等。

1）天然花岗石的品种。我国花岗石的资源极为丰富，储量大、品种多。山东、山西、广东、广西、浙江、福建、河南、湖南、北京、江苏、四川、新疆、黑龙江等省市都有生产，花色品种达 100 多种。我国花岗石主要有北京的白虎涧，济南的济南青，青岛的黑色花岗石，河南堰师的菊花青，四川石棉的石棉红，江西上高的豆绿色，山西的贵妃红、芝麻白、绿黑花、黄黑花等。

进口花岗石多为浅色系列，常用的有挪威的黑珍珠、墨西哥的摩卡绿、巴西蓝、巴西黑、印度红等。

2）天然花岗石的用途。花岗石不易风化变质，外观色泽可保持百年以上，由于花岗石属硬质石材，修琢和磨贴费工，因此属于高级建筑装饰材料。主要应用于大型公共建筑或装饰等级要求较高的室内外装饰工程。如用于宾馆、饭店、商场、银行、影剧院、展览馆的门面、室内墙面、地面、柱面、墙裙、勒脚、楼梯、台阶、踏步以及外墙的装饰面。还用于酒吧台、服务台、收款台、展示台、纪念碑、墓碑、铭牌等处。

（3）天然花岗石的分类、等级、命名与标记。

1）分类。根据《天然花岗石建筑板材》（GB/T 18601—2009）标准。按形状分为普型板（PX），具有长方形或正方形的平板；圆弧板（HM）；异型板（YX）。按表面加工分为镜面板（JM）；亚光板（YG），航面平整细腻，能使光线产生漫反射现象的板材；粗面板（CM），指饰面粗糙规则有序，端面锯切整齐的板材。

2）等级。按天然花岗石板材规格尺寸允许偏差、平面度允许极限公差、角度允许极限公差及外观质量，可分为优等品（A）、一等品（B）、合格品（C）三个等级。

3）命名与标记。天然花岗石板材的命名顺序为：荒料产地地名、花纹色调特征名称、花岗石（G）。天然花岗石板材的标记顺序为：命名、分类、规格尺寸、等级、标准号。

如用山东济南黑色花岗石荒料生产的 400mm × 400mm × 20mm，普通、镜面、优等板材示例：

命名：济南青花岗石。

标记：济南青（G）N PL 400 × 400 ×20 A JC205。

（4）天然花岗石板材的质量技术要求。天然花岗石建筑板材的技术要求遵循《天然花岗石建筑板材》（GB/T 18601—2009）。

1）规格尺寸允许偏差。规格尺寸应测量长、宽两方向相对边缘及中间各三个数值，厚度应测量各边中间厚度的四个数值，再分别取平均值。

① 普型板材规格尺寸的允许偏差应符合表5-7 的规定。

② 圆弧板的规格尺寸的允许偏差应符合表5-8 的规定。

③ 异型板材规格尺寸允许偏差由双方商定。

④ 板材厚度小于或等于15mm 时，同一块板材上的厚度允许极差为1.5mm；板材厚度大于15mm 时，同一块板材上的厚度允许极差为3.0mm。

表5-7　天然花岗石普型板材规格尺寸允许偏差　（单位：mm）

分类		细面和镜面板材			粗面板材		
等级		优等品	一等品	合格品	优等品	一等品	合格品
长、宽度		0 -1.0	0 -1.5		0 -1.0	0 -2.0	0 -3.0
厚度	≤15	±0.5	±1.0	+1.0 -2.0	—		
	>15	±1.0	±2.0	+2.0 -3.0	+1.0 -2.0	+2.0 -3.0	+2.0 -4.0

表5-8　圆弧板的规格尺寸的允许偏差

项目	细面和镜面板材			粗面板材		
	优等品	一等品	合格品	优等品	一等品	合格品
弦长	0～-1.0		0～-1.5	0～-1.5	0～-2.0	0～-2.0
高度				0～-1.0	0～-1.0	0～-1.5

2）平面度允许极限公差。天然花岗石板材平面度允许极限公差应符合表5-9 的规定。

表5-9　天然花岗石板材平面度允许极限公差　（单位：mm）

板材长度范围	细面和镜面板材			粗面板材		
	优等品	一等品	合格品	优等品	一等品	合格品
<400	0.20	0.40	0.60	0.80	1.00	1.20
>400～800	0.50	0.70	0.90	1.50	2.00	2.20
≥1000	0.80	1.00	1.20	2.00	2.50	2.80

3）角度允许极限公差。

① 普型板材的角度允许极限公差应符合表5-10 的规定。

② 拼缝板材正面与侧面的夹角不得大于 90°。

③ 异型板材的角度允许极限公差由供需双方商定。

表 5-10　　天然花岗石普型板材角度允许极限公差　　（单位：mm）

<table>
<tr><th rowspan="2">板材长度范围</th><th colspan="3">细面和镜面板材</th><th colspan="3">粗面板材</th></tr>
<tr><th>优等品</th><th>一等品</th><th>合格品</th><th>优等品</th><th>一等品</th><th>合格品</th></tr>
<tr><td>≤400</td><td rowspan="2">0.40</td><td rowspan="2">0.60</td><td>0.80</td><td rowspan="2">0.60</td><td>0.80</td><td>1.00</td></tr>
<tr><td>>400</td><td>1.00</td><td>1.00</td><td>1.20</td></tr>
</table>

4）外观质量。

① 同一批板材的色调花纹应基本调和。

② 板材正面的外观缺陷应符合表 5-11 的规定。

表 5-11　　天然花岗石建筑板材外观质量

<table>
<tr><th>名称</th><th>规定内容</th><th>优等品</th><th>一等品</th><th>合格品</th></tr>
<tr><td>缺棱</td><td>长度不超过 10mm（长度小于 5mm 不计），周边每米长（个）</td><td rowspan="6">不允许</td><td rowspan="4">1</td><td rowspan="4">2</td></tr>
<tr><td>缺角</td><td>面积不超过 5mm × 2mm（面积小于 2mm × 2mm 不计），每块板（个）</td></tr>
<tr><td>裂纹</td><td>长度不超过两端顺延至板边总长度 1/10（长度小于 20mm 的不计），每块板（条）</td></tr>
<tr><td>色斑</td><td>面积不超过 20mm × 30mm（面积小于 15mm × 15mm 不计），每块板（个）</td></tr>
<tr><td>色线</td><td>长度不超过两端顺延至板边总长度 1/10（长度小于 40mm 的不计），每块板（条）</td><td>2</td><td>3</td></tr>
<tr><td>坑窝</td><td>粗面板材的正面出现坑窝</td><td>不明显</td><td>出现，但不影响使用</td></tr>
</table>

5）物理性能。

① 镜面光泽度。镜面板材应具有镜面光泽，能清晰地反映出景物。镜面板材镜面光泽度值应不低于 75 光泽单位，或按供需双方协议样板执行。

② 物理力学指标。天然花岗石建筑板材要求体积密度不小于 2500 kg/m^3，吸水率不大于 1.0%，干燥压缩强度不小于 60.0MPa，弯曲强度不小于 8.0MPa。

3. 大理石

大理石是以我国云南省大理命名的石材，云南大理盛产大理石，花纹色彩美观，品质优良，名扬中外。大理石是由石灰岩、白云岩变质而成，属变质岩，主要矿物成分是方解石、白云石。其成分以碳酸钙为主，大约占 50% 以上，其他还有碳酸镁、氧化钙、氧化镁及氧化硅等成分。

大理石是石灰岩在高温重压下重结晶的产物，所以呈粒状变晶结构，粒度粗细不一致，致密、耐压、硬度中等。它有各种色彩和花纹，又易于加工，是室内高级的饰面材料，如图 5-33（b）所示。

(a)

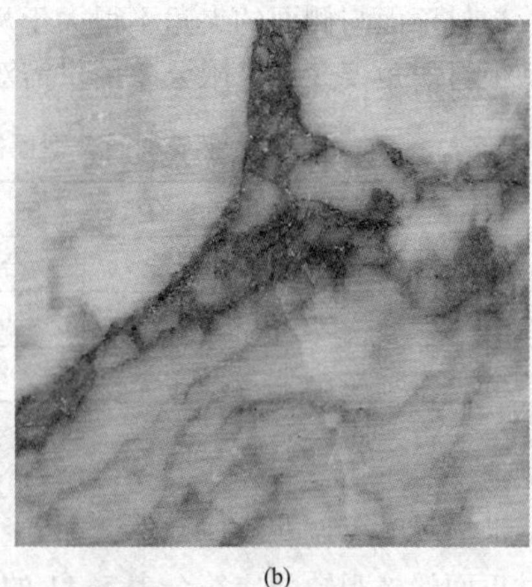
(b)

图5-33　花岗石和大理石
（a）花岗石；（b）大理石

（1）天然大理石的品种。天然大理石石质细腻、光泽柔润，有很高的装饰性，目前应用较多的有以下品种：

1）单色大理石。如纯白的汉白玉、雪花白，纯黑的墨玉、中国黑等。

2）云灰大理石。云灰大理石底色为灰色，灰色底面上常有天然云彩状纹理，带有水波纹的称为水花石。云灰大理石纹理美观大方、加工性能好，是饰面板材中使用最多的品种。

3）彩花大理石。彩花大理石是薄层状结构，经过抛光后，呈现出各种色彩斑斓的天然图画。经过精心挑选和研磨，可以制成由天然纹理构成的山水、花木、禽兽虫鱼等大理石画屏，是大理石中的极品。

（2）天然大理石的分类。根据《天然大理石建筑板材》（GB/T 19766—2005）标准，大理石板材按形状分为普型板（PX）和圆弧板（HM）。按板材的规格尺寸偏差，平面度公差，角度公差及外观质量等将板材分为优等品（A）、一等品（B）、合格品（C）三个等级。

（3）大理石的性能。天然大理石结构致密，但硬度不大，容易加工、雕琢和磨平、抛光等，大理石抛光后光洁细腻，纹理自然流畅，有很高的装饰性。大理石吸水率小，耐久性高，可以使用40～100年。其根据花色、特征、原料产地来命名。

大理石易被强性介质侵蚀，故除个别品种（汉白玉、艾叶青等）外，一般不宜用作室外装饰，否则会受到酸雨以及空气中酸性氧化物等侵蚀，从而失去表面光泽，甚至出现麻面斑点等现象。

（4）天然大理石的用途。其一是制作高级装饰工程的面板，用于宾馆、剧院、商场、车站等公共建筑的室内墙面、柱面、栏杆、地面、窗台板、服务台的饰面。但由于天然大理石板材耐磨性相对较差，易受污染和划伤，因此不适宜用于人流较多的场所的地面装饰。其二是制作大理石壁画、工艺品、生活用品。

（5）天然大理石板材的质量技术要求。天然大理石建筑板材的技术要求遵循《天然大理石建筑板材》（GB/T 19766—2005）。

1）规格尺寸允许偏差。规格尺寸应测量长、宽两方向相对边缘及中间各三个数值，厚度应测量各边中间厚度的四个数值，再分别取平均值。

① 普型板材规格尺寸的允许偏差应符合表 5-12 的规定。

② 圆弧板规格尺寸允许偏差应符合表 5-13 的规定。

③ 异型板材规格尺寸允许偏差由双方商定。

④ 板材厚度小于或等于 15mm 时，同一块板材上的厚度允许极差为 1.0mm；板材厚度大于 15mm 时，同一块板材上的厚度允许极差为 2.0mm。所谓厚度极差是指同块板材上厚度的最大值与最小值之间的差值。

表 5-12　天然大理石普型板材规格尺寸的允许偏差　（单位：mm）

部位		优等品	一等品	合格品
长、宽度		0 -1.0	0 -1.0	0 -1.5
厚度	≤12	±0.5	±0.8	±1.0
	>12	±1.0	±1.5	±2.0

表 5-13　圆弧板的规格尺寸允许偏差　（单位：mm）

项目	允许偏差		
	优等品	一等品	合格品
弦长	0 -1.0		0 -1.5
高度	0 -1.0		0 -1.5

2）平面度允许极限公差。天然大理石板材的平面度是指板材表面用钢平尺所测得的平整程度，用与钢平尺偏差的缝隙尺寸（mm）表示。普型板平面度允许极限公差应符合表 5-14 的规定。

表 5-14　天然大理石普型板平面度允许极限公差　（单位：mm）

板材长度范围	允许极限公差		
	优等品	一等品	合格品
≤400	0.2	0.3	0.5
>400～≤800	0.5	0.6	0.8
>800	0.7	0.8	1.0

3）角度允许极限公差。角度偏差是指板材正面各角与直角偏差的大小。用板材角部与标准钢角尺间缝隙的尺寸（mm）表示。

测量时采用内角边长为 450mm×400mm 的钢角尺，将角尺的长短边分别与板材的长短边靠紧，用塞尺测量板材与角尺短边间的间隙，当被检角大于 90°时，测量点在角尺根部；当被检角小于 90°时，测量点在距根部 400mm 处。当角尺长边大于板材长边时，测量板材的两对角；当角尺的长边小于板材长边时，测量板材的四个角。以最大间隙的塞尺片读数表示板材的角度极限公差。

①普型板材的角度允许极限公差应符合表5-15的规定。

表5-15　　天然大理石普型板角度允许极限公差　　（单位：mm）

板材长度范围	允许极限公差		
	优等品	一等品	合格品
≤400	0.3	0.4	0.5
>400	0.4	0.5	0.7

② 普型板拼缝板材正面与侧面的夹角不得大于90°。

③ 圆弧板端面角度允许公差：优等的为0.4mm，一等品为0.6mm，合格品为0.8mm。

④ 圆弧板侧面角 α 应不小于90°。

4）外观质量。

① 同一批板材的色调应基本调和，花纹应基本一致。

② 板材正面的外观缺陷应符合表5-16的规定。测定时将板材平放在地面上，距板材1.5m处明显可见的缺陷视为有缺陷；距板材1.5m处不明显，但在1m处可见的缺陷视为无缺陷，缺棱掉角的缺陷用钢直尺测量其长度和宽度。

表5-16　　天然大理石建筑板材外观质量

<table>
<tr><th>名称</th><th>规定内容</th><th>优等品</th><th>一等品</th><th>合格品</th></tr>
<tr><td>裂纹</td><td>长度超过10mm的不允许条数/条</td><td colspan="3">0</td></tr>
<tr><td>缺棱</td><td>长度不超过8mm，宽度不超过1.5mm（长度≤4mm，宽度≤1mm不计），每米允许个数/个</td><td rowspan="4">0</td><td rowspan="3">1</td><td rowspan="3">2</td></tr>
<tr><td>缺角</td><td>沿板材边长顺延方向，长度≤3mm，宽度≤3mm（长度≤2mm，宽度≤2mm不计），每块板允许个数/个</td></tr>
<tr><td>色斑</td><td>面积不超过6cm²（面积小于2cm²不计），每块板允许个数/个</td></tr>
<tr><td>砂眼</td><td>直径在2mm以下</td><td>不明显</td><td>有，不影响装饰效果</td></tr>
</table>

③ 板材允许粘结和修补。大理石饰面板材在加工和施工过程中有可能由于石材本身或外界原因发生开裂或断裂不严重的情况下，允许粘结或修补，要采用专门的胶粘剂以保证质量。同时，粘结或修补后不影响板材的装饰质量和物理性能。

5）物理性能。

① 镜面光泽度。镜面光泽度指饰面板材表面对可见光的反射程度。大理石板材应具有镜面光泽，能清晰地反映出景物。镜面板材的镜向光泽值应不低于70光泽单位，若有特殊要求，由供需双方协商确定。

② 其他物理性能。天然大理石板材的其他物理性能指标应符合表5-17的规定。

表5-17　　天然大理石板材的其他物理性能指标

<table>
<tr><th colspan="2">项目</th><th>指标</th></tr>
<tr><td>体积密度/（g/cm^3）</td><td>≥</td><td>2.30</td></tr>
<tr><td>吸水率（%）</td><td>≤</td><td>0.50</td></tr>
<tr><td>干燥压缩强度/MPa</td><td>≥</td><td>50.0</td></tr>
<tr><td>干燥</td><td rowspan="2">弯曲强度/MPa</td><td rowspan="2">7.0</td></tr>
<tr><td>水饱和</td></tr>
<tr><td>耐磨度①（$1/cm^3$）</td><td>≥</td><td>10</td></tr>
</table>

① 为了颜色和设计效果，以两块或多块大理石组合拼接时，耐磨度差异应不大于5，建议适用于经受严重踩踏的阶梯、地面和月台使用的石材耐磨度最小为12。

天然大理石与天然花岗石的最大区别如下：大理石是碱性石材，花岗石是酸性石材。所以在大气污染较严重的地区建筑物外墙不宜用碱性的大理石。花岗石在高温下会发生体积不规则的膨胀，使整体石材开裂，因而花岗石不耐火。

大理石花纹美丽、自然、流畅；易打磨抛光；硬度、耐磨性、耐久性次于花岗石；花岗石装饰性好、坚硬密实、耐磨性好、耐酸、耐碱、耐风化；大理石宜用于室内地面、墙、柱等处，也可作楼梯栏杆、窗台板、门脸、服务台等。仅有汉白玉、艾叶青等少数质纯、杂质少的品种可用于室外。花岗石板材多用于室外地面、台阶、勒脚、纪念碑，也是重要的外墙面、柱面装饰材料。

4. 板石

板石是指以黏土矿物为主要组成的一类建筑装饰石材的统称。板石系由黏土质沉积岩经轻微变质和变形作用所称的板岩、页岩类泥质岩石加工所成，其矿物组成主要是颗粒很细的长石、石英、云母和其他黏土矿物。板岩具有片状结构，易于分解成薄片，获得板材。板石质地坚密，耐水性良好，在水中不易软化，使用寿命可达数十年至上百年。板是有黑、蓝黑、灰、蓝灰、紫、及杂色斑点等不同色调，是一种优良的极富装饰性的饰面石材。由于以黏土矿物为主，故加工较易。其缺点是自重较大，韧性差，受振时易碎裂，且不易磨光。

板岩饰面板大多用于覆盖斜屋面以代替其他屋面材料。近些年也常用作非磨光的外墙饰面，常做成面砖形式，厚度为5～8mm，长度为300～600mm，宽度为150～250mm。以水泥砂浆或专用胶粘剂直接粘贴于墙面，是国外很流行的一种饰面材料，国内目前常被用作外墙饰面，也常用于室内局部墙面装饰，通过其特有的色调和质感，营造一种欧美的乡村情调。

板石的技术性能执行国家标准《天然板石》（GB/T 18600—2009）。本标准适应于建筑装饰用的天然板石，包括饰面板石和瓦板。其他用途的天然板石也可参照适用。饰面板（代号CS）是指建筑装饰用的板材；瓦板（代号RS）是指用作屋顶盖瓦的板材。

天然板石按用途划分，可分为饰面板和瓦板。按形状划分可分为普通板和异形板。板材按尺寸偏差、平整度公差、角度公差和外观质量分为一等品（Ⅰ）、合格品（Ⅱ）两个等级。

产品命名顺序：产地地名、花纹色调特征描述、板石。编号采用GB/T 17670，标记顺序为：编号、类别、规格尺寸、等级、标准号。如用北京霞云岭青色板石加工的300mm×300mm×15mm的一等品饰面板，命名：霞云岭青板石 标记为：S1115 CS 300×300×15 Ⅰ

GB/T 18600。

饰面板的规格尺寸允许偏差见表5-18。

表 5-18　　饰面板的规格尺寸允许偏差　　（单位：mm）

项目＼等级		一等品	合格品
长、宽度	≤300	±1.0	±1.5
	>300	±2.0	±3.0
厚度（定厚板）		±2.0	±3.0

注　定厚板是指合同中对厚度有规定要求的板材。

瓦板的规格尺寸允许偏差见表5-19。

表 5-19　　瓦板的规格尺寸允许偏差　　（单位：mm）

项目＼等级		一等品	合格品
长、宽度	≤300	±1.5	±2.0
	>300	±2.0	±3.0
单块板材厚度		±1.0	±1.5
100 块板材厚度变化率　≤	厚度不超过5mm	15%	20%
	厚度超过5mm	20%	25%

同一块板材的厚度允许极差为：饰面板3mm；瓦板1.5mm。

平整度允许极限公差见表5-20。角度允许极限公差见表5-21。

表 5-20　　平整度允许极限公差　　（单位：mm）

项目＼分类	饰面板		瓦板
	一等品	合格品	
长度不超过300	1.5	3.0	不超过长度的0.5%
长度超过300	2.0	4.0	

表 5-21　　角度允许极限公差　　（单位：mm）

项目＼分类	饰面板		瓦板	
	一等品	合格品	一等品	合格品
长度不超过300	1.0	2.0	不超过长度的0.5%	不超过长度的1.0
长度超过300	1.5	2.0		

板材的外观质量，要求同一批板材的色调应基本调和，花纹应基本一致。板材表面不允许有疏松碎屑物及风化孔洞。板材不允许有影响强度的碳质夹杂物形成的线条。

饰面板正面的外观质量要求应符合表5-22的规定。瓦板正面的外观质量要求应符合表5-23的规定。

表 5-22　　饰面板正面的外观质量要求

缺陷名称	规定内容	一等品	合格品
缺角	沿板材边长，长度不超过 5mm，宽度不超过 5mm（长度不超过 2mm，宽度不超过 2mm 不计），每块板允许个数/个	1	2
色斑	面积不超过 15mm×15mm（面积小于 5mm×5mm 的不计）每块板允许个数/个	0	2
裂纹	贯穿其厚度方向的裂纹	不允许	
人工凿痕	劈分板石时产生的明显加工痕迹	不允许	
台阶高度	装饰面上阶梯部分的最大高度	≤3mm	≤5mm

表 5-23　　瓦板正面的外观质量要求

缺陷名称	规定内容	一等品	合格品
缺角	沿板材边长，长度不大于边长的 8%（长度小于边长 3% 的不计）	2	
色斑	面积不超过 15mm×15mm（面积小于 5mm×5mm 的不计）每块板允许个数/个	0	2
裂纹	可见裂纹和隐含裂纹	不允许	
人工凿痕	劈分板石时产生的明显加工痕迹	不允许	
台阶高度	装饰面上阶梯部分的最大高度	≤3mm	≤5mm
崩边	打边处理时产生的边缘缺失	宽度不超过 15mm	

板石的物理性能指标应符合表 5-24 的规定。

表 5-24　　板石的物理性能指标

项目		饰面板	瓦板
吸水率（%）	≤	0.70	0.50
弯曲强度/MPa	≤	10.0	40.0

板石的化学性能，要求饰面板耐气候性软化深度不大于 0.65mm；瓦板耐气候性软化深度不大于 0.35mm；瓦板的干湿稳定性，按表 5-25 中的规定划分等级。

表 5-25　　瓦板的干湿稳定性划分

<table>
<tr><th colspan="3">等级 / 项目</th><th>一等品</th><th>合格品</th></tr>
<tr><td colspan="3">含不可氧化的黄铁矿结晶</td><td>允许有</td><td>允许有</td></tr>
<tr><td rowspan="3">含可氧化的黄铁矿结晶</td><td rowspan="2">非贯穿型</td><td>外观可见</td><td>不允许有</td><td rowspan="2">允许有</td></tr>
<tr><td>外观不可见</td><td>允许有</td></tr>
<tr><td colspan="2">贯穿型</td><td>不允许有</td><td>不允许在中间部位出现</td></tr>
</table>

板材的标志、包装与运输，要求包装箱上应注明企业名称、商标、品名、规格、数量、序号等标记，须有“向上”和“小心轻放”的标志并符合《包装储运图示标志》（GB/T 191—2008）规定。包装时按板材品种、规格、等级分别包装，并附产品合格

证。包装质量应符合产品在正常条件下安全装卸、运输的要求，运输板材过程中应防碰撞、滚摔。板材应在室内储存，室外储存应加遮盖，并按板材品种、规格、等级或按工程部位分别码放。

5. 其他装饰石材

（1）太湖石。天然太湖石，主要产于四周环水的苏州洞庭西山一带。该地区在三亿年前是一个宽阔的海湾。海水中生长着群体珊瑚、苔藓虫、复足类等生物。由于气候环境的变化，使这些浮游生物逐渐死亡，沉入海底，随着时间的推移并在海水作用下，逐渐胶结形成的天然灰白色的石灰岩。石灰岩在海水作用下，历经沧桑变化，形成大小不等，连体或不连体的空洞，最终雕琢成为天然曲折、圆润、玲珑嵌空的太湖石。

太湖石，可以独立装饰，也可以联合装饰，还可以用太湖石兴建人造假山或石碑，成为中国园林中独具特色的装饰品，起到衬托与分割空间的艺术效果，如图5–34所示。

（2）观赏石。观赏石又称“欣赏石”，还称为“奇石”、“怪石”、“雅石”等，名称繁多。从本质上讲，观赏石是天然艺术品，可直接用来观赏。

观赏石是自然界外形奇特，色泽艳丽，纹理美观，质地坚韧，化学稳定性强，不经加工即具有观赏、玩味、收藏价值的岩石，如图5–35所示。

图5–34　太湖石

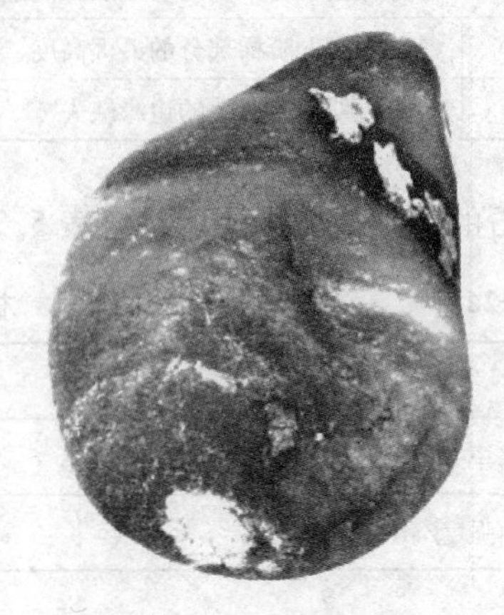

图5–35　观赏石

（3）石工艺品。石工艺品主要有两类，一类是利用现代生产、加工技术和工艺，将大理石制作成既有艺术观赏价值又有一定实用价值的工艺品，如石雕、石凳、石桌、花瓶、灯具等；另一类为将不同颜色的大理石进行过一定的设计构思，切割镶嵌成画，或者由于个别大理石的颜色、纹理、图案特殊，有的被用于古式家具、屏风的制作，而有的则直接被爱好者收藏，如图5–36所示。

图5–36　石工艺品

5.7.6　人造石

除了天然石材外，人造饰面石材在建筑装修、装饰工程中，也得到了广泛的应用。人造石又称合成石、再造石，有五十多年的历史，在我国是八十年代推出的新型装饰材料。人造石材饰面是人们模仿高级天然石材的花纹色彩，通过人工合成方法生产出来的人造石主要是模仿大理石和花岗石，因而又称人造大理石或人造花岗石。

人造石以其质量轻以及优良的装饰性、表面抗污染性、耐火性和可加工性而越来越得到青睐，是一种经久耐用、常亮常新、无放射污染的环保绿色产品。合成人造石材可以制成各种形状的饰面板及其制品，主要应用于公共场所地面、墙面和柱面，如机场候机楼、购物中心、医院、酒店大堂等。也可用于台面，如学校、工厂、及医院的工作台台面，厨房用整体橱柜的台面、餐桌的桌面，甚至于家具都可用这种人造石材来制作。此外，人造石材工艺品还可用于各种装潢广告、壁画、雕塑、建筑浮雕等。

人造石的生产有人工或机械化连续两种生产方式。目前国内较多采用的聚酯型人造大理石大多由人工浇注成形而后进行多道加工工艺而制成；而亚克力树脂型人造石更多地采用了先进的连续生产工艺，包括从混料到最后的切割和堆料一次成形。美国杜邦、韩国三星和 LG 都采用该连续生产工艺生产高级的亚克力树脂型人造石。

1. *人造石材的分类*

按生产所用材料及生产方法不同，人造石材一般可分为以下四类：

（1）水泥型人造石材。水泥型人造石材是以各种水泥或石灰磨细砂为胶粘剂，砂为细骨料，碎大理石、花岗石、工业废渣为粗骨料，经配料搅拌、成形、加压蒸养、磨光、抛光而制成。例如，各种水磨石制品。该类产品的规格、色泽、性能等均可根据使用要求制作。这种人造石材成本低，但耐酸腐蚀能力较差，若养护不好，易产生龟裂。

水泥型人造石材所用的胶粘剂最好采用铝酸盐水泥，该人造石材表面光泽度高，半透明，花纹耐久、抗风化力、耐火性、耐冻性、防火性等均优于一般人造石材。原因是铝酸盐水泥中的主要矿物组成为铝酸钙（$CaO \cdot Al_2O_3$），水化后生成的产物中含有氢氧化铝胶体，在凝聚过程中，它与光滑的模板表面接触形成表面光滑、结构致密、无毛细孔隙、呈半透明状的凝胶层，是质量优良的人造石材。缺点是为克服表面返碱，需加入价格较贵的辅助材料；底色较深，颜料需要量加大，使成本增加。

（2）树脂型人造石材。这种人造石材多以不饱和聚酯树脂为胶粘剂，加入石英砂、大理石渣、方解石粉等无机填料和颜料，经配料、混合搅拌、浇注成形、固化、脱模烘干、抛光等工序而制成。目前，国内外多用此法生产人造石材。该类产品光泽好、颜色浅，易于调色。由于不饱和聚酯的黏度低，易于成形，且在常温下固化较快，因此便于制作形状复杂的制品。

1）树脂型人造石材的分类。树脂型人造石材的生产过程中，由于其原料种类，外加颜色以及制作工艺的不同，所生产出来的树脂型人造石材可分为人造大理石、人造花岗石、人造玛瑙和人造玉石。

2）树脂型人造石材的性质。

① 色彩花纹仿真性强。通过不同色粒和颜色的搭配可生产出不同色泽的人造石材，其外观极像天然石材，并避免了天然石材抛光后表面存在的轻微凹陷，其质感、装饰效果完全可与天然大理石媲美。

② 强度高，不易碎，板材厚度薄，重量轻。树脂型人造石材的强度高，可以制成薄板（多数为 12mm 厚），规格尺寸最大可达到 5000mm × 5000mm。可直接用聚酯砂浆进行粘贴施工。同时，其硬度较高，耐磨性较好。树脂型人造石材的物理性能见表 5-26。

表 5-26　树脂型人造石材的物理性能

抗折强度/MPa	抗压强度/MPa	抗冲击强度/MPa	布氏硬度/HB	表面光泽度（%）	密度/（kg/m^3）	吸水率（%）	线膨胀系数/$℃^{-1}$
25～40	80～120	>0.1	32～45	60～90	2100～2300	<0.1	（2～3）$\times 10^{-5}$

③ 具有良好的耐酸碱、耐腐蚀性及抗污染性。树脂型人造石材对醋、酱油、食油、鞋油、机油、口红、红墨水、蓝墨水、红药水、紫药水等均不着色或着色十分轻微，碘酒痕迹可用酒精擦去，故树脂型人造大理石具有良好的表面抗污染性。

④ 可加工性好，比天然石材易于锯切、钻孔。树脂型人造石材具有良好的可加工性，通常可对其实施锯割、切割、钻孔等加工，且加工容易，这对人造大理石的施工安装与使用是十分有利的。

⑤ 耐热性较差，会老化。树脂型人造石材可用于室内装修和卫生洁具，不饱和聚酯树脂的耐热性较差，使用温度不宜太高（一般低于200℃）。因为它同其他高分子聚合物一样，在长期受到阳光、空气、热量、水分等的综合作用后，随着时间的延长，会逐渐老化。老化后，表面将失去光泽，颜色变暗，从而降低其装饰效果。

3）树脂型人造石材的用途。树脂型人造石材是一种不断发展的室内外装饰材料，可用于地面、墙面、柱面、踢脚板、阳台、楼梯面板、窗台板、服务台台面、庭院石凳等装饰，个别品种也可用于卫生洁具，如浴缸，带梳妆台的洗面盆、立柱式脸盆、坐便器等。还可用于制造工艺品，如仿石雕、玉雕器等。

（3）复合型人造石材。在该种人造石材的胶结料既有无机胶结料（各类水泥、石膏等），又有有机胶结料（树脂）。它是先将无机填料用无机胶结料胶结成形，养护后再将坯体浸渍于具有聚合物的有机单体中，使其在一定的条件下聚合而成。若为板材制品，其底层可用价廉而性能稳定无机材料，面层用聚酯树脂和大理石粉制作。无机胶结材料可用快硬水泥、白水泥、普通硅酸盐水泥、铝酸盐水泥、矿渣水泥、粉煤灰水泥及熟石膏等。有机单体可用苯乙烯、甲基丙烯酸甲酯、醋酸乙烯、丙烯腈、二氯乙烯、丁二烯、异戊二烯等。这些单体可以单独使用，也可与聚合物混合使用。

特别值得一提的是，现阶段一类名为“超薄石型复合人造石材”的新品种应运而生，它在普通复合型人造石材的基础上，以4mm左右的高档大理石做面层，而基层则使用普通的大理石，并以不饱和树脂为胶粘剂使面层和基层粘合。这种石材光洁度高、色彩均匀、规格齐全、在保持大理石高雅质感的同时节省了原料、清除了天然石材中的有害物质，属于绿色高级建材。

（4）烧结型人造石材。这种石材是把斜长石、石英、辉石石粉和赤铁矿以及高岭土等混合成矿粉，再配以40%左右的黏土混合制成泥浆，经制坯、成形和艺术加工后，再经1000℃左右的高温焙烧而成。如仿花岗石瓷砖、仿大理石陶瓷艺术板等。

上述四种生产方法中，最常用的是树脂型人造石材，其物理和化学性能最好，花纹容易设计，适用多种用途，但价格相对较高；水泥型人造石材价格最低廉，但耐腐蚀性能较差，容易出现微龟裂，适于作板材；复合型人造石材则综合了前两者的优点，既有良好的物理性能，成本也较低；烧结型人造石材虽然只用黏土作胶粘剂，但需经高温焙烧，因而能耗大，造价高，而且产品破损率高。

2. 常用人造石材

人造石材在建筑工程中应用广泛，常见的有树脂型人造大理石、人造花岗石、微晶玻璃装饰板和水磨石板材。

（1）人造大理石。有类似大理石的花纹和质感。填料最大粒度为0.5～1mm，可用石英砂、硅石粉、碳酸钙。用硅石粉作填料具有更好的机械性能，制成的产品具有良好的抗水解性能。

常用的人造大理石，是以不饱和聚酯树脂为胶结剂，以石渣、石粉为填料，加入适量固化剂、促进剂及调色颜料，在一定的温度下，通过一定操作技术使之固化成一定形状的产品。

人造大理石的优点是：

1）强度高、耐磨性好。聚酯型人造大理石强度较高，其抗压强度为80～110MPa，抗折强度为25～40MPa，其布氏硬度为32～40HB，略低于天然大理石，具有较好的耐磨性。

2）装饰性好。聚酯型人造大理石俗称色丽石、富丽石、结晶石等，其色彩鲜艳、花纹繁多、仿真性好，质感和装饰效果完全可以达到天然大理石的装饰效果。

3）耐腐蚀性、耐污染性好。由于聚酯型人造大理石采用不饱和聚酯树脂作为胶凝材料耐酸性、耐碱性和耐污染性良好。

4）生产工艺简单，可加工性好。聚酯型人造大理石的成形工艺，主要包括浇注成形、压板成形和大块荒料成形，工艺简单；而且可以按设计要求生产出各种形状、尺寸和光泽的制品，制品较天然大理石易于锯切、钻孔等，其可加工性好。

但任何物质都有不足的一面，人造大理石板的缺点是耐热性、耐候性较差。这是由于不饱和聚酯树脂的耐热性相对较差，其使用温度不宜过高，一般不得高于200℃，而且这种树脂在大气中光、热、电等的作用下会产生老化，板材表面会逐渐失去光泽，出现变暗、翘曲等质量问题，使装饰效果随之降低，所以一般应用于室内。

（2）人造花岗石。有类似花岗石的花色质感。如粉红底黑点、白底黑点等品种。

天然花岗石经久耐用，是良好的建筑材料，但其开采和加工成本较高，石材内还含有有害放射性元素。为了扬长避短，俄罗斯专家研制出了物理性质比天然花岗石更佳，且表面“绘”有图形的人造花岗石。其工艺过程是把白云石粉末、长石、沙子等原料放入玻璃熔炉，并提取其熔融物制成颗粒。随后，再根据严格的温度、时间规程，把这些颗粒与催化剂、加速结晶的物质熔合成形态与天然花岗石相似的晶体。在第三阶段，操作人员须加热晶体，使其形成表面平滑的石板。这种人造花岗石的特点是不含铀、钍等放射性元素，耐热和耐化学物质侵蚀的性能优于天然花岗石。为了便于使用，可把人造花岗石石板表面制作得致密而光滑，其背面则致密性较低。

日本某石材企业开发出一种装饰效果极佳的人造花岗石。该企业开发的人造花岗石虽是树脂为基料，但由于对填充料和其他原料作了改进，采用黑、茶、银、金、红等色豹云母、透明或半透明填充料（如玻璃微珠或粉煤灰发泡粒）和磷光材料，增强了人造花岗石的质感和立体感，还富有特殊的视觉效果，更加酷似天然花岗石，其艺术装饰效果奇佳，原有人造花岗石难以媲美。

（3）微晶玻璃装饰板。微晶玻璃又称微晶石材，它是以石英砂、石灰石、萤石、工业废渣为原料，在助剂的作用下高温熔融形成微小的玻璃结晶体，再按要求高温晶化处理后磨制而成的仿石材料。微晶玻璃可以是晶莹剔透，类似无色水晶的外观，也可以是五彩斑斓的色彩。后者经切割和表面加工后，表面可呈现出大理石或花岗石的表面花纹，具有良好的装饰性。

微晶玻璃装饰板是应用受控晶化高新技术而得到的多晶体，其特点是结构密实、高强、耐磨、耐腐蚀，外观上纹理清晰、色泽鲜艳、无色差。微晶玻璃装饰板除了比天然石材具有更高的强度、耐腐蚀性外，还具有吸水率小（0～1%）、无放射性污染、颜色可调整、规格大小可控制等优点。微晶玻璃装饰板作为新型高档装饰材料，正逐步受到众多工程单位的厚爱，目前已代替天然花岗石用于墙面、地面、柱面、楼梯、踏步等处装饰。如日本东京和新大阪的地铁车站、日本名古屋附近的车站等，其内墙、外墙、地面大多采用微晶玻璃装饰板；在中国台湾的桥福第一信托大楼、高雄南荣大楼、田中农社等也都采用了微晶玻璃装饰板。

微晶玻璃除了可在建筑行业作为优良的装饰材料外，在机械、化工、航空等行业均有很好的应用前景，是发展智能建筑材料的主要方向之一。

（4）水磨石板。水磨石板是以水泥为胶结材料，大理石碴为主要骨架，经成形、养护、研磨、抛光等工序制成的一种建筑装饰用人造石材。一般预制水磨石板是以普通水泥混凝土为底层，以添加颜料的白水泥和彩色水泥与各种大理石碴拌制的混凝土为面层组成。

1）水磨石板材的特点和用途。水磨石板具有美观大方、强度高、坚固耐用、花色品种多、使用范围广、施工方便等特点，颜色可以根据具体环境的需要任意配制，花纹图案多，并可以在施工时拼铺成各种不同的图案。水磨石板广泛应用于建筑物的地面、墙面、柱面、窗台、踢脚线、台面、楼梯踏步等处，还可制成桌面、水池、假山盘、花盆等。

2）水磨石板的分类、规格和命名。水磨石板材的分类方法通常有以下几种。

① 根据表面加工程度分为磨光水磨石（M）和抛光水磨石（P）两类。

② 根据水磨石制品在建筑物中的使用部位可分为墙面和柱面用水磨石（Q），地面和楼面用水磨石（D），踢脚板、立板和三角板类水磨石（T），隔断板、窗台板和台面板类水磨石（G）四类。

③ 根据水磨石的外观质量和物理力学性能可分为优等品（A）、一等品（B）和合格品（C）三类。

建筑装饰用水磨石板材的常用规格有300mm×300mm、305mm×305mm、400mm×400mm和500mm×500mm。其他规格的水磨石板材可由设计、施工部门与生产厂家协商确定。

水磨石板的标记顺序是：牌号、类别、等级、规格、标准号。

例如：钻石牌，规格尺寸为400mm×400mm×25mm，一等品地面抛光水磨石标记为：钻石牌水磨石DPB400×400×25BJC507。

3）水磨石板的质量技术要求。水磨石板的质量技术要求包括规格尺寸允许偏差、外观质量缺陷和物理性能。规格尺寸允许偏差要求见表5-27，外观质量缺陷的要求见表5-28。物理性能包括光泽、强度、吸水率等。抛光水磨石的光泽度，优等品不得低于45.0光泽单位，一等品不得低于35.0光泽单位，合格品不得低于25.0光泽单位；水磨石的吸水率不得大于8.0%；抗折强度平均值不得低于5.0MPa，且单块的最小值不得低于4.0MPa。

表 5-27 水磨石板规格尺寸允许偏差 （单位：mm）

类别	Q（墙面）			Q（柱面）			T			G		
	优等品	一等品	合格品	优等品	一等品	合格品	优等品	一等品	合格品	优等品	一等品	合格品
长度、宽度	0 -1	0 -1	0 -2	0 -1	0 -1	0 -2	±1	±2	±3	±2	±3	±4
厚度	±1	-1 -2	+1 -3	+1 -2	±2	±3	+1 -2	±2	±3	+1 -2	±2	±3
平面度	0.6	0.8	1.0	0.6	0.8	1.0	1.0	1.5	2.0	1.5	2.0	3.0
角度	0.6	0.8	1.0	0.6	0.8	1.0	0.8	1.0	1.5	1.0	1.5	2.0

表 5-28 水磨石板外观质量缺陷的要求

缺陷名称	优等品	一等品	合格品
返浆杂质	不允许		长×宽≤10mm×10mm 不超过2处
色差、划痕、杂石、漏砂、气孔			不明显
缺口			不应有长×宽>5mm×3mm 的缺口 长×宽≤5mm×3mm 的缺口周边上部超过4处，同一条棱上不超过2处

（5）人造砂岩。人造砂岩是以95%经粉碎后的天然石材与5%的树脂混合制成的合成材料。它具有天然砂岩粗犷的质感，同时又有有机类人造石材良好的物理和力学性能。它可以根据设计要求，采用不同的模具，加工处理所需要的各种造型；也可以采用不同的天然石材原料和工艺生产出不同质感的产品；还可以添加不同的颜料获得理想的色彩。因而人造砂岩克服了天然砂岩颜色单调、成形困难、价格高昂的缺陷，较之天然砂岩具有更好的装饰效果和性价比。

常见的人造砂岩产品分为印象派、欧洲风格、古埃及风格和中国民族风格四个系列，产品主要有雕塑、花饰、线条等，常用于墙、柱面；门、窗套；檐口等部位的装饰。家庭中常用作背景墙、壁炉、壁龛、装饰柱等部位的装饰。

3. 艺术石

艺术石是由精选硅酸盐水泥、轻骨料、氧化铁混合加工倒模而成。所有石模都是精心挑选的天然石材制造，透过缜密的过程把天然形成的每种石材纹理巨细无遗地捕捉下来，制成数以十计的模坯。艺术石是再造石材，无论在质感上、色泽上还是纹理上均与真石无异，而且不加雕饰，富有原始、古朴的雅趣。

艺术石具有天然石的优美形态与质感、质量轻盈、安装简便等优点。艺术石应用于装饰室内外墙面、户外景观等各种场合。

4. 人造石材的规格、产品名称、技术指标

国内常见人造石材的规格、品名、性能等见表5-29。

表 5-29　　国内常见人造石材的规格、品名、性能

品种	规格/mm	性能指标
聚酯型人造大理石片材	长800，宽600，厚3～5或10均可，花色有10余种，可根据要求加工	抗压强度：98MPa 抗折强度：32MPa 硬度：37HB 密度：2100kg/m^3 光泽度：82% 吸水率：<0.01%
合成大理石饰面板	根据需要加工，厚度一般为3～5，再厚者也可加工，花色根据要求制作	抗压强度：105MPa 抗折强度：37MPa 硬度：38HB 密度：2100kg/m^3 光泽度：90% 吸水率：<0.1%
人造大理石饰面板	厚度：5，10，15，20 规格：根据需要加工 花色：根据要求加工	抗压强度：100MPa 抗折强度：30MPa 巴氏硬度：>35 密度：2200kg/m^3 吸水率：<0.1%
合成大理石饰面板	厚度：5～20 规格：随意 花色：根据需要加工	抗压强度：98MPa 抗折强度：32MPa 硬度：38HB 密度：2200kg/m^3 光泽度：82% 吸水率：≤0.1%
树脂合成装饰板	300×300×（12～15） 300×600×（12～15） 400×600×（12～15） 600×600×15 有多种花色品种	抗压强度：157MPa 抗折强度：32MPa 硬度：90HB 密度：2640kg/m^3 抗冲击强度：16.4N·cm/cm^2 吸水率：0.16%
水泥型合成装饰板	300×300×15 300×600×15 400×600×15 600×600×15 有多种花色品种	抗压强度：121.3MPa 抗折强度：13.2MPa 硬度：75HB 密度：2560kg/m^3 抗冲击强度：15.3N·cm/cm^2 吸水率：0.21%

续表

品种	规格/mm	性能指标
无机人造花岗石板	305×305×15 400×400×15 500×500×15 600×300×15 610×610×15 1200×900×20 1070×750×20 1200×600×20	抗压强度：77.7～112.9MPa 抗折强度：3.98～5.6MPa 表面硬度（肖氏）：47 光泽度：84.3%～90% 耐磨率：0.07g/cm^2 耐高低温：－40～800℃
硅晶石装饰板	可根据用户需要生产900mm×900mm以内各种尺寸的板材及拼花图常用规格： 400×600×12 600×600×12 600×900×15	抗压强度：≥195MPa 抗折强度：51MPa 表面硬度（肖氏）：117 光泽度：80%以上 耐酸率：0.08 耐碱率：0.06 磨损性：3.9g/cm^2 体积密度：2680 kg/m^3
仿花岗石大理石	可生产各种规格	抗压强度：83.1MPa 抗折强度：7.8MPa 莫氏硬度：2～3 密度：2210kg/m^3 光泽度：85% 吸水率：6.0%

5.8　建筑装饰木材

木材是人类最先使用的建筑材料之一，举世称颂的古建筑之木构架巧夺天工，为世界建筑独树一帜。北京故宫、祈年殿都是典型的木建筑殿堂。木材历来被广泛用于建筑物室内装修与装饰，如门窗、楼梯扶手、栏杆、地板、护壁板、天花板、踢脚板、装饰吸声板、挂画条等，它给人以自然美的享受，还能使室内空间产生温暖、亲切感。时至今日，木材在建筑结构、装饰上的应用仍不失其高贵、显赫的地位，并以它特有的性能在室内装饰方面大放异彩，创造了千姿百态的装饰新领域。

由于高科技的利用，木材在建筑装饰中又添异彩；目前，由于优质木材受限，为了使木材自然纹理之美表现得淋漓尽致，人们将优质、名贵木材旋切薄片，与普通材质复合，变劣为优，满足了消费者对天然木材喜爱心理的需求。木材作为既古老又永恒的建筑材料，以其独具的装饰特性和效果，加之人工创意，在现代建筑的新潮中，为我们创造了一个个自然美的生活空间。

木材的装饰效果特点主要是：纹理美观；色泽柔和、富有弹性；防潮、隔热、不变形；耐磨、阻燃、涂饰性好。

建筑装饰木材主要应用到地板和墙面上，可以分为建筑装饰用木地板和建筑装饰用墙体木材。

5.8.1 木材的装饰特性和装饰效果

1. 木材的装饰特性

（1）纹理美观。木材天然生长具有的自然纹理使木装饰制品更加典雅、亲切、温和。如直细条纹的栓木、樱桃木；不均匀直细条纹的柚木；疏密不均的细纹胡桃木，山形花纹的花梨木；影方花纹的梧桐木；勾线花纹的鹅掌楸木等。真可谓千姿百态，它促进了人与空间的融合，创造出一个良好的室内气氛。

（2）色泽柔和、富有弹性。木材因树种不同，生长条件有别，除具有多种多样天然细腻的纹理之外，还具有丰富的自然色彩与表面光泽。极富有特征的弹性正是来自于木质产生的视觉、脚感、手感，因而成为理想的天然铺地材料。

（3）防潮、隔热、不变形。木材的装饰特性是极佳的，其使用功能也是优良的，这是由木材的物理性质所决定的。

2. 木材的装饰效果

耐磨、阻燃、装饰效果好。优质、名贵木材其表面硬度使木材具有使用要求的耐磨性，因而木地板可创造出一份古朴、自然的气氛。这种气氛的长久依赖于木材是否具有优异的涂饰性和阻燃性。木材表面可通过贴、喷、涂、印达到尽善尽美的意境，充分显示木材人工与自然的互变性。木材经阻燃性化学物质处理后即可消除易燃的特性，从而增加了它的使用可靠性。

5.8.2 建筑装饰用木地板

木地板具有一系列优良的性质，如轻质高强、无污染物质、自然美观、保温性好、调节湿度、不易结露、缓和冲击等，木材与人体的冲击、抗力都比其他建筑材料柔和、自然，有益于人体的健康，保护老人和小孩的居住安全。

木地板的种类主要有实木地板、强化木地板以及实木复合地板等。

1. 实木地板

实木地板是指用木材直接加工而成的地板。实木地板由于其天然的木材质地，尤以润泽的质感、柔和的触感、自然温馨、冬暖夏凉、脚感舒适、高贵典雅而深受人们喜爱。

（1）实木地板的品牌与区分方法。绝大多数针叶材材质都较软，而阔叶材绝大多数材质都硬，加工成实木地板的主要是阔叶材，针叶材直接做实木地板的比较少，市场上一般往往作为三层实木地板的芯材。实木地板主要包括平口地板、企口地板、竖木地板、拼花地板（又称木质马赛克）、镶嵌地板、实木指接企口地板和集成企口地板等。实木地板是近几年装修中最常见的一种地面装饰材料。它是中国家庭生活素质提高的一个非常显著的象征。实木地板拥有实木板的优点。由工厂的工业化生产线生产规格统一，所以施工容易。甚至比其他的板材施工都要快速。但其缺点是对工艺要求比较高。如果施工者的水平不够，往往造成一系列的问题，例如起拱、变形等等。

1）平口地板。又称拼方木地板或平接地板。机械加工成表面光滑四周没有榫槽的长方形及六面体或工艺形多面体木地板。它一般是以纵剖面为耐磨面的地板，生产工艺简单，可根据个人爱好和技艺，铺设成普通或各种图案的地板，也可作拼花板、墙裙装饰以及天花板吊顶等室内装饰。但其加工精度较高，整个板面观感尺寸较碎，图案显得零散。主要规格有155mm×22.5mm×8mm、250mm×50mm×10mm、300mm×60mm×10mm。

2）企口地板。又称榫接地板或龙凤地板，该地板的纵向和宽度方向都开有榫头和榫槽，榫槽一般小于或等于板厚的1/3，槽略大于榫，绝大多数背面带有较狭的抗变形槽。该板规格甚多，小规格为200mm×40mm×（12～15）mm、250mm×50mm×（15～20）mm，大规格的长条企口地板可达（400～4000）mm×（60～120）mm×（15～20）mm。目前市场上多数企口实木地板是经过涂装（油漆）的成品地板，一般称“漆板”。漆板在工厂内加工、油漆、烘干，质量较高，现场油漆一般不容易达到其质量水平。漆板安装后不必再进行表面刨平、打磨、油漆。

企口地板目前在市场上最受消费者的青睐，其特点是：地板间结合紧密，脚感好，工艺成熟，该地板的铺设，视地板的规格而定：小于300mm的企口地板可采用平口地板铺设，即直接用胶粘地，大于400mm的企口地板，必须用龙骨铺设法，双企口地板（每一块地板上开两个榫槽）可用龙骨铺设法，也可用悬浮铺设法；双企口地板采用不粘胶的悬浮铺设法，搬迁拆装灵活方便。加工工艺较平口地板复杂，价格较贵。

3）竖木地板。以木材横切面为板面，呈正四边形、正六边形或正八边形，其加工设备较为简单，但加工过程的重要环节是木材的改性处理，关键是克服湿胀干缩开裂，可合理利用枝树、小径材以及胶合板、筷子、牙签等生产剩余的圆木芯。先在工厂把竖木地板的单元拼成单元图案，类似于马赛克，其特点为：

① 图案多样，艺术性强，并能充分利用木材边芯材的色差，来协调色调，用途广，不仅可作地板，还可作天花板、墙裙。

② 与纵切面地板相比，耐磨性强（比普通地板提高3倍），经久耐用，保温、保湿，隔音性更佳。

③ 产品加工精度高，铺设简单，表面不用刨削，若不施胶在搬家时还可拆除。

④ 原材料来源有保证。

4）拼花地板。又称木质马赛克，由多块小块地板按一定的图案拼接而成，呈方形，其图案有一定的艺术性或规律性，是一种工艺美术性极强的高级地板。以前仅依靠铺设单元在现场实施，加工的精度和施工效率均达不到要求。目前可采用整张化的铺设方法，使拼花图案达到工厂化的标准，加工精度、艺术效果和施工质量都有很大提高。其特点是：观赏效果好，可根据设计要求和环境相协调，体现室内装饰格调的一致性和高档型，图案多变，工艺性高，原料丰富，出材率高。工艺设计应变性较高，大批量生产有困难，由于不同树种的拼合，木材含水率控制极其重要，稍有不慎，就成废品，所以废品率极高。

5）实木指接企口地板。就是企口地板，其不同之处仅仅是原材料又经过指接加长。它是由一定数量相同截面尺寸的长短不一木料，沿着纵向指接成长料，再加工成地板，称其为指接地板，如同时在地板的两侧均加工成榫或槽，则称为指接企口地板。该地板在指接长短料时，必须有三同：相同的截面尺寸、相同的树种、相同的含水率。

6）集成企口地板。它是由一定数量相同截面尺寸的长短不一木料，沿着纵向指接成长料，同时又用相同截面的毛料沿着横向胶接拼宽的板称为集成板，再在该板的纵、横向加工榫和槽，称为集成企口地板。除具有指接企口地板的优点外，还具有集成板的优点：克服了传统实木地板宽度、长度的限制，其规格尺寸可加工成消费者所需要的各种尺寸，使地板长而宽，得到缩短铺设工期，该地板精心除去了木材的自然和人工缺陷，又重新排列组合而成，其在纵向和宽度方向的自然变形比没有经过组合的实木地板小得多。其生产工艺复杂，价格较贵。

7）强化木地板。强化木地板为三层结构，表层为含有耐磨材料的三聚氰胺树脂浸渍装饰纸，芯层为中、高密度纤维板或刨花板，底层为浸渍酚醛树脂的平衡纸。强化木地板最大的特点是耐磨，经久耐用。其耐磨性能，主要在于表层纸中含有 SiC，市场上俗称红蓝宝石。目前我国市场上销售的强化木地板表面的转数，在 6000 ～ 18 000rad。Al_2O_3 含量越高，转数越高，但是 Al_2O_3的含量也不能大于 $75g/m^2$，因为含量过高后，其装饰纸表面清晰度就降低，对装饰纸的要求更严格，对刀具的硬度和耐磨性也相应提高，生产成本增加。装饰纸一般印有仿珍贵树种的木纹或其他图案。芯层以中高密度纤维板占多数，平衡纸放于强化木地板的最底层，它是通过垫层与地面接触，其作用是防潮和防止强化木地板变形。平衡纸为半漂白或不漂白的亚硫酸盐木浆制成的牛皮纸，不加填料，要求具有一定的厚度和机械强度，需浸渍醛基树脂或深色的酚醛树脂。

强化木地板具有很多优良的性质。尺寸稳定性好：室内温湿度变化所引起的变化较实木地板小，吸水厚度膨胀率也较小。力学性能好、结合强度、表面胶合强度较大，冲击韧性都较好。耐污染腐蚀，抗紫外线，耐香烟灼烧，规格尺寸大，采用悬浮铺设方法，安装简捷，维护保养方便。

（2）实木地板的质量和质量评价方法。根据《实木地板　第 1 部分：技术要求》（GB/T 15036. 1—2009）的技术要求，实木地板按产品的外观质量、物理力学性能分为优等品、一等品和合格品三个质量等级。

1）实木地板的外观质量要求见表 5-30。

表 5-30　　实木地板的外观质量要求

名称	表面			背面
	优等品	一等品	合格品	
活节	直径≤5mm 长度≤500mm，≤2 个 长度＞500mm，≤4 个	5mm＜直径≤15mm 长度≤500mm，≤2 个 长度＞500mm，≤4 个	直径≤20mm 个数不限	尺寸与个数不限
死节	不允许	直径≤2mm 长度≤500mm，≤1 个 长度＞500mm，≤3 个	直径≤4mm ≤5 个	直径≤20mm 个数不限
蛀孔	不允许	直径≤0. 5mm，≤5 个	直径≤2mm，≤5 个	直径≤ 15mm 个数不限
树脂囊	不允许		长度≤5mm 宽度≤1mm，≤2 条	不限
翻斑	不允许	不限		不限
腐朽	不允许			初腐且面积≤20%，不剥落也不能捻成粉末

续表

名称	表面			背面
	优等品	一等品	合格品	
缺棱	不允许			长度≤半场的30% 宽度≤板宽的20%
裂纹	不允许	宽≤0.1mm 长≤15mm，≤2 条		宽≤3mm 长≤50mm，条数不限
加工波纹	不允许	不明显		不限
漆膜划痕	不允许	轻微		—
漆膜鼓包	不允许			—
漏漆	不允许			—
漆膜上针孔	不允许	直径≤0.5mm，≤3 个		—
漆膜皱皮	不允许	<板面积 5%		—
漆膜粒子	长≤500mm，≤2 个 长>500mm，≤4 个	长≤500mm，≤4 个 长>500mm，≤8 个		—

注　1. 凡是外观质量检验环境条件下，不能清晰地观察到的缺陷即为不明显。

2. 倒角上漆膜粒子不计。

2）实木地板的主要尺寸及偏差见表 5-31。

表 5-31　　实木地板的主要尺寸及偏差

名称	偏　差
长度	长度≤500 时，公称长度与每个测量值之差绝对值≤0.5 长度>500 时，公称长度与每个测量值之差绝对值≤1.0
宽度	公称宽度与平均宽度之差绝对值≤0.3，宽度最大值与最小值之差≤0.3
厚度	公称厚度与平均厚度之差绝对值≤0.3 厚度最大值与最小值之差≤0.4

注　1. 实木地板长度和宽度是指不包括榫舌的长度和宽度。

2. 镶嵌地板只检量方形单元的外形尺寸。

3. 榫接地板的榫舌宽度应≥4.0mm，槽最大高度与榫最大厚度之差应为 0～0.4mm。

3）实木地板的形状位置偏差见表 5-32。

表 5-32　　实木地板的形状位置偏差

名称		偏　差
翘曲度	横弯	长度≤500mm 时，允许≤0.02%；长度>500mm 时，允许≤0.03%
	翘弯	宽度方向：凸翘曲度≤0.2%，凹翘曲度≤0.15%
	顺弯	长度方向：≤0.3%
宽度方向		平均值≤0.3mm；最大值≤0.4mm
拼装高度差		平均值≤0.25mm；最大值≤0.3mm

4）实木地板的物理力学性能指标见表5-33。

表5-33 实木地板的物理力学性能指标

名称	单位	优等品	一等品	合格品
含水率	%	7≤含水率≤我国各地区的平衡含水率		
漆板表面耐磨	g/100r	≤0.08且漆膜未磨透	≤0.10且漆膜未磨透	≤0.15且漆膜未磨透
漆膜附着力	—	0～1	2	3
漆膜硬度	—	≥H		

注 含水率是指地板在未拆封和使用前的含水率。

实木地板的质量检验按《实木地板 第2部分：检验方法》（GB/T 15036.2—2009）的要求进行。

（3）实木地板的选用及商品信息。

1）实木地板的选择。目前市场上实木地板种类有：榫接地板、平接地板；尺寸较长、较宽的集成地板、指接地板；呈现时代感、个性化的拼花方地板、竖木地板等。就目前来讲，榫接地板较为普遍。一般在确定了地板种类以后，可按下列步骤选择。

① 检查标志、包装和质检报告。标志应有生产厂名、厂址、电话、木材名称（树种）、等级、规格、数量、检验合格证、执行标准等，包装应完好无破损，要查验质检报告是否有效。

② 选择木材名称（树种）。做实木地板的树种众多，有进口材、国产材，有珍贵的花梨、香脂木豆、柚木等，也有常用的甘巴豆、印茄木、重蚁木、古夷苏木、孪叶苏木、二翅豆、四籽木、鲍迪豆、铁线子等，由于树种不同，材性和价格差异很大。目前很多树种名称是由进口商自由命名，造成市场上异名严重。为此，我国已颁布国家标准，选用时可按《中国主要进口木材名称》和《中国主要木材名称》等有关标准进行对照。

③ 选择规格尺寸。在满足审美条件的前提下，从木材稳定性来说，地板尺寸越小、抗变形越好，为此应选择偏短、偏窄的实木地板，其变形量相对小，可以减少实木地板弯、扭、瓢、裂、缩、拱等现象。

④ 选择含水率。实木地板含水率是直接影响地板变形的最重要因素，所选用地板的含水率应在7%至当地平衡含水率之间。可采用专用仪器现场测定实木地板的含水率。

⑤ 加工精度。可用简便的方法鉴别加工精度，通常可将10块地板在平地上模拟铺装，用手摸和目测的方法观察其拼缝是否平整、光滑，榫槽咬合是否紧密。

⑥ 选择板面质量。板面质量是地板分等的主要依据之一。观察地板是否为同一树种，板面是否有开裂、腐朽、夹皮、死节、虫眼等材质缺陷，通常对色差、活节、纹理等不必过于苛求，这是木材天然属性。实木地板有一定的色差，这是由木材的自然属性所决定的。因为生长在不同环境下的木材，以及同一棵树的不同部位，其纹理、色泽都有所不同，对此不必太苛求。

⑦ 选择油漆质量。地板经过油漆加工后均称其为漆板，挑选时要注意：漆面要均匀、光洁、平整（倒角处不包括）；无漏漆、无气泡、无龟裂。同时还要满足以下要求：一是地板漆膜附着力是否合格，最好选择达到国家标准的产品；二是地板表面耐磨性能要好，选择磨耗值必须达到在0.15g/100转以内的产品；三是漆膜硬度要高，必须选择达到国家标准H

以上的产品。

2）实木地板的铺设。质量符合国家标准的实木地板从严格意义上说仍然只是半成品，必须严格按照程序进行铺设安装。国家经济贸易委员会于 2002 年 9 月发布了《木地板铺设面层验收规范》（WB/T 1016—2002）和《木地板保修期内面层检验规范》（WB/T 1017—2006）行业标准。这是我国发布的首部针对木地板铺设的要求规范，第一次对木地板的铺设要求、验收内容及保修期做出了规定。今后，用户可依据此规范验收及保修，商家、执法者也可以此来处理纠纷、投诉等。

WB/T 1016—2002 主要适用于民用室内木地板铺设面层的验收，也适于因地板铺设不当、地板状态改变而引起的争议和仲裁，并不适用于对保温、地热、防静电、防辐射、体育场所等特殊要求的木地板铺设验收。在铺设木地板时，龙骨两端必须钉实或黏实，严禁用水泥砂浆填充。毛地板必须四周钉头，钉距应小于 350mm；用干燥耐腐材（宽度大于 35mm）做龙骨料，严禁细木工板做龙骨。用针叶板材、优质多层胶合板（宽度大于 9mm）做毛地板料，严禁整张使用。该规范规定，严禁在木地板铺设时和其他室内装修工程交叉混合施工，室内严禁在基层使用有严重污染物质，如沥青、苯酚等；所有木地板基层验收，必须在木地板面层施工前达到验收合格，否则不允许进行面层铺设施工；而面层验收必须在竣工后三天内验收。

WB/T 1017—2006 规定，在正常维护条件下使用或装饰工程竣工后未使用，保修期至少为一年。若经营施工企业对保修期有更长的承诺，应按供需双方地板保修合同为准。木地板变形尺寸允许落差应小于或等于 1. 2mm/块；黑变按面积计算应小于或等于 10%/块；发现虫蛀应更换地板。若个别地板尚未联片虫蛀，由施工方负责免费更换地板，如大面积地板虫蛀属维护责任应由用户负责；开裂宽应小于 0. 3mm，开裂长应小于地板长 4%；鼓泡、麻点、龟裂、皱皮等按板面面积应小于或等于 5%；卷边按缝边上翘应小于或等于 0. 25mm；板面破损如划痕、碰痕、烫灼痕等均属于非正常维护，应由用户负责；除强化木地板板面泛白需施工方负责更换外，其他油漆地板皆属正常磨损，强化木地板和实木复合地板不允许分层，否则应更换。

2. 强化木地板

浸渍纸层压木质地板（商品名强化地板），是近年来在市场上出现的一种新型地板，与传统的实木地板在结构和性能上有着一定的差异。它是以一层或多层专用纸浸渍热固性氨基树脂，铺装在刨花板、中密度纤维板、高密度纤维板等人造板基材表面，背面加平衡层，正面加耐磨层，经热压而成的地板。

强化地板有表层、基材（芯层）和底层三层构成。其表层可选用热固性树脂装饰层压板和浸渍胶膜纸两种材料；基材（芯层）材料通常是刨花板、中密度纤维板或高密度纤维板；底层材料通常采用热固性树脂装饰层压板、浸渍胶膜纸或单板，起平衡和稳定产品尺寸的作用。

与实木地板相比，强化地板的特点是耐磨性强，表面装饰花纹整齐，色泽均匀，抗压性强，抗冲击、抗静电、耐污染、耐光照、耐香烟灼烧、安装方便、保养简单、价格便宜，便于清洁护理。但弹性和脚感不如实木地板，水泡损坏后不可修复，另外，胶粘剂中含有一定的甲醛，应严格控制在国家标准范围之内。此外，从木材资源的综合有效利用的角度看，强化地板更有利于木材资源的可持续利用。

目前与强化木地板相关的技术标准主要有四个。

①《浸渍纸层压木质地板》（GB/T 18102—2007）规定了浸渍纸层压木质地板的分类、技术要求、检验方法和检验规则，以及标志、包装、运输和贮存。其中明确规定了地板各等级的外观质量要求、幅面尺寸、尺寸偏差、理化性能。选购强化木地板前，应据此了解其主要理化指标，如甲醛释放量、耐磨转数、基材密度、吸水厚度膨胀率、尺寸稳定性、含水率等。

②《室内装饰装修材料　人造板及其制品中甲醛释放限量》（GB 18580—2001）规定了室内装饰装修用人造板及其制品中甲醛释放量的指标值、试验方法和检验规则。

③《木地板铺设面层验收规范》（WB/T 1016—2002）主要对木地板铺设的基本要求、施工程序、验收时间、验收标准等进行了规范。

④《木地板保修期内面层检验规范》（WB/T 1017—2006）主要对木地板的维护使用、保修期、面层检验、保修义务等进行了规范。

（1）强化木地板的分类。

1）按地板基材分类。

① 以刨花板为基材的浸渍纸层压木质地板。

② 以中密度纤维板为基材的浸渍纸层压木质地板。

③ 以高密度纤维板为基材的浸渍纸层压木质地板。

2）按装饰层分类。

① 单层浸渍纸层压木质地板。

② 多层浸渍纸层压木质地板。

③ 热固性树脂装饰层压板层压木质地板。

3）按表面图案分类。

① 浮雕浸渍纸层压木质地板。

② 光面浸渍纸层压木质地板。

4）按用途分类。

① 公共场所用浸渍纸层压木质地板（耐磨转数≥9000）。

② 家庭用浸渍纸层压木质地板（耐磨转数≥6000）。

5）按甲醛释放量分类。

① A 类浸渍纸层压木质地板（甲醛释放量≤9mg/100g）。

② B 类浸渍纸层压木质地板（9mg/100g < 甲醛释放量≤40mg/100g）。

（2）强化木地板的技术要求和质量等级。根据产品的外观质量、理化性能强化木地板分为优等品、一等品和合格品三个等级。强化木地板的外观质量要求见表 5-34。

表 5-34　　强化地板的外观质量要求

缺陷名称	正面			背面
	优等品	一等品	合格品	
干湿花	不允许		总面积不超过板面的 3%	允许
表面划痕	不允许			不允许露出基材
表面压痕	不允许			

续表

缺陷名称	正面			背面
	优等品	一等品	合格品	
透底	不允许			
光泽不均	不允许		总面积不超过板面的 3%	允许
污斑	不允许	≤3mm^2，允许 1 个/块	≤10mm^2，允许 1 个/块	允许
鼓泡	不允许			≤10mm^2，允许 1 个/块
鼓包	不允许			≤10mm^2，允许 1 个/块
纸张撕裂	不允许			≤100mm^2，允许 1 处/块
局部缺纸	不允许			≤20mm^2，允许 1 处/块
崩边	不允许			允许
表面龟裂	不允许			不允许
分层	不允许			不允许
榫舌及边角缺损	不允许			不允许

强化木地板的理化性能指标见表 5-35。

表 5-35　　**强化木地板的理化性能指标**

检验项目	单位	优等品	一等品	合格品
静曲强度	MPa	≥40.0		≥30.0
内结合强度	MPa	≥1.0		
含水率	%	3.0～10.0		
密度	g/cm^3	≥0.8		
吸水厚度膨胀率	%	≤2.5	≤4.5	≤10.0
表面胶合强度	MPa	≥1.0		
表面耐冷热循环	—	无龟裂、无鼓泡		
表面耐划痕	—	≥3.5 N 表面无整圈连续划痕	≥3.0N 表面无整圈连续划痕	≥2.0 N 表面无整圈连续划痕
尺寸稳定性	mm	≤0.5		
表面耐磨	rad	家庭用耐磨转数≥6000 公共场所用耐磨转数≥9000		
表面耐香烟灼烧	—	无黑斑、裂纹和鼓泡		—
表面耐干热	—	无龟裂、无鼓泡		—
表面耐污染腐蚀	—	无污染、无腐蚀		—
表面耐龟裂	—	0 级	1 级	
表面耐水蒸气	—	无突起、变色和龟裂		
抗冲击	mm	≤9	≤12	
甲醛释放量	mg/100g	A 类：≤9 B 类：>9～40		

（3）强化木地板的质量判断。

1）地板试样的密度、含水率、甲醛释放量的平均值满足标准要求，该地板试样的密度、含水率、甲醛释放量判为合格，否则判为不合格。

2）地板试样的静曲强度、内结合强度、表面胶合强度的平均值满足标准要求，且任一试件的最小值不小于标准规定值的80%，该地板试样的静曲强度、内结合强度、表面胶合强度判为合格，否则判为不合格。

3）地板试样的吸水厚度膨胀率、尺寸稳定性的平均值满足标准规定要求，且任一试件的最大值不大于标准规定值的120%，该地板试样的吸水厚度膨胀率、尺寸稳定性判为合格，否则判为不合格。

4）地板试样的表面耐划痕、抗冲击、表面耐磨、表面耐冷热循环、表面耐香烟灼烧、表面耐干热、表面耐污染腐蚀、表面耐水蒸气、表面耐龟裂的任一试件均达到标准规定要求，该地板试样的上述性能判为合格，否则判为不合格。

5）当地板试样所需进行的各项理化性能检验均合格时，该批产品理化性能判为合格，否则判为不合格。

6）综合判断产品外观质量、规格尺寸和理化性能检验结果均应符合相应类别和等级的技术要求，否则应降类、降等或判为不合格产品。

3. 实木复合地板

随着天然林资源的逐渐减少，特别是优质装饰用的阔叶材资源日渐枯竭，木材的合理利用已越来越受到世界各地人们的高度重视，实木复合地板应运而生。实木复合地板是利用优质阔叶材或其他装饰性很强的合适材料作表层，以材质软的速生材或以人造材作基材，经高温高压制成多层结构地板。按《实木复合地板》（GB/T 18103—2000），定义如下：以实木板或单板为面层、实木条为芯层、单板为底层制成的企口地板和以单板为面层、胶合板为基材制成的企口地板称为实木复合地板。

（1）实木复合地板的分类。

1）按面层材料分类。

① 实木拼板作为面层的实木复合地板。

② 单板作为面层的实木复合地板。

2）按结构分类。

① 三层结构实木复合地板。

② 以胶合板为基材的实木复合地板。

3）按表面有无涂饰分类。

① 涂饰实木复合地板。

② 未涂饰实木复合地板。

4）按甲醛释放量分类。

① A类实木复合地板（甲醛释放量≤9mg/100g）。

② B类实木复合地板（9mg/100g＜甲醛释放量≤40mg/100g）。

（2）实木复合地板的技术要求。

1）质量等级。根据实木复合地板的外观质量、理化性能可分为优等品、一等品和合格品。

2）实木复合地板组成单元的技术要求。

① 三层结构层压实木复合地板。表层常用树种：水曲柳、桦木、山毛榉、栎木（柞木）、榉木、枫木、楸木、樱桃木等，表层板条宽度为 50 ～ 75mm，厚度为 0.5 ～ 4.0mm，偏差 ±0.2mm；芯层常用树种：杨木、松木、泡桐、杉木、桦木、椴木等，芯层厚度不小于 7mm。芯板条宽度不能大于厚度的 6 倍。芯板条之间的缝隙不能大于 3mm。芯板条不允许有钝棱、严重腐朽和树脂漏，芯板条中脱落节的孔洞直径如果大于 10mm，必须用同一树种的木材进行补洞或用腻子填平；背板常用树种：杨木、松木桦木、椴木等。厚度规格为 1.5 ～ 2.5mm，偏差 ±0.10mm。

② 以多层胶合板或细木工板为基材的层压实木复合地板。饰面层常用树种为水曲柳、桦木、山毛榉、栎木（柞木）、榉木、枫木、楸木、樱桃木等。厚度通常在 0.2 ～ 1.2mm；基材的多层胶合板不低于 GB/T 9846.2—2004 和 GB/T 9846.3—2004 中二等品的技术要求。基材要进行严格挑选和必要的加工，不能留着影响饰面质量的缺陷。

3）外观质量要求。各等级实木复合地板主要外观质量要求见表 5-36。

表 5-36　实木复合地板的主要外观质量要求

名称		项目	表面			背面
			优等品	一等品	合格品	
死节		最大单个长径/mm	不允许	2	4	50
孔洞（含虫孔）		最大单个长径/mm	不允许		2，需修补	15
浅色夹皮		最大单个长度/mm	不允许	20	30	不限
		最大单个宽度/mm	不允许	2	4	不限
深色夹皮		最大单个长度/mm	不允许		15	不限
		最大单个宽度/mm	不允许		2	不限
树脂囊和树脂道		最大单个长度/mm	不允许		5，且最大单个宽度小于 1	不限
腐朽		—	不允许			允许有初腐，但不剥落，也不能捻成粉末
变色		不超过面积/%	不允许	5，板面色彩要协调	20，板面色彩要大致协调	不限
裂缝		—	不允许			不限
拼结离缝	横拼	最大单个宽度/mm	0.1	0.2	0.5	不限
		最大单个长度不超过板长（%）	5	10	20	
	横拼	最大单个宽度/mm	0.1	0.2	0.5	

另外，实木复合地板在外观质量上还要求不允许有叠层、鼓泡、分层、补条、补片、毛刺、沟痕、漏漆等现象。

4）实木复合地板的理化性能指标。实木复合地板的理化性能指标见表 5-37。

表 5-37　实木复合地板的理化性能指标

检验项目	单位	优等品	一等品	合格品
浸渍剥离	—	每一边的任一胶层开胶的累计长度不超过该胶层长度的1/3（3mm以下不计）		
静曲强度	MPa	≥30		
弹性模量	MPa	≥4000		
含水率	%	5～14		
漆膜附着力	—	割痕及割痕交叉处允许有少量断续剥落		
表面耐磨	g/100r	≤0.08，且漆膜未磨透		≤0.15，且漆膜未磨透
表面耐污染	—	无污染痕迹		
甲醛释放量	mg/100g	A类：≤9，B类：>9～40		

（3）实木复合地板的主要特点。实木复合地板与传统的实木地板相比，由于结构的改变，使其使用性能和抗变形能力有所提高。其优点为：用少量的优质木材起到实木装饰效果，木材的花纹典雅大方，脚感舒适；规格尺寸大、不易变形、不易翘曲、板面具有较好的尺寸稳定性；整体效果好，铺设工艺简捷方便，能阻燃、绝缘、隔潮、耐腐蚀等。

实木复合地板也存在缺点：胶粘剂中含有一定的甲醛，必须严格控制，严禁超标。国家对此已有强制性标准，即《室内装饰装修材料　人造板及其制品甲醛释放限量》（GB 18580—2001）。该标准规定实木复合地板必须达到E1级的要求（甲醛释放量≤1.5mg/L），并在产品标志上明示。另外由于实木复合地板结构不对称，生产工艺比较复杂，所以成本相对较高。

（4）实木复合地板的铺设与验收。实木复合地板的铺设与验收同样按《木地板铺设面层验收规范》（WB/T 1016—2002）和《木地板保修期内面层检验规范》（WB/T 1017—2006）行业标准执行。

5.8.3　建筑装饰用墙体木材

建筑装饰用墙体木材主要有木胶合板、细木工板、贴面板和木装饰线条等。

1. 木胶合板

木胶合板，又称夹板，是用椴、桦、杨、楸、水曲柳及进口原木等经蒸煮、旋切或刨切成薄片单板，再经烘干、整理、涂胶后，将单板叠成奇数层（每一层的木纹方向要求纵横交错），再经加热后制成的一种人造板材。它分为三夹板、五夹板、七夹板、九夹板、十一夹板等。主要用作顶棚面、墙面、墙裙面、造型面，以及各种家具。另外，夹板面上还可油漆、粘贴墙纸墙布、粘贴塑料装饰板和进行涂料的喷涂等处理。其特点是：板材面积大，可进行加工；纵向和横向的强度均匀；板面平整，收缩性小，木材不开裂、翘曲；木材利用率较高。

2. 细木工板

细木工板，又称大芯板，是以原木为芯，外贴面材加工而成的木材型材，具有规格统一、加工性强、不易变形、可粘贴其他材料等特点，是家庭装修中墙体、顶部装修和细木装修必不可少的木材制品。因此，它很受装饰施工单位的喜爱，被广泛应用。

细木工板按加工工艺上可分为两类。一类是手工板，是用人工将木条镶入夹层之中，这种板持钉力差、缝隙大，不宜锯切加工，一般只能整张使用于家庭装修的部分子项目，如做实木地板的垫层毛板等。另一类是机制板，质量优于手工板，但内嵌材料的树种、加工的精细程度、面层的树种等区别仍然很大。一些大企业生产的板材，质地密实，夹层树种持钉力强，可在做各种家具、门窗扇框等细木装修时使用。很多小企业生产的机制板，板内空洞多，粘结不牢固，质量很差，一般不宜于用在细木工制作施工中。在机制板中，又有素面芯板及贴面芯板两种。素面芯板在使用中只能作为中间材料，要经过贴面加工后才能完成装修目的。贴面芯板是在生产制造过程中就经过饰面处理，红、白、黑色胡桃木以及红影、白影等珍贵树种饰面板，可直接加工高档家具和各种饰面装修，但其对操作工人的技术要求较高。

3. 贴面板

贴面板是家庭装修中使用十分广泛的木材制品之一，是用木材的旋片压制而成的型材，主要用于结构装修的面层饰材及细木家具制作的表面装饰。

（1）宝丽板、富丽板。宝丽板又称华丽板，是以三夹板为基料，贴以特种花纹纸面，涂覆不饱和树脂后表面再压合一层塑料薄膜保护层。而富丽板则不加塑料薄膜保护层。主要用于墙面、墙裙、柱面、造型面、家具面等。其特点是：板面光亮、平直；色调丰富多彩，有图案花纹；比油漆面耐热、耐烫；对酸、碱、油脂、酒精等有一定的抵御能力；易清洗。

（2）薄木贴面装饰板。薄木贴面装饰板是选用珍贵树种（如水曲柳、樟木、酸枣木、花梨木等），通过精密刻切，制得厚度为0.2～0.8mm的薄木，以夹板、纤维板、刨花板等为基材，采用先进的胶粘工艺，经热压制成的一种装饰板材。薄木贴面装饰板作为一种表面装饰材料，不能单独使用，只有粘贴在一定厚度和具有一定强度的基层板上，才能合理地利用。

4. 木装饰线条

木装饰线条，简称木饰线，选用质硬、材质较好的木材，经过干燥处理后，用机械加工或手工加工而成。装饰线条在室内装饰中，主要起固定、连接、加强装饰效果的作用。它主要用于天花封边饰线、柱角线、墙角线、墙腰线、上楣线、覆盖线、挂画线等。

5.9 生态建筑装饰材料

现代室内设计的发展日新月异，室内空间呈现出多流派、丰富多彩的繁荣态势。随着我国人民生活水平和环境质量的不断提高，对建筑装饰装修材料提出了更高的要求。目前广泛使用的传统建筑装饰装修材料虽能起到美化室内环境的作用，但其功能比较单一，甚至有些材料在使用过程中释放出有害气体，危害人体健康。因此，采取高新技术制造多功能、有益于人体健康的生态建筑装饰装修材料是今后重要的发展方向。

生态建筑装饰材料又称绿色建筑装饰材料、环保建筑装饰材料和健康建筑装饰材料，是指利用清洁生产技术，少用天然资源和能源，大量使用工业或城市固态废弃物生产的无毒、无污染、无放射性、有利于环境保护和人体健康的装饰材料。

5.9.1 生态建筑装饰陶瓷

1. 保健抗菌陶瓷

保健抗菌陶瓷的釉面不仅能够抑制附着在其表面上的细菌增殖，而且还能抑制尿碱的生成，如厨房的自来水池、卫生间的浴池和坐便器等都可采用抗菌卫生陶瓷。抗菌卫生陶瓷可分为金属离子掺杂型、光催化型和无机复合型三种。其中无机复合抗菌卫生陶瓷是在卫生陶瓷釉中添加无机复合抗菌材料烧制而成的，主要通过金属离子的溶出和光催化功能协同增效，达到阻碍或抑制微生物的生长与繁殖的目的。该工艺一次高温烧制就可以达到较高的抗菌效果，因其工艺简单、操作简便等特点，目前国内已有多家卫生陶瓷企业使用该技术。

2. 空气净化陶瓷

有研究表明，一种载有 TiO_2 光催化剂和铜离子催化剂的新型陶瓷可在常温下直接分解 NO_2，成为 N_2 和 O_2；另一种新型陶瓷可以吸收并固定 SO_2。日本、美国的材料专家已经研制出具有上述功能的墙地砖。

3. 再生陶制品

指利用各种废弃物生产的各种陶瓷质建材产品，生产和利用再生陶制品也是消除污染、净化环境、变废为宝的重要途径。

5.9.2 绿色装饰板材

20 世纪 60 年代起，我国就已开始用废木料与塑料或用农作物剩余物与塑料混制成木塑混合材，做成地板、墙面材料，但质量并不理想。应从原料处理、制造方法及添加剂等方面进行改进，表面也要适当再处理，这样可提高质量，经表面美化后可成为精美的“绿色板材”。利用无机物来代替有机物制造板材也是发展方向，如利用水泥、石膏、陶土、粉煤灰和纤维材料混合制成人造板的方法，在国外发展很快。国内石膏板已有多条生产线，产量很高，品种也有多种。粉煤灰与水泥制成的板材，在 60 年代已投产，此类板材能充分利用城市废弃物。90 年代初，曾有人用水泥和木纤维混合做成人造板，成本低，产品可刨、可锯、可钉、不变形、不裂、无毒、不虫蛀、可油漆、可贴面，像这类产品若能进一步提高质量，则很有发展前景。近年来，用废纸浆或再生纸为原料制成板材，表面再装饰后用作装饰装修材料，国外称其为“绿色材料”，我国废纸浆原料比较丰富，这种方法值得效仿。

另外，新型节能装饰板材也在不断发展。例如，矿棉装饰吸声板，它作为我国主要的矿棉制品，是世界现代建筑领域最流行的装饰吸声板之一，属于多功能的环保型新型装饰装修材料，已广泛用于商场、超市、车站、机场、码头、影剧院、宾馆、地铁及住宅的装饰装修与保温中，既是理想的吸声材料，又是高效的保温节能材料；纸面石膏板，它是新型建筑材料的主导产品，是替代黏土砖、节约耕地、降低能耗的产品，适合于大规模的工业生产，可广泛用于各种工业建筑和民用建筑，可作为内墙材料和装饰装修材料，如用于框架结构中的非承重墙、室内贴面板、吊顶等，耐水纸面石膏板可用于洗脸间、厨房等，耐火纸面石膏板可用于电梯井等；铝塑复合板，它是一种新型高档装饰材料，国际上称为“三大幕墙”之一，由二层铝面板与一层聚乙烯芯板利用高分子粘结膜经热压复合而成，作为一种复合材料，铝塑复合板集中了金属、涂料和塑料的优点，同时又具有高的抗风、抗弯曲强度，广泛应用于大楼外墙、室内装饰、家具和车厢等，是一种很有发展前景的新型建筑装饰材料；聚苯乙烯挤塑泡沫保温板（XPS 板），它是一种硬质挤塑聚苯乙烯保温隔热材料，具有完美的闭孔蜂窝结构，这种结构让 XPS 板在吸水率、导热系数以及蒸气渗透系数等方面均低于其他类型板状保温材料，XPS 板在欧美国家是极为普遍的保温热材料，特别适用于采用倒置式屋面保温隔热工艺（up-set down）的屋面保温隔热系统、冷冻库、墙体内外的保温隔热、家庭装饰装修等场合，该产品适用于屋面隔热层，无论隔热效果、施工简便性、总造价、使用寿命等都比传统的珍珠岩更具有优势，为新型环保节能材料，是目前建筑装饰行业的首选材料。

绿色板材中的清洁生产也是人造板生产中值得注意的问题。人造板生产中所产生的废渣，现在已基本解决。另外，制造人造板时，现在已用水性或乳液合成树脂来代替溶剂型合成树脂。也可以利用木质纤维中木质素的化学性能，制成不用胶粘剂的无胶人造板。此类板材是依靠木材自身木素的熔融在热压过程中起的作用，节约了胶粘剂，减少了污染。其他绿色板材还有利用非木材纤维为原料生产的人造板，推广最成功的是麦秸人造板。麦秸产地遍布全国十多个省，产量也大。目前此类人造板在东北、中南、华东均有生产，效果甚佳。此品种是木材综合利用的另一途径之一。此外，树皮、农村剩余物中的果壳类，也是人造板材原料的发展方向。

1. 什么是建筑装饰陶瓷？有何用途？
2. 建筑陶瓷的装饰新技术有哪些？
3. 简述安全玻璃的特征和应用。
4. 金属装饰材料有哪几类？各有何特点？
5. 塑料墙纸有哪些分类？各有何特点？
6. 塑料地板与其他地板相比有何优点？
7. 什么是白水泥和彩色水泥，各具有什么特点？
8. 什么是装饰混凝土，分述其种类和特点？
9. 作为装饰石材，大理石和花岗石具有什么异同点？
10. 木材具有哪些装饰效果？

第6章

Chapter 6

新型防水和密封材料

【本章知识构架】

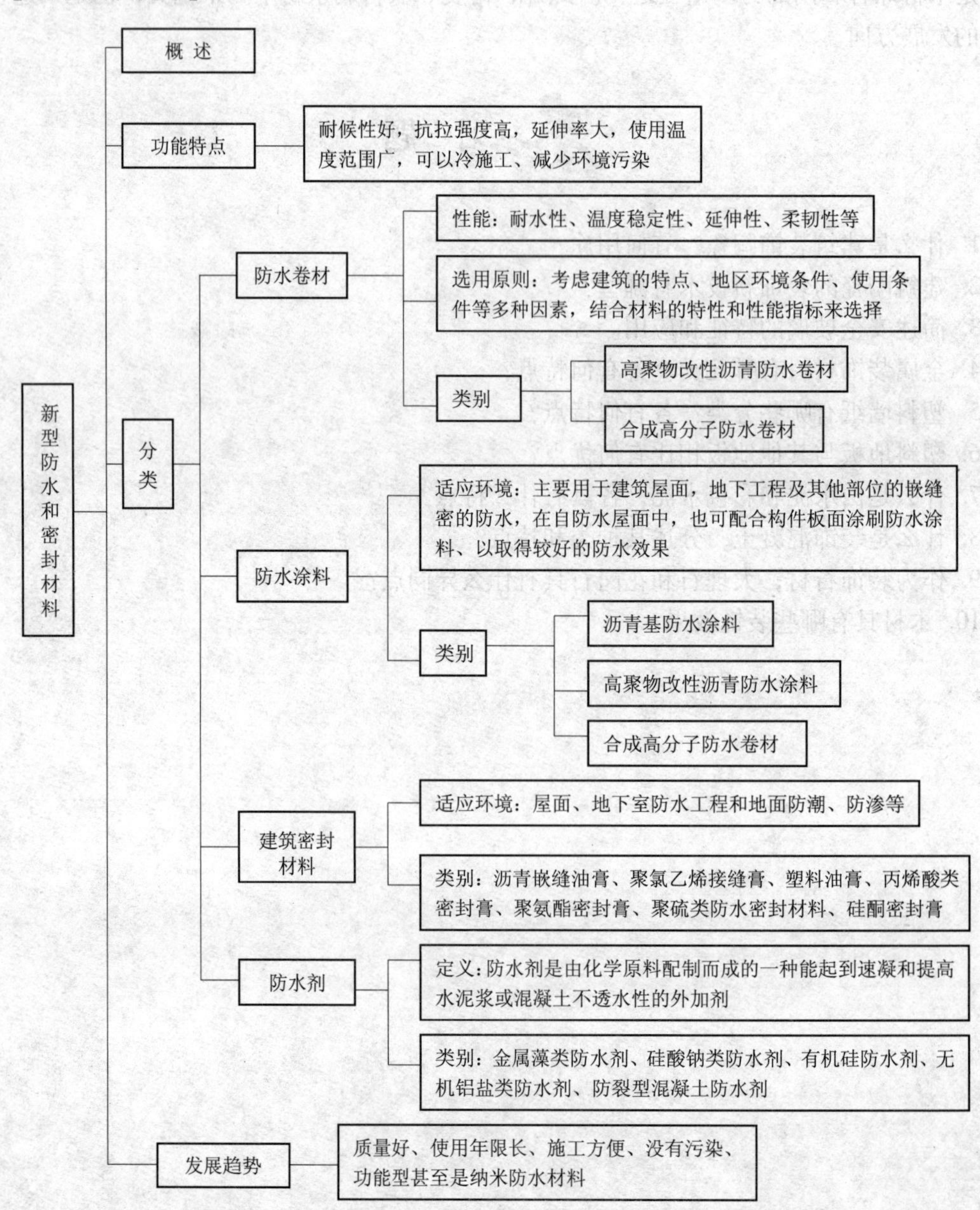

6.1　概述

建筑工程的防水，是建筑产品使用功能中一项很重要的内容，关系到人们居住的环境和卫生条件、建筑物的寿命等。防水工程的质量，在很大程度上取决于防水材料的性能和质量。随着社会进步和时代发展，建筑物整体结构的变化，建筑物防水构造设计也趋于多样化，要求使用质量好、使用年限长、施工方便、没有污染、功能型等防水材料，从而促进了新型防水材料的发展。

防水材料是指能够防止雨水、地下水与其他水渗透的建筑结构中重要组成材料。在结构中主要起防潮、防渗、避免水和盐分对建筑物的侵蚀，保护建筑构件的作用。

建筑工程的防水技术按其构造做法可分为两大类，即结构构件自身防水和采用不同材料的防水层防水。结构构件自防水，主要是依靠建筑物构件（如底板、墙体、楼板等）材料自身的密实性及某些构造措施（如坡度、伸缩缝等），也包括辅以嵌缝油膏、埋设止水环（带）等，起到结构构件能自身防水的作用。采用不同材料的防水层做法，则是在建筑构件的迎水面或背水面以及接缝处另外附加防水材料做成的防水层，以达到建筑物防水的目的。这种做法可分为两种，一种是刚性材料防水，如涂抹防水砂浆、浇筑掺有外加剂的细石混凝土或预应力混凝土等；另一种则是柔性材料防水，如铺设各种防水卷材、涂布各种防水涂料等，如图 6-1 所示。

图 6-1　铺设防水卷材

近年来，开发的一批新型建筑防水材料具有耐候性好，抗拉强度高，延伸率大，使用温度范围广，可以冷施工、减少环境污染等特点。

在防水卷材方面，首先是对传统的沥青基油毡进行了改革，采用了以橡胶和塑料改性沥青的玻璃纤维或聚酯纤维无纺布柔性油毡，从而克服了传统纯沥青基油毡热淌冷脆的缺点，提高了材料的强度、延伸率和耐老化性能，使防水质量得到提高。另外，研制和开发橡胶、塑料和橡塑共混三大系列高分子防水卷材，例如，橡胶系防水卷材的主要品种为三元乙丙橡胶卷材，塑料系防水卷材的主要品种聚氯乙烯防水卷材，橡塑共混系的氯化聚乙烯 - 橡胶共混防水卷材、铝箔橡塑防水卷材等，可与多种胶粘剂配套进行冷施工。与传统的二毡二油做法相比，都具有单层结构防水、冷施工、使用寿命长等特点。

防水涂料是近几年为适应新建工程和原有建筑堵漏的需要而发展起来的一类新型防水材料。他们特别适用于构造复杂部位的基层涂布。目前防水涂料已研发了改性沥青、橡胶和塑料三大类共十余种产品，如聚氨酯涂料、改性沥青嵌缝油膏、聚氯乙烯嵌缝膏等。这对提高各种建筑构件接缝和复杂点的密封防水质量起到了重要的作用。

新型防水密封材料主要有丙烯酸密封膏、聚硫密封膏，另有少量的硅酮、聚氯酯密封膏、丁基橡胶密封膏以及氯丁橡胶类密封膏，但总用量仅占密封材料的 3%。

总之，我国建筑防水材料发展趋势是：由传统的石油沥青为基本材料向高分子聚合物改性沥青方向发展，密封材料由低性能产品向高弹膜性、高耐久方向发展，防水涂料由低档薄质向高档薄质层方向发展，施工方法由热粘贴向冷施工方向发展。即沥青卷材在稳定和提高现有产品质量的同时，开发具有特殊功能、性能优良的沥青改性毡，如耐高温油毡、耐低温油毡、多孔砂面油毡等。防水涂料大力开发新品种，如 SBS 橡胶改性沥青涂料、氯丁乳胶代沥青涂料等。为解决溶剂型防水涂料污染环境，还应大力发展无污染、无公害、具有多功能的水乳型防水涂料。密封材料在大力提高现有密封质量的同时，着重发展水乳型、浅色的嵌缝油膏以及能在潮湿基层上施工的粉状嵌缝油膏等。高分子片材除推广应用现有的产品外，还应开发与其配套的新型高质量胶粘剂，发展以聚氨酯配橡胶、异丁橡胶等以化工原料制成的防水薄膜。这种材料可自黏，外面层面粘有豆砂保护层，其化学性能、力学性能好，具有较广阔的发展前景。

6.2 防水材料

防水卷材的品种较多，性能各异；但无论何种防水卷材，要满足建筑防水工程的要求，均必须具备以下性能：

（1）耐水性：指在水的作用和被水浸润后其性能基本不变，在压力水作用下具有不透水性，常用不透水性、吸水性等指标表示。

（2）温度稳定性：指在高温下不流淌、不起泡、不滑动，低温下不脆裂的性能。即在一定温度变化下保持原有性能的能力，常用耐热度、耐热性等指标表示。

（3）机械强度、延伸性和抗断裂性：指防水卷材承受一定荷载、应力或在一定变形的条件下不断裂的性能，常用拉力、拉伸强度和断裂伸长率等指标表示。

（4）柔韧性：指在低温条件下保持柔韧性的性能。它对保证易于施工，不脆裂十分重要，常用柔度、低温弯折性等指标表示。

（5）大气稳定性：指在阳光、热、臭氧及其他化学侵蚀介质等因素的长期综合作用下抵抗侵蚀的能力，常用耐老化性、热老化保持率等指标表示。

新型防水卷材的分类如图 6-2 所示。

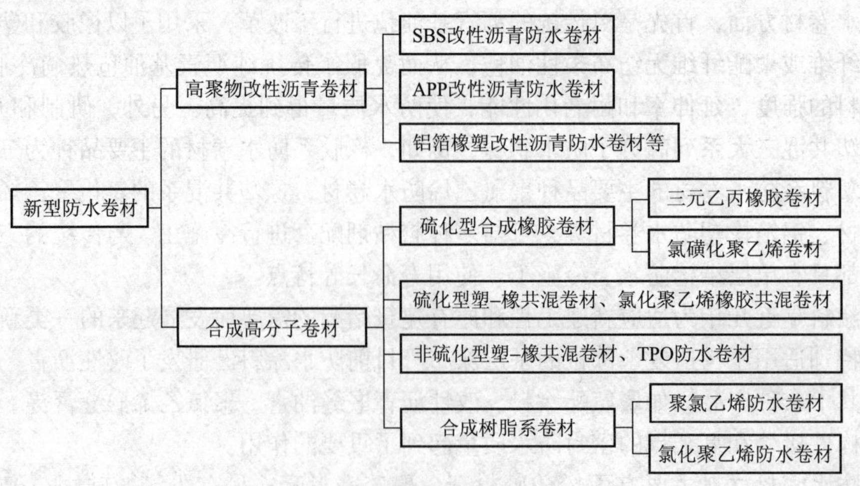

图 6-2　新型防水卷材的分类

各类防水卷材的选用应充分考虑建筑的特点、地区环境条件、使用条件等多种因素，结合材料的特性和性能指标来选择。

6.2.1　高聚物改性沥青防水卷材

高聚物改性沥青防水卷材是以合成高分子聚合物改性沥青为涂盖层，纤维织物或纤维毡为胎体，粉状、粒状、片状或薄膜材料为覆盖面材料制成的可卷曲片状防水材料。

高聚物改性沥青防水卷材克服了传统沥青防水卷材温度稳定性差、延伸率小的不足，具有高温不流淌、低温不脆裂、拉伸强度高、延伸率较大等优异性能，且价格适中，在我国属中低档防水卷材。常见的有 SBS 改性沥青防水卷材、APP 改性沥青防水卷材、PVC 改性焦油沥青防水卷材、再生胶改性沥青防水卷材等。

此类防水卷材按厚度可分为 2mm、3mm、4mm、5mm 等规格，一般单层铺设，也可复合使用。根据卷材的不同性质可采用热熔法、冷粘法、自粘法施工。

1. SBS 改性沥青防水卷材

SBS 改性沥青防水卷材，是在石油沥青中加入 SBS 进行改性的卷材，以玻纤毡、聚酯毡等增强材料为胎体，以 SBS 改性石油沥青为浸渍涂盖层，上面撒以细砂、矿物粒（片）料或覆盖聚乙烯膜，下表面撒以细砂或覆盖聚乙烯膜（塑料薄膜为防粘隔离层），经过选材、配料、共熔、浸渍、复合成形、卷曲等工序加工而成的一种柔性防水卷材。

SBS 是由丁二烯和苯乙烯两种原料聚合而成的嵌段共聚物，是一种热塑性弹性体，它在受热的条件下呈现树脂特性，即受热可熔融成黏稠液态，可以和沥青共混，兼有热缩性塑料和硫化橡胶的性能，也称热缩性丁苯橡胶。具有弹性高、抗拉强度高、不易变形、低温性能好等优点。

SBS 作为塑料、沥青等脆性材料的增韧剂，掺加量一般为沥青的 10%～15%，能与沥青相互作用，使沥青产生吸收、膨胀、形成分子键合牢固的沥青混合物，从而显著改善了沥青的弹性、延伸率、高温稳定性和低温柔韧性，耐疲劳性和耐老化等性能。

这种防水卷材的特点是：

（1）可溶物含量高，可制成厚度大的产品，具有塑料和橡胶特性。

（2）聚酯胎基有很高的延伸率、拉力、耐穿刺能力和耐撕裂能力；玻纤胎成本低，尺寸稳定性好，但拉力和延伸率低。

（3）具有良好耐高温和耐低温性能，能适应建筑物因变形而产生的应力，抵抗防水层断裂。

（4）具有优良的耐水性。由于改性沥青防水卷材采用的胎基以聚酯毡、玻纤毡为主，吸水性小，涂盖料延伸率高、厚度大，可以承受较高水的压力。

（5）具有优良的耐老化和耐久性，耐酸、碱侵蚀及微生物腐蚀。

（6）施工方便，可以选用冷粘结、热粘结、自粘结，可以叠层施工。厚度大于 4mm 的可以单层施工，厚度大于 3mm 的可以热熔施工。

（7）可选择性、配套性强，生产厚度范围在 1.5～5mm 之间，不同涂盖料、不同的胎基和覆盖料，具有不同特点和功能，可根据需要进行合理选择和搭配。

（8）卷材表面可撒布彩砂、板岩、反光铝膜等，既增加抗紫外线的耐老化性，又美化环境。

这种防水卷材广泛适用于工业建筑与民用建筑，如屋面及地下室等防水工程，尤其适用于高级和高层建筑物的屋面、地下室、卫生间等的防水、防潮，以及桥梁、停车场、屋顶花园、游泳池、蓄水池、隧道等建筑的防水。由于其具有良好的低温柔韧性和极高的弹性延伸性，更适合于北方寒冷地区和结构易变形的建筑物。

2. APP改性沥青防水卷材

APP改性沥青防水卷材，是指采用APP（无规聚丙烯）塑性材料作为沥青的改性材料，属塑性体沥青防水卷材中的一种。该类卷材也使用玻纤毡或聚酯毡两种胎基，以APP改性沥青为预浸涂盖层，上表面撒以细砂、矿物粒（片）料或覆盖聚乙烯膜，下表面撒以细砂或覆盖聚乙烯膜而成的沥青防水卷材。

聚丙烯可分为无规聚丙烯、等规聚丙烯和间规聚丙烯，无规聚丙烯是生产等规聚丙烯的副产品，是改性沥青用树脂与沥青性最好的品种之一，有良好的化学稳定性，无明显熔化点，在165～176℃之间呈黏稠状态，随温度升高黏度下降，在200℃流动性最好。APP材料的最大特点是分子中极性碳原子少，因而单键结构不易分解，掺入石油沥青后，可明显提高其软化点、延伸率和粘结性能。软化点随APP的掺入比例增加而增高，因此，能够提高卷材耐紫外线照射性能，具有耐老化性能优良的特点。

这种防水卷材的特点有：

（1）高性能。对于静态和动态撞击以及撕裂具有非凡的抵抗能力（如聚酯胎基），在弹性沥青配合下，聚酯胎基可使防水卷材承受支撑物的重复性运动不产生永久变形。

（2）耐老化性。材料以塑性为主，对恶劣气候和老化作用具备强有效的抵抗力，确保在各种气候下工程质量的永久性。

（3）美观性。除抵御外界破坏（紫外线污染）的保护作用外，还可产生各种颜色的产品，能够完美地与周围环境融为一体。

这种防水卷材具有多功能性，适用于新、旧建筑工程，腐殖土下防水层，碎石下防水层，地下墙防水等。广泛用于工业与民用建筑的屋面和地下防水工程，以及道路、桥梁建筑的防水工程，与SBS改性沥青卷材相比，由于其耐热度更好和良好的耐紫外老化性能，尤其适用于紫外线辐射强烈及炎热地区屋面使用。

3. 其他改性沥青卷材

氧化沥青防水卷材是以氧化沥青或优质氧化沥青（催化氧化沥青或改性氧化沥青）作为浸涂材料，以无纺玻纤毡、加纺玻纤毡、黄麻布、铝箔或玻纤铝箔复合为胎体加工制造而成。该卷材造价低，属于中低档产品。优质氧化沥青卷材具有很好的低温柔韧性，适合于北方寒冷地区建筑物的防水。

丁苯橡胶改性沥青防水卷材是采用低软化点氧化石油沥青浸渍原纸，然后以催化剂和丁苯橡胶改性沥青加填料涂盖两面，再洒以撒布料所制成的防水卷材。该类卷材适用于一般建筑物的防水、防潮，具有施工温度范围广的特点，在-15℃以上均可施工。

再生胶改性沥青防水卷材是由废橡胶粉掺入石油沥青，经高温脱硫为再生胶，再掺入填料经炼胶机混炼，以压延机压延而成的一种质地均匀的无胎体防水材料。该类卷材具有延伸性较大，低温柔性较好，耐腐蚀性强，耐水性及耐热稳定性良好等特点。其价格低廉，属低档防水卷材，适用于屋面或地下接缝和满堂铺设的防水屋，尤其适用于基层沉降较大或沉降不均匀的建筑物变形缝处的防水。

自粘性改性沥青防水卷材是以自粘性改性沥青为涂盖材料，以无纺玻纤毡、加纺玻纤毡、无纺聚酯布为胎体，在浸涂胎体后，下表面用隔离纸覆盖，上表面用具有保护功能的隔离材料覆面，使用时只需揭开隔离纸便可铺贴，稍加压力就能粘贴牢固，如图 6-3 所示。它具有良好的低温柔韧性和施工方便等特点，除一般工程外更适合于北方寒冷地区建筑物的防水。

橡塑改性沥青聚乙烯胎防水卷材是以橡胶和 APP（无规聚丙烯）为改性剂掺入沥青作浸渍涂盖材料，以高密度聚乙烯膜为胎体，经辊炼、辊压等工序而成。该卷材既有橡胶的高弹性和延伸性，又有塑料的强度和可塑性，综合性能优异。加上胎体本身有良好的防水性和延伸性，一般单层防水已有足够的防水能力。其施工方便，冷粘热熔均可，不污染环境，对基层伸缩和局部变形的适应能力强，适应于建筑物屋面、地下室、立交桥、水库、游泳池等工程的防水、防渗和防潮。

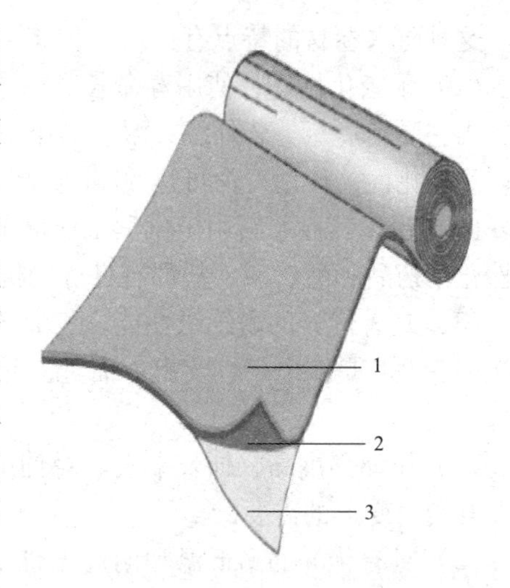

图 6-3　自粘型防水卷材

1—覆面材料；2—基料；3—隔离纸

铝箔橡塑改性沥青防水卷材是以橡胶和聚氯乙烯复合改性石油沥青作浸渍涂盖材料，聚酯毡或麻布或玻纤毡为胎体，聚乙烯膜为底面隔离材料，软质银白色铝箔为表面保护层，经共熔、浸渍、复合、冷却等工序而成。该产品具有橡塑改性沥青防水卷材的众多优点，综合性能良好，再加上水密性、耐候性和阳光反射性良好的铝箔作保护层，增强耐老化能力，使用温度为 -10 ～ 85℃，在 -20℃时也有防水性。该卷材施工方便，冷粘热熔均可，不污染环境，而且低温柔韧性好，在较低温度下也可施工，适用于工业和民用建筑屋面的单层外露防水层。

6.2.2　合成高分子防水卷材

合成高分子防水卷材是以合成橡胶、合成树脂或它们两者的共混体为基料，加入适量的化学助剂和填充料等，经混炼，压延或挤出等工序加工而制成的可卷曲的片状防水材料，其中又可分为加筋增强型与非加筋增强型两种。

该类防水卷材具有拉伸强度和抗撕裂强度高，断裂伸长率大，耐热性和低温柔性好，耐腐蚀、耐老化等一系列优异性能。它彻底改变了沥青基防水卷材施工条件差、污染环境等缺点，是值得大力推广的新型高档防水卷材。目前多用于高级宾馆、大厦、游泳池、厂房等要求有良好防水性的屋面、地下等防水工程。

根据主体材料的不同，合成高分子防水卷材一般可分为橡胶型、塑料型和橡塑共混型三大类，常见的有三元乙丙橡胶防水卷材、聚氯乙烯防水卷材、氯化聚乙烯防水卷材、氯化聚乙烯 - 橡胶共混防水卷材等。此类卷材按厚度分为 1mm、1.2mm、1.5mm、2.0mm 等规格，一般单层铺设，可采用冷粘法或自粘法施工。

1. 三元乙丙橡胶防水卷材

三元乙丙（EPDM）橡胶防水卷材，是以三元乙丙橡胶掺入适量的丁基橡胶、硫化剂、促进剂、软化剂和补强剂等，经密炼、拉片过滤、挤出成形等工序加工而成。

三元乙丙橡胶是由乙烯、丙烯和任何一种非共轭二烯烃共聚合成的高分子聚合物，由于主链具有饱和结构的特点，因此呈现出高度的化学稳定性。

这种防水卷材的特点有：

（1）耐老化性好，使用寿命长。由于三元乙丙橡胶分子结构中的主链上没有双键，因此，当它受到臭氧、紫外线、湿热的作用时，主链上不易发生断裂，所以它有优异的耐气候性，耐老化性，使用寿命可达50年以上。

（2）耐化学性。当用于化学工业区的外露屋面和污水处理池的防水卷材时，对于多种极性化学药品和酸、碱、盐都有良好的抗侵蚀性。

（3）具有优异的耐绝缘性能。三元乙丙橡胶的电绝缘性能，超过电绝缘性能优良的丁基橡胶。尤其是耐电晕性突出。而且三元乙丙橡胶吸水性小，所以在浸水后的抗电性能仍然良好。

（4）拉伸强度高，伸长率大。对伸缩或开裂变形的基层适应性强，能满足防水基层伸缩或开裂、变形的需要。

（5）具有优异的耐低温和耐高温性能。在低温下，仍然具有很好的弹性、伸缩性和柔韧性。保持优异的耐候性和耐老化性，可在严寒和酷热的环境中长期使用。

（6）施工方便。可采用单层防水施工法，冷施工，不仅操作方便、安全，而且不污染环境，不受施工环境条件的限制。

这种防水卷材广泛适用于各种工业建筑与民用建筑屋面的单层外露防水层，是重要等级防水工程的首选材料，如图6-4和图6-5所示。尤其适用于受振动、易变形建筑工程防水，如体育馆、火车站、港口、机场等；各种地下工程的防水工程，如地下储藏室、地下铁路、桥梁、隧道，也可用于有刚性保护层或倒置式屋面以及水渠、储水池、隧道等土木建筑工程防水；蓄水池、污水处理池、电站、水库、水渠防水等防水工程。

图6-4　三元乙丙橡胶卷材

图6-5　防水橡胶卷材应用屋顶

2. 聚氯乙烯防水卷材

聚氯乙烯防水卷材系以聚氯乙烯树脂为主要成分，以红泥（炼铝废渣）或经过特殊处理的黏土类矿物粉料为填充剂、掺入改性材料及增塑剂、抗氧剂等，经捏合、塑化、压延、整形、冷却等主要工艺流程加工而成。其中，以煤焦油与聚氯乙烯塑脂混溶料为基料的防水卷材是S型；以增塑聚氯乙烯为基料的防水卷材是P型。

这种防水卷材的特点有：

（1）拉伸强度高，伸长率好，热尺寸变化率低。

（2）抗撕裂强度高，能提高防水层的抗裂性能。

（3）低温柔性好。

（4）耐渗透，耐化学腐蚀，耐老化，延长防水层使用寿命。

（5）良好的水汽扩散性，冷凝物易排释，留在基层的湿气易排出。

（6）可焊接性好，即使经数年风化，也可焊接，在卷材正常使用范围内，焊缝牢固可靠。

（7）施工操作简便，安全、清洁、快速。

（8）原料丰富，防水卷材价格合理，易于选用。

这种防水卷材适用于各种工业、民用新建或旧建筑混凝土屋面的修缮、大型屋面板、空心板的防水层，构筑物屋面外露或有保护层的工程防水，以及地下室、防空洞、隧道、水库、水池、堤坝等土木建筑工程防水。

3. 氯化聚乙烯防水卷材

氯化聚乙烯防水卷材，是以氯化聚乙烯树脂为主体材料，掺入适当的化学助剂和一定量的填充材料，经过配料、密炼、塑化、压延出片而成。

这种防水卷材的特点有：

（1）氯化聚乙烯树脂含氯量在 35% ～ 40%，是一种兼具塑性和弹性的材料，被誉为新橡胶，具备树脂耐老化性好、强度高，又具备橡胶高弹性及延伸性好的特点。

（2）抗老化性好、强度高、耐腐蚀、可阻燃，按用户需求，可制成彩色卷材，美化环境，如图 6-6 所示。又可减少太阳辐射热的吸收，以便降低夏季室内温度。

图 6-6 氯化聚乙烯防水卷材

这种防水卷材广泛适用于屋面外露、非外露防水工程、地下室外防外贴法或外纺内贴法施工的防水工程，以及水池，堤坝等防水工程。

4. 氯磺化聚乙烯防水卷材

氯磺化聚乙烯防水卷材是以氯磺化聚乙烯为主体材料，加入各种填料、增塑剂、稳定剂、硫化剂、促进剂、防水剂等助剂，经过配料、捏合、混炼、压延成形等工序制成。

这种防水卷材的特点有：

（1）耐老化性能好，使用寿命长。氯磺化聚乙烯的分子结构中，呈不含双键的高度饱和状态，所制成的防水卷材耐臭氧、耐紫外光、耐老化。

（2）抗腐蚀性好，能抗酸、碱、盐及其他化学品。

（3）耐高低温性好，适用温度广，既能应用在酷热地区，也能应用在严寒地区。

（4）难燃性好，因氯磺化聚乙烯原料中含有一定的氯含量，具有难燃特点，离火自熄。

（5）施工方便，适用于冷粘结的各种工法。

这种防水卷材适用于做重点工程的单层、外露防水，如屋面、工业厂房等。

5. 氯化聚乙烯 - 橡胶共混防水卷材

氯化聚乙烯 - 橡胶共混防水卷材，是用高分子材料氯化聚乙烯与合成橡胶共混接枝而成。卷材铺设则采用冷施工，操作方便，没有环境污染。

这种防水卷材的特点有：

（1）采用含氯量为30%～40%的非结晶或微结晶橡胶类氯化聚乙烯为共混体系的主要原料，由于分子结构中氯原子的存在，从而提高了共混卷材在粘结方面的易黏性，粘结效果好，有效地提高卷材冷施工的整体效果。

（2）因氯化聚乙烯分子结构中没有双键存在，属高度饱和材料，制成的共混卷材稳定性好、耐老化、耐油、耐酸、耐碱、耐盐，延长防水卷材使用寿命。

（3）综合性能优异，耐高温、低温和阻燃。因与橡胶共混，又表现出橡胶的高弹性、高延伸率，以及优良的耐低温性能，对地基沉降、混凝土收缩的适应性强。

（4）可以单层施工，冷作业，施工速度快。

这种防水卷材广泛适用于屋面外露用工程防水、非外露用工程防水、地下室外防外贴法或外防内贴法施工的防水工程，常用于新建和维修各种建筑屋面、墙体、地下建筑、卫生间及水池、水库等工程的防潮、防渗、防漏和其他土木建筑工程防水。

6. TPO 防水卷材

TPO 防水卷材是以聚丙烯和三元乙丙橡胶（或乙丙橡胶）为主体材料，经共聚而成的热塑性聚烯烃材料，这种热塑性聚烯烃很容易压延或挤出形成卷材。在所有的 TPO 制造方法中，混料都要加热到高温以便成形和增强。

这种防水卷材的特点有：

（1）具有三元乙丙橡胶耐候性、低温柔性等物理性能，同时具有聚丙烯可焊接性，将聚丙烯的坚韧性与橡胶的固有柔度结合在一起。

（2）不含增塑剂，避免卷材中含有增塑剂可能产生迁移或挥发，引起卷材变脆。

（3）织物增强产品，提供高强度、高耐刺穿性、高撕裂强度及最小的收缩。

（4）配有抗紫外线的稳定剂，耐臭氧、耐化学物品、动物油及某些烃油。

（5）阻燃剂和抗紫外线剂配合成为最佳协同效应，达到耐火、阻燃。

（6）在松铺压顶应用中，耐微生物侵蚀。

（7）对环境优异的非卤化的无氯和无溴产品，可用于垃圾掩埋场。

（8）白色膜有反射功能，起到节能，减少城市热岛效应。

（9）采用热风焊接，施工速度快，也可采用机械固定法和全黏法。

这种防水卷材用于屋面单层外防水、地下室等建筑工程防水。

6.3 防水涂料

防水涂料是一种以高分子合成材料为主体，在常温下呈无定型液态，经涂布能在结构物表面结成坚韧防水膜的物料的总称。

防水涂料成膜后的防水涂膜具有良好的防水性能，能形成无接缝的完整防水膜，特别适合于各种复杂、不规则部位的防水。它大多采用冷施工，不必加热熬制，减少了环境污染，改善了劳动条件，并且施工方便、快捷。此外涂布的防水涂料既是防水层的主体，又是胶粘剂，因而施工质量易保证、维修也简便。只是若采用刷涂时，防水膜的厚度较难保持均匀一致。

目前，我国防水涂料一般按涂料的类型和涂料成膜物质的主要成分，有两种分类方法。按涂料成膜物质的主要成分，可分成合成树脂类、橡胶类、橡胶沥青类和沥青类等。按涂料类型，可分为溶剂型、水乳型和反应型，不同介质的防水涂料的性能特点见表6-1。

表6-1　溶剂型、水乳型和反应型防水涂料的性能特点

项目	溶剂型防水涂料	水乳型防水涂料	反应型防水涂料
成膜机理	通过溶剂的挥发、高分子材料的链接触、缠结等过程成膜	通过水分子的蒸发，乳胶颗粒靠近、接触、变形等过程成膜	通过预聚体与固化剂发生化学反应成膜
干燥速度	干燥快，涂膜薄而致密	干燥较慢，一次成膜的致密性较低	可一次形成致密的较厚的涂膜，几乎无收缩
储存稳定性	储存稳定性较好，应密封储存	储存期一般不宜超过半年	各组分应分开密封存放
安全性	易燃、易爆、有毒，生产、运输和使用过程中应注意安全使用，注意防火	无毒、不燃，生产使用比较安全	有异味，生产、运输和使用过程中应注意防火
施工情况	施工时应通风良好，保证人身安全	施工较安全，操作简单，可在较为潮湿的找平层上施工，施工温度不宜低于5℃	施工时需现场按照规定配方进行配料，搅拌均匀，以保证施工质量

防水涂料的品种很多，各品种之间的性能差异也很大，因此广泛适用于工业与民用建筑的屋面防水工程、地下室防水工程和地面防潮、防渗等。

无论何种防水涂料，其性能都是由以下几个指标来衡量：

（1）固体含量。指防水涂料中所含固体比例。由于涂料涂刷后靠其中的固体成分形成涂膜，因此，固体含量多少与成膜厚度及涂膜质量密切相关。

（2）耐热度。指防水涂料成膜后的防水薄膜在高温下不发生软化变形、不流淌的性能。它反映防水涂膜的耐高温性能。

（3）柔性。指防水涂料成膜后的膜层在低温下保持柔韧性的性能。它反映防水涂料在低温下的施工和使用性能。

（4）不透水性。指防水涂膜在一定水压（静水压或动水压）和一定时间内不出现渗漏的性能，是防水涂料满足防水功能要求的主要质量指标。

（5）延伸性。指防水涂膜适应基层变形的能力。防水涂料成膜后必须具有一定的延伸性，以适应由于温差、干湿等因素造成的基层变形，保证防水效果。

防水涂料的使用，应考虑建筑的特点、环境条件和使用条件等因素，结合防水涂料的特点和性能指标选择。

6.3.1　沥青基防水涂料

沥青基防水涂料指以沥青为基料配制而成的水乳型或溶剂型防水涂料。这类涂料对沥青基本没有改性或改性作用不大，有石灰乳化沥青、膨润土沥青乳液和水性石棉沥青防水涂料等。主要适用于Ⅲ级和Ⅳ级防水等级的工业与民用建筑屋面、混凝土地下室和卫生间防水等。

1. 石灰乳化沥青

石灰乳化沥青涂料是以石油沥青为基料、石灰膏为乳化剂，在机械强制搅拌下将沥青乳化制成的厚质防水涂料。

石灰乳化沥青涂料为水性、单组分涂料，具有无毒、不燃和耐候性较好，可在潮湿基层上施工等特点。但石灰乳化沥青涂料延伸率较低，所以抗裂性较差，容易因基层变动而开裂、从而导致漏水、渗水。另外，由于材料中沥青未经改性，在低温下易变脆，还存在着单位面积涂料耗用量过大的缺点。一般结合嵌缝油膏、胶泥等密封材料用于工业厂房的屋面防水。渠道、下水道的防渗、材料表面防腐等。

2. 膨润土沥青乳液

膨润土沥青乳液是以油质石油沥青为基料，膨润土为分散剂，经机械搅拌而成的一种水乳型厚质沥青防水涂料。该涂料可涂在潮湿的基层上形成厚质涂膜，耐久性好。涂层与基层的粘结力强，耐热度高，可达90～120℃，使用于各种沥青基防水层的维修，也可用作保护层或复杂屋面、保温面层上独立的防水层。

3. 水性石棉沥青

水性石棉沥青防水涂料是以石油沥青为基料，以碎石棉纤维为分散剂，在机械搅拌作用下制成的一种水溶性厚质防水涂料。该涂料无毒、无污染，水性冷施工，可在潮湿和无积水的基层上施工。由于涂料中含有石棉纤维，涂料的稳定性、耐水性、耐裂性和耐候性较一般的乳化沥青好，且能形成较厚的涂膜，防水效果好，原材料便宜，缺点是施工温度要求高，一般要求在10℃以上，气温过高则易黏脚，影响操作。施工时配以胎体增强材料，可用于工业和民用建筑钢筋混凝土屋面防水，地下室、卫生间的防水以及层间楼板层的防水和旧屋面的维修等。

6.3.2 高聚物改性沥青防水涂料

指以沥青为基料，用合成高分子聚合物主要是各类橡胶进行改性，制成的水乳型或溶剂型防水涂料。这类涂料又可称为橡胶改性沥青防水涂料，其在柔韧性、抗裂性、拉伸强度、耐高低温性能，使用寿命等方面比沥青基涂料有很大的改善。主要品种有：再生橡胶改性沥青防水涂料、水乳型氯丁橡胶沥青防水涂料、SBS橡胶改性沥青防水涂料等。

适用Ⅱ、Ⅲ、Ⅳ级防水等级的屋面、地面、混凝土地下室和卫生间等防水工程。

1. 再生橡胶改性沥青防水涂料

再生橡胶改性沥青防水涂料，按分散介质的不同分为溶剂型和水乳型两种。

溶剂型再生橡胶改性沥青防水涂料是以再生沥青为改性剂，汽油为溶剂，添加其他填料如滑石粉、碳酸钙等，经加热搅拌而成。优点是改善了沥青防水涂料的柔韧性和耐久性等，而且原料来源广泛、成本低、生产简单，但是由于以汽油为溶剂，施工时需要注意防火和通风，并且需要多次涂刷才能形成较厚的涂膜。适用于工业和民用建筑屋面、地下室、水池、桥梁、涵洞等工程的抗渗、防潮、防水以及旧屋面的维修。

水乳型再生橡胶改性沥青防水涂料是由阴离子型再生乳胶和阴离子型沥青乳胶混合均匀构成，再生橡胶和石油沥青的微粒借助于阴离子表面活性剂的作用，稳定分散在水中而形成的乳状液。该涂料以水为分散剂，具有无毒、无味、不燃的优点，可在常温下冷施工作业，并可在稍潮湿无积水的表面施工。该涂料一般加衬玻璃纤维布或合成纤维加筋毡构成防水层，施工时配以嵌缝膏，以达到较好的防水效果。该涂料适用于工业与民用建筑混凝土基层屋面防水；以沥青珍珠岩为保温层的保温屋面防水；地下混凝土建筑防潮以及旧油毡屋面翻修和刚性自防水屋面的维修等。

2. 水乳型氯丁橡胶沥青防水涂料

水乳型氯丁橡胶沥青防水涂料，是以阳离子型氯丁胶乳与阳离子型沥青乳液混合构成，是氯丁橡胶及石油沥青微粒，借助于阳离子型表面活性剂的作用，稳定分散在水中而形成的一种水乳型防水涂料。

由于用氯丁橡胶进行改性，使涂料具有氯丁橡胶和沥青的双重优点，其耐候性和耐腐蚀性好，具有较高的弹性、延伸性和粘结性，对基层变形的适应能力强，低温涂膜不脆裂，高温不流淌，涂膜较致密完整，耐水性好。而且水乳型氯丁橡胶沥青涂料以水为溶剂，不但成本低，而且具有无毒、无燃爆、施工中无环境污染等优点。

适用于工业与民用建筑的屋面防水、墙身防水和楼地面防水、地下室和设备管道的防水，也适用于旧房屋的维修和补漏等。

3. SBS 橡胶改性沥青防水涂料

SBS 改性沥青防水涂料是以沥青、橡胶 SBS 树脂（苯乙烯－丁乙烯－苯乙烯嵌段共聚物）及表面活性剂等高分子材料组成的一种水乳型弹性沥青防水涂料，如图6-7所示。该涂料的优点是低温柔韧性好、抗裂性强、粘结性能优良、耐老化性能好，与玻纤布等增强胎体复合，防水性能好，可冷施工作业，是较为理想的中档防水涂料。

图6-7　SBS 改性沥青防水涂料

适用于复杂基层的防水防潮施工，如厕浴间、地下室、厨房、水池等，特别适合于寒冷地区的防水工程。

6.3.3　合成高分子防水涂料

合成高分子防水涂料指以合成橡胶或合成树脂为主要成膜物质，加入其他辅料而制成的单组分或多组分的防水涂料。这类涂料具有高弹性、高耐久性及优良的耐高温、低温性能，主要品种有聚氨酯防水涂料、丙烯酸酯防水涂料和有机硅防水涂料等。

适用Ⅰ、Ⅱ、Ⅲ级防水等级的屋面、地下室、水池及卫生间等的防水工程。

1. 聚氨酯防水涂料

聚氨酯防水涂料，亦称聚氨酯涂膜防水涂料，是一种化学反应型涂料，多以双组分形式使用。甲组分是含有异氰酸基的预聚体，乙组分出含有多羟基或氨基的固化剂与增塑剂、稀释剂等，甲乙两组分混合后，经固化反应，形成均匀、富有弹性的防水涂膜。

聚氨酯防水涂料在固化前为无定型黏稠状液态物质，易在任何复杂的基面上施工，其端部收头容易处理，防水工程质量容易保证、防水层质量较高。该涂料为化学反应型，几乎不含溶剂，体积收缩小，易做成较厚的涂膜，而且涂膜呈整体，无接缝，有利于提高防水层质量。

该涂料属于橡胶系，涂膜具有橡胶弹性，延伸性好，抗拉强度和抗撕强度都较高。对一定范围内的基层变形裂缝有较强的适应性，是一种高档防水涂料。

聚氨酯原料较贵、成本高。且具有一定的毒性和可燃性。适用Ⅰ、Ⅱ、Ⅲ级防水等级的屋面、地下室、水池及卫生间等的防水工程。

2. 丙烯酸酯防水涂料

丙烯酸酯防水涂料是以高固含量丙烯酸酯共聚乳液为基料，掺加填料、颜料及各种助剂经混炼研磨而成的水性单组分防水涂料。这类涂料的优点是：① 抗紫外线，耐候性好；② 延伸率大，弹性好，抗基层变形能力强，能屏蔽裂缝，防水透气；③ 粘结强度高，附着力强，整体防水效果好；④ 可在潮湿基面上施工，工艺简单，工具易清洗；⑤ 耐高低温性能好，在 -30 ～ 80℃范围内性能无大的变化，耐酸碱，具有防腐性能；⑥ 可以调制成各种色彩，兼有装饰和隔热效果。适用于：① 建筑屋面防水层或屋面其他防水材料的照面层；② 彩色钢板屋面、墙面接缝防水密封，旧建筑屋面防水的修补或翻新；③ 内外墙面、卫浴间墙面、地面防水；④ 密封门窗与建筑物之间的缝隙。

3. 有机硅防水涂料

有机硅防水涂料是采用有机硅乳液、高档颜料及填料，添加紫外线屏蔽剂加工而成的一种单组分高分子防水涂料。这类涂料对水泥砂浆、混凝土基体、木材、陶瓷、玻璃等建筑材料有很好的粘结性、渗透性。该类涂料具有以下优点：透气性好，防潮、防霉、不长青苔，防污染、抗风化且保色，施工方便、使用安全，质量可靠、耐久性好等。适用于新旧屋面、楼顶、地下室、洗浴间、游泳池、仓库、桥梁工程的防水、防渗、防潮、隔气等用途。防水涂料施工现场如图 6-8 所示。

图 6-8　防水涂料施工现场

6.4　建筑密封材料

建筑工程用防水密封材料，是嵌填于建筑物的接缝、门窗框四周、玻璃镶嵌部及建筑裂缝等，能起到水密、气密性作用的材料。主要用于建筑屋面、地下工程及其他部位的嵌缝密封防水，在自防水屋面中，也可配合构件板面涂刷防水涂料，以取得较好的防水效果。

建筑密封材料可分为不定型和定型密封材料两大类。前者指膏糊状材料，如腻子、各类嵌缝密封膏、胶泥等；后者指根据工程要求制成的带、条、垫状的密封材料，如止水条、止水带、防水垫、遇水自膨胀橡皮等。本节主要介绍不定型密封材料。

近几年来，随着化工建筑材料的发展，建筑密封材料的品种也在不断增多，除以往的塑料防水油膏、橡胶沥青防水油膏、桐油沥青防水油膏外，又出现了许多性能优良的高分子嵌缝密封材料，如丙烯酸密封膏、聚氨酯密封材料、聚硫密封材料和硅酮密封材料等，具体分类见表 6-2。

表 6-2　建筑密封材料的分类及主要品种

分类	类型	主要品种	
不定型密封材料	非弹性密封材料	油性密封材料	普通油膏
		沥青基密封材料	橡胶改性沥青油膏、桐油橡胶改性沥青油膏、石棉沥青腻子、苯乙烯焦油油膏
		热塑性密封材料	聚氯乙烯胶泥、改性聚氯乙烯胶泥、塑料油膏、改性塑料油膏
	弹性密封材料	溶剂型密封材料	丁基橡胶密封膏、氯丁橡胶密封膏、氯磺化聚乙烯橡胶密封膏、丁基氯丁再生胶密封膏、橡胶改性聚酯密封膏
		水乳型密封材料	水乳丙乙烯密封膏、水乳氯丁橡胶密封膏、改性 EVA 密封膏、丁苯胶密封膏
		反应型密封材料	聚氨酯密封膏、聚硫密封膏、硅酮密封膏
定型密封材料	密封条带	铝合金门窗橡胶密封条、自粘性橡胶、水膨胀橡胶、PVC 胶泥墙板防水带	
	止水带	橡胶止水带、嵌缝止水密封胶、无机材料基止水带、塑料止水带	

6.4.1　沥青嵌缝油膏

油膏是以石油沥青为基料，加入改性材料、稀释剂及填充料混合制成的密封膏。改性材料有废橡胶粉和硫化鱼油；稀释剂有桐油、松焦油、松节重油和机油；填充料有石棉绒和滑石粉等。

沥青嵌缝油膏主要作为屋面、墙面、沟和槽的防水嵌缝材料。使用沥青油膏嵌缝时，缝内应清洁干燥，先涂刷冷底子油一道，待其干燥后即嵌填油膏，油膏表面可加石油沥青、油毡、砂浆、塑料为覆盖层。

6.4.2　聚氯乙烯接缝膏和塑料油膏

聚氯乙烯接缝膏又叫聚氯乙烯胶泥，是以煤焦油为基料，按一定比例加入聚氯乙烯树脂、增塑剂、稳定剂及填充料，在 130 ～ 140℃温度下塑化而成的热施工防水接缝材料，简称 PVC 接缝膏。它可以在 −25 ～ 80℃条件下适用于各种坡度的工业厂房与民用建筑屋面工程，也适用于有硫酸、盐酸、硝酸、氢氧化钠气体腐蚀的屋面工程。

塑料油膏，是在聚氯乙烯胶泥的基础上，改性发展起来的一种热施工弹塑性防水材料，是以旧聚氯乙烯塑料、煤焦油、增塑剂、稀释剂、防老剂及填充料等配制而成。其性能常温下与氯乙烯接缝膏相似，具有弹性大、粘结力强、耐候性、低温柔性好、老化缓慢、耐酸碱、耐油等特点。低温下比聚氯乙烯接缝膏柔软，它宜热施工并可冷用。塑料油膏成本较低。

塑料油膏有两种用途：一是用于各种新旧混凝土构筑物、构配件的嵌缝防水，二是用于涂刷各种工业与民用建筑屋面工程，可以防水、防渗、防潮和防腐，以及水渠、管道的接缝。

6.4.3　丙烯酸类密封膏

丙烯酸类密封膏，是丙烯酸树脂掺入增塑剂、分散剂、碳酸钙、增量剂等配制而成，有溶剂型和水乳型两种，通常为水乳型。

丙烯酸类密封膏在一般建筑基底（包括砖、砂浆、大理石、花岗石、混凝土等）上不产生污渍。它具有优良的抗紫外线性能，尤其是对于透过玻璃的紫外线，它的延伸率很好，初期固化阶段为200%～600%，经过热老化、气候老化试验后达到完全固化时为100%～350%。在-34～80℃温度范围内有良好的性能，在美国和加拿大寒冷地区使用17年以上，还保持若令人满意的性能。

丙烯酸类密封膏主要用于屋面、墙板、门、窗嵌缝，但它的耐水性不算很好，所以不宜用于经常泡在水中的工程，如不宜用于广场、公路，桥面等交通来往的接缝工程中，也不用于水池、污水厂、灌溉系统、堤坝等水下接缝工程中。

丙烯酸类密封膏比橡胶类便宜，属于中等价格及性能的产品。

丙烯酸类密封膏一般在常温下用挤枪嵌填于各种清洁、干燥的缝内。为节省材料，缝宽不宜太大，一般为9～15mm。

6.4.4 聚氨酯密封膏

聚氨酯密封膏一般用双组分配制，甲组分是含异氰酸基的预聚体，乙组分含有多羟基的固化剂与增塑剂、填充料、稀释剂等。使用时将甲乙两组分按比例混合，经固化反应成弹性体。

聚氨酯密封膏的弹性、粘结件及耐气候老化性能特别好，与混凝土的粘结性也很好，同时不需要打底，所以聚氨酯密封材料可以作屋面、墙面的水平或垂直接缝，尤其适用于游泳池工程。它还是公路及机场跑道的补缝、接缝的好材料，也可用于玻璃、金属材料的嵌缝。

6.4.5 聚硫类防水密封材料

聚硫密封膏，是以液态聚硫橡胶为主剂，和金属过氧化物等硫化剂反应，在常温下形成的一种双组分型密封材料。

该材料具有优异的耐候性、极佳的气密性和水密性、良好的低温柔性，使用温度范围广，对金属、非金属（混凝土、玻璃、木材等）材质有良好的粘结力，常温或加温固化。

主要用于高层建筑接缝及窗框周围防水、防尘密封；中空玻璃制造用周边密封；建筑门窗玻璃装嵌密封；游泳池、储水槽、上下管道、冷藏库等接缝的密封。

6.4.6 硅酮密封膏

硅酮密封膏，是以聚硅氧烷为主要成分的单组分和双组分常温固化型的建筑密封材料。目前大多为单组分系统，它以硅氧烷聚合物为主体，加入硫化剂、硫化促进剂以及增强填料组成。硅酮密封膏具有优异的耐热、耐寒性和良好的耐候性、与各种材料都有较好的粘结性能，耐拉伸-压缩疲劳性强，耐水性好。

硅酮建筑密封膏分为F类和G类两种类别，其中F类为建筑接缝用密封膏，适用于预制混凝土墙板、水泥板、大理石板的外墙接缝、混凝土和金属框架的粘结、卫生间和公路接缝的防水密封等；G类为镶装玻璃用密封膏，主要用于镶嵌玻璃和建筑门窗的密封。

单组分硅酮密封膏是在隔绝空气的条件下，将各组分混合均匀后装于密闭包装筒中；施工后密封膏借助空气中的水分进行交联反应，形成橡胶弹性体。

6.5　防水剂

防水剂是由化学原料配制而成的一种能起到速凝和提高水泥浆或混凝土不透水性的外加剂。在使用时，一般按比例掺入水泥砂浆或混凝土中（也有涂刷在表面而渗透到水泥砂浆或混凝土中）以形成防水砂浆或防水混凝土，可起到防水作用，施工如图 6-9 所示。以往使用的防水剂有氯化物金属盐类防水剂、金属皂类防水剂和硅酸钠防水剂。近几年又相继出现了有机硅建筑防水剂、无机铝盐防水剂、M1500 水泥密封剂、V 形混凝土膨胀剂和 FS 系列混凝土防水剂等。

图 6-9　地面防水剂施工

防水剂的性能要求：

（1）相对密度及细度。相对密度指 20℃时防水剂的最大相对密度值。细度是指通过规定筛孔筛上剩余的分数。

（2）凝结时间。防水剂掺量占水泥质量的 5% 时，最早出现凝结的时间和凝结完全的时间，前者为初凝时间，后者为终凝时间。凝结时间应介于两者之间。

（3）体积安定性。经沸煮、汽蒸及水浸后，应无翘曲现象。

（4）不适水性。防水剂掺量占水泥量 5% 时，比未掺加防水剂抗压强度的提高或降低的百分数。

（5）抗压强度。防水剂掺量占水泥质量的 5% 时，比未掺加防水剂抗压强度的提高或降低的百分数。

6.5.1　金属皂类防水剂

金属皂类防水剂，分可溶性金属皂类（简称可溶皂）防水剂和沥青质金属皂防水剂两类。可溶性金属皂类防水剂，以硬脂酸、氨水、氢氧化钾（或碳酸钠）和水等，按一定比例混合加热皂化配制而成，为有色浆状物，掺于水泥砂浆或混凝土中，可使水泥质点和焦料间形成憎水吸附层，并生成不溶性物质，起填充微小孔隙和堵塞毛细管通路的作用。

沥青质金属皂防水剂，系由液体石油沥青、石灰和水混合搅拌，经烘干磨细而成。掺于水泥砂浆混凝土中，主要起填充微小孔隙和堵塞毛细管通路的作用。

6.5.2　硅酸钠类防水剂

硅酸钠类防水剂，是以硅酸钠、硫酸铜、重铬酸钾和水等制成的一种液体防水剂。它掺入水泥砂浆中，配制成防水水泥浆或防水砂浆，干后形成胶膜，可起防水作用，也可用于堵漏。但此类防水剂有显著降低水泥不透水性和强度的不良作用，若用作水泥砂浆和混凝土防水外加剂，将会造成工程损失和浪费，根据该类防水剂的特性，仅能作阻止涌水、临时局部修补堵漏用，并对混凝土的收缩有显著的补偿作用，可提高混凝土的抗裂性。

6.5.3 有机硅防水剂

有机硅防水剂主要成分为甲基硅醇钠（钾）和高沸硅醇钠（钾）等，是一种小分子水溶性的聚合物，易被弱酸分解，形成甲基硅酸，然后很快聚合，形成不溶的有防水性能的甲基硅醚（即防水膜）。它无毒、无味、不挥发、不易燃，有良好的耐腐蚀性和耐候性，可用于混凝土、石灰石、砖、石膏制品、矿物制品的防水。如用硫酸铝或硝酸铝中和后，可用作木材、纤维板、纸及其他工程等的防水，或将防水剂和水按一定比例混合均匀制成硅水，可用来配制防水砂浆、抹防水层，如图6-10所示。

图6-10 有机硅墙面防水

有机硅防水剂的特点有：

（1）通风性。经过此类防水剂处理过的各种建筑材料，由于防水膜包围在材料的每个微细粒子之上，因此，对粒子间的通风性能毫无妨碍，而且具有强大的排水作用。这就使水泥混凝土硬化时既不妨碍其内部水分的排放，又能够防止其本身的风化作用。

（2）无色性。有机硅防水剂为无色或淡黄色透明液体。因此，涂刷后不影响原来饰面的原有色泽，是外墙饰面的良好保护剂。

（3）防污染性。建筑构表面经喷刷该防水剂后，可防止原来饰面因降雨而被沾污形成斑点。另外，由于有防水膜的存在，污水不能渗透进去，故可保持建筑物饰面不受污染，耐久美观。

与有机硅防水剂相关的产品有：JJ-91硅质密实剂、水性有机硅建筑防水剂和SP-3建筑防水剂等。

6.5.4 无机铝盐类防水剂

无机铝盐类防水剂包括无机铝盐防水剂和WJ_1防水剂两种。

无机铝盐防水剂，是以铝和碳酸钙为主要原料，通过多种无机化学原料化合反应而成的油状液体，颜色呈淡黄色或褐黄色。该防水剂无毒、无味、无污染，掺入到水泥砂浆和混凝土中时，能产生促进水泥构件密实的复盐、填充水泥砂浆和混凝土在水化过程中形成的孔隙及毛细通道、形成刚性防水层。适应性强、施工简单。

WJ_1防水剂，是在无机铝盐防水刑的质量基础上进一步研制成功的，是以无机盐为主体的多种无机盐类混合而成的淡黄色液体。抗渗漏、抗冻、耐热、耐压、早强、速凝功能突出，抗老化性能强，冷施工，操作安全简便。适用于钢筋混凝土、水泥混凝土及砖石结构的内部和层表面等所有新建和维修旧防水工程。

6.5.5 防裂型混凝土防水剂

混凝土防水剂主要有混凝土膨胀剂、混凝土防水剂和混凝土密封剂。

1. 混凝土膨胀剂

普通混凝土由于收缩开裂往往发生渗漏，因而降低了它的使用功能和耐久性。将混凝土膨胀剂掺入水泥混凝土中，使混凝土产生适度膨胀，能在钢筋中产生预应力，可以抵消由于混凝土干缩徐变等引起的拉应力，从而提高混凝土的抗裂防渗性能。

凡要求抗裂、防渗、接缝、填充用混凝土工程和水泥制品都可以用混凝土膨胀剂，特别适用于地下、水下、水池、贮罐等结构的防水工程、二次灌注工程相补强接缝工程等。

2. 混凝土防水剂

混凝土防水剂能显著提高混凝土的抗渗层。它是无机混合物，不受水、阳光（紫外线)、温度等外界环境的影响，具有永久的防水效果。

这类防水剂的主要特点有：

（1）增加混凝土硬度，防止建筑物表面风化破裂和生长青苔。

（2）能使新混凝土固化均匀、防止局部因干燥产生裂纹。

（3）能排出杂质，密封新旧水泥，防止建筑物中钢筋腐蚀。

（4）水泥面经处理后可防止地砖、地毡、油漆等的脱落。

（5）防止酸雨对建筑物的侵蚀。

（6）不可用于珐琅质砖石，不可低于冰点使用。如用于疏松混凝土砖石，需经特别处理。

3. 混凝土密封剂

混凝土密封剂，是一种以无机硅酸钠或硅溶胶水基液为主的无机混凝土密封剂。它具有优良的渗透性能，使用于混凝土表面时，能渗入混凝土结构内，并和混凝土内的碱性物质起反应，生成凝胶。堵塞混凝土内的毛细管孔隙，从而提高混凝土的抗渗性、密封性和耐腐蚀性。

混凝土密封剂对混凝土构筑物有四大作用：

（1）防水。

（2）密封。可以防止酸雨，大气中二氧化硫、二氧化碳等气体对照凝土构筑物的侵蚀，防止混凝土构筑物的中性化。

（3）增强。可以增强混凝土的强度，特别是混凝土的早期强度。

（4）养护。保护混凝土中的水分不致过快地蒸发，从而使水泥充分水化，防止混凝土龟裂。可广泛用于隧道、地铁、人防、管道、机场跑道、道路及工业构筑物等混凝土工程的防渗、防腐。亦可用于各种混凝土构筑物和混凝土构件的养护。

混凝土密封剂的施工一般采用低压喷雾器喷涂或刷涂，对厚度较大的混凝土构筑物，可多次涂刷，以达到彻底防渗之目的。两次涂刷的间隔时间为24h，如涂刷过程中混凝土表面析出白色物质，需用水冲洗干净。

6.6 刚性防水和堵漏止水材料

刚性防水材料包括外加剂防水混凝土和防水砂浆及刚性防水涂层两类，主要包括 UEA

型混凝土膨胀剂、有机硅防水剂、M1500 水性渗透型无机防水剂、永凝液（DPS）、无机铝盐防水剂、聚合物水泥防水砂浆、聚合物水泥防水浆料等。我国使用的堵漏止水材料和灌浆材料包括无机防水堵漏材料、环氧树脂、水泥基渗透结晶型防水材料、丙烯酸盐灌浆材料、聚氨酯灌浆材料，具体情况如下：

（1）水泥浆材。水泥浆材是应用广泛的主要灌浆材料，这种浆材弹性模量高，适用于固结灌浆、裂缝灌浆和帷幕灌浆，水泥浆材无毒、无污染，使用起来安全、放心，价格便宜，耐久性好。超细水泥可灌性好，是一种用得较多的无机浆材。产品执行国家行业标准《水泥基灌浆材料》（JC/T 986—2005）的相关规定。

（2）聚氨酯灌浆材料。聚氨酯灌浆材料分水溶性和油溶性两种，这种浆材以水为固化剂，与水反应生成 CO_2，逆水而上，形成不溶于水的橡胶状弹性体，填充渗漏水通道和孔隙，达到以水止水的目的，所以这种浆材用于堵漏较多，该产品标准已由苏州非金属矿工业设计研究院等单位制订国家行标并上报国家工业和信息化部审批。

（3）水泥水玻璃。这种浆材除具有水泥浆材的优点外，还具有化学浆材的一些优点，如凝胶时间可任意调节，结石率高等，但这种材料耐久性较差。

（4）环氧树脂浆材。环氧树脂浆材一般用于裂缝补强加固灌材，通过特殊配方和工艺改良环氧树脂，使之黏度小，可灌性好，再配上能在潮湿环境中固化的添加剂，使之能达到裂缝补强和防水的双重功能。

6.7 特种防水材料

（1）喷涂聚氨酯硬泡体防水保温材料。喷涂聚氨酯硬泡体防水保温材料首先在美国和德国等发达国家得到广泛应用，在美国有应用该产品 25 年不漏的工程实例，国内目前以江苏久久防水保温隔热工程公司、厦门富晟防水保温工程有限公司、烟台同化防水保温公司、北京三利保温公司、上海一山公司等为骨干企业，在基层上多次喷涂该产品一定厚度后可达到防水保温一体化的效果。

（2）膨润土防水材料。膨润土是一种天然纳米防水材料，现在国内已应用钠基膨润土开发出止水条、防水板、防水毯及 NT 无机防水材料，应用于地下防水、市政、人工湖、垃圾填埋场等工程，均取得了良好的防水效果。

（3）金属防水卷材。金属防水材料主要用于种植屋面、车库顶层种植层，可达到抗根刺的效果。

（4）丝光沸石硅质密实防水剂等无机防水材料。

（5）喷涂聚脲防水涂料。

我国于 1998 年由青岛海洋化工研究院研发成功喷涂聚脲防水涂料并产业化。2007 年开始应用于京津城际铁路近 100 万 m^2 的防水层，用量达 2000t。2009 年 10 月起，京沪高铁 1000 多 km，2mm 厚的防水层用喷涂聚脲防水涂料达 2.1 万 t，是全世界一次性使用聚脲量最大的防水工程。

习 题

1. 简述防水材料的性能和用途。

2. 高聚物改性沥青防水卷材有几类，各具有什么特点？
3. 用哪些指标来衡量防水涂料的性能？
4. 什么是密封防水材料，具有哪些用途？
5. 常用的防水剂都有哪些？分别叙述其用途。

参 考 文 献

[1] 王新泉. 建筑概论 [M]. 北京：机械工业出版社，2008.

[2] 王福川. 新型建筑材料 [M]. 北京：中国建筑工业出版社，2003.

[3] 王志杰，周海容. 现代新型建筑材料的特点 [J]. 品牌与标准化，2011 (8).

[4] 吴微. 论绿色建筑节能新材料发展趋势与发展动态 [J]. 黑龙江科技信息，2012 (5).

[5] Ying Gao et al. Discussions about the situation and prospects of new building materials industry [J]. Advanced Materials Research，2010：168-170，1400.

[6] 严捍东. 新型建筑材料教程 [M]. 北京：中国建材工业出版社，2005.

[7] 任福民，李仙粉. 新型建筑材料 [M]. 北京：海洋出版社，1998.

[8] 李继业. 建筑装饰材料 [M]. 北京：科技出版社，2003.

[9] 熊云川. 2011 年墙材行业发展前景分析 [J]. 建材发展导向，2011 (2).

[10] 苑晨丹. 浅析新型建筑材料的特点与发展 [J]. 赤峰学院学报（自然科学版），2012 (3).

[11] 吴曼霞. 浅谈新型建筑材料在我国的发展 [J]. 山东省农业管理干部学院学报，2010 (6).

[12] N. F. Yi. Development of New Wall Materials [J]. Science & technology information. 2007 (14).

[13] 胡涛. 国内新型墙体材料的应用现状分析 [J]. 科技咨询导报. 2007 (18)：2-3.

[14] 王宇纬. 新型墙体材料小议 [J]. 建筑材料，2010，36 (22)：192-193.

[15] 王伟. 新型防水材料的应用及其与常用防水材料的对比 [J]. 成都航空职业技术学院学报. 2012，(1).

[16] 林克辉. 新型建筑材料及应用 [M]. 广州：华南理工大学出版社，2006.

[17] 张文辉. 浅议新型建筑材料的发展及应用 [J]. 技术与市场. 2010，17 (11)：91-92.

[18] 沈毅秀. 性能优良的烧结页岩砖 [J]. 砖瓦. 2005 (5)：39-41.

[19] 庞德强. 混凝土制品工艺学 [M]. 武汉：武汉大学出版社，1990.

[20] 崔祥. 建筑节能新型墙体材料的应用现状及发展 [J]. 科技传播，2010 (23).

[21] Wei Zhu et al. Energy-Saving Wall Materials Database and Data Analysis [J]. Energy Procedia，2012，14：483-487.

[22] 张黎星. 蒸压加气混凝土砌块生产工艺及质量控制要点 [J]. 新型墙材，2007 (4)：29-30.

[23] 王宇纬. 新型墙体材料小议 [J]. 山西建筑，2010，(22).

[24] 龚洛书. 新型建筑材料性能与应用 [M]. 北京：中国环境科学出版社，1996.

[25] 高琼英. 建筑材料 [M]. 武汉：武汉理工大学出版社，2002.

[26] 刘庆忧. 新型建筑材料的发展 [J]. 山西建筑. 2008，24：180-181.

[27] 张东翔，黄晓军. 石膏基植物纤维板的吸水性及防水措施 [J]. 重庆大学学报. 2001，24 (1)：151-154.

[28] 邓军，Marcus，M. K. Lee.. 新型钢丝网复合墙板的研制 [J]. 新型建筑材料. 2007，34 (1)：26-28.

[29] 赵岱峰. 轻质复合墙板在钢结构住宅中的应用 [J]. 山西建筑. 2006，32 (2)：163-164.

[30] Padkho，N. A new design recycle agricultural waste materials for profitable use rice straw and maize husk in wall [J]. Procedia Engineering，2012，32：1113-1118.

[31] 王国建，刘琳. 建筑涂料与涂装 [M]. 北京：中国轻工业出版社，2002.

[32] 沈春林. 建筑涂料 [M]. 北京：化学工业出版社，2001.

[33] 石玉梅，涂峰. 建筑涂料与涂装技术 400 问 [M]. 北京：化学工业出版社，2003.

[34] 沈春林. 建筑涂料手册 [M]. 北京：中国建筑工业出版社，2002.

[35] 涂峰，邹侯招. 建筑涂料生产与施工技术百问 [M]. 北京：中国建筑工业出版社. 2002.

[36] 宋小杰，刘超．纳米技术在新型建筑涂料中的应用 [J]．宿州学院学报，2007，(6)．
[37] Mao Quan Xue. Study and application of plastic construction materials [J]. Applied Mechanics and Materials, 2011：99－100，1117.
[38] 方巍．建筑装饰材料 [M]．北京：机械工艺出版社，2005.
[39] 梁秋生．建筑涂料一本通 [M]．安徽：安徽科学技术出版社，2006.
[40] 侯云芬．建筑装饰材料 [M]．北京：中国水利水电出版社，2006.
[41] 徐峰，朱晓渡，王琳．功能性建筑涂料 [M]．北京：化学工业出版社，2005.
[42] 龙鏊．外墙涂料概述 [J]．建筑发展导向．2006 (4)：53－55.
[43] 戴巍．建筑内墙涂料发展动向 [J]．江苏建材．2006 (3)：22－23.
[44] 樊新民，车剑飞．工程塑料及其应用 [M]．北京：机械工业出版社，2006.
[45] 刘亚青．工程塑料成形加工技术 [M]．北京：化学工业出版社，2006.
[46] 黄煜镔，范英儒，钱觉时，等．绿色生态建筑材料 [M]．北京：化学工业出版社，2011.
[47] 曹民干，袁华，陈国荣．建筑用塑料制品 [M]．北京：化学工业出版社，2003.
[48] 刘柏贤．建筑塑料 [M]．北京：化学工业出版社，2000.
[49] 伍作鹏，李书田．建筑材料火灾特性与防火保护 [M]．北京：中国建筑工业出版社，1999.
[50] 王璐．建筑用塑料制品与加工 [M]．北京：科学技术文献出版社，2003.
[51] 曹文达．建筑装饰材料 [M]．北京：中国电力出版社，2002.
[52] M. B. Sedel'nikova et al. Ceramic pigments for construction ceramic [J]. Glass and Ceramic, 2009 (66)：305－309.
[53] 林克辉．新型建筑材料及应用 [M]．广州：华南理工大学出版社，2006.
[54] 陆平，黄燕生．建筑装饰材料 [M]．北京：化学工业出版社，2006.
[55] 姜继圣，张云莲，王洪芳．新型建筑材料 [M]．北京：化学工业出版社，2009.
[56] 张晶，张轶．新型建筑装饰材料在我国的发展现状及前景 [J]．中国建材，2007 (1)．
[57] 黄煜镔，范英儒，钱觉时．绿色生态建筑材料 [M]．北京：化学工业出版社，2011.
[58] 郑宁来．"十一五"我国塑料管材产业展望 [J]．塑料．2006，35 (2)：101.
[59] 王东升．建设工程新技术新工艺概论 [M]．青岛：中国海洋大学出版社，2008.
[60] 胡志鹏．建筑用塑料给水管的分类及应用情况 [J]．塑料制造．2006 (6)：31－33.
[61] 凯特先驱．应用在建筑领域的 GE 塑料 [J]．塑料制造．2006 (6)：29－30.
[62] 郑宁来．"十一五"我国塑料管材产业展望 [J]．塑料．2006，35 (2)：101.
[63] 赵晓娣，顾振亚．国内外防污自洁建筑膜材的进展 [J]．纺织导报．2006 (5)：40－42.
[64] 李洪达，胡治流．铝合金型材挤压工艺的研究进展 [J]．材料导报网刊．2006 (2)：21－23.
[65] 吴蒙华，包胜华，张志强．大平面彩色不锈钢花纹装饰板的制备 [J]．表面技术．2003，5：63－65.
[66] 李霞．彩色涂层钢板技术与发展 [J]．中国钢铁业．2006，9：31－33.
[67] 柯长仁，蒋俊玲，蒋沧如．轻钢龙骨结构体系受力性能的比较分析 [J]．湖北工业大学学报．2006，21 (6)：42－45.
[68] 董荣珍，马保国，朱洪波．新型装饰砂浆（HP CH）的研制及施工技术研究 [J]．中国建材．2005 (8)：84－86.
[69] 李小军．装饰混凝土在建筑工程中的应用 [J]．福建建材．2007 (2)：27－28.
[70] 方魏．建筑装饰材料 [M]．北京：机械工业出版社，2005.
[71] 王末英，黄达．建筑装饰材料 [M]．北京：化学工业出版社，2010.
[72] 张乘风．家庭装饰装修材料选购 [M]．北京：中国计划出版社，2009.
[73] 王向阳．建筑装饰材料与应用 [M]．辽宁：辽宁美术出版社，2009.
[74] 刘立云．饰面石材质量问题及防治办法 [J]．山西建筑．2006，32：158－159.

[75] 陈雅福．新型建筑材料［M］．北京：中国建材工业出版社，1994.
[76] 王立久．新型建筑材料［M］．北京：中国电力出版社，1997.
[77] 宋中健，张松榆．化学建材概论［M］．哈尔滨：黑龙江科学技术出版社，1994.
[78] 符芳，钱工英．建筑装饰材料［M］．南京：东南大学出版社，1994.
[79] 郝书魁．建筑装饰材料基础［M］．上海：同济大学出版社，1996.
[80] 湖南大学等四校．建筑材料［M］．4版．北京：中国建筑工业出版社，1997.
[81] 祝永年，顾国芳．新型装修材料及其应用［M］．2版．北京：中国建筑工业出版社，1996.
[82] 陆亨荣．建筑涂料生产与施工［M］．北京：中国建筑工业出版社，1988.
[83] 龚洛书．新型建筑材料性能与应用［M］．北京：中国环境科学出版社．1996.
[84] Jie Zhang. New waterproof insulation roof building materials and the construction［J］. Advanced Materials Research. 2011：261－263，633.
[85] Wen Ye Gong et al. Building roof waterproof application of a new material［J］. Advanced Materials Research. 2012：450－451，348.
[86] Wen Fu et al. Polymer cement waterproof coating and its properties［J］. Advanced Materials Research. 2011：189－193，252.
[87] 沈春林．新型防水材料产品手册［M］．北京：化学工业出版社，2001.
[88] 张淼．新型防水材料读书报告［J］．内江科技．2010，(5).
[89] 沈春林．中国防水材料现状与发展建议［J］．聚氨酯．2009，(10).